架构大数据

大数据技术与算法的深入解析研究

黄思行　段　昂　韦鹏程　著

图书在版编目（CIP）数据

架构大数据：大数据技术与算法的深入解析研究 / 黄思行，段昂，韦鹏程著. -- 北京：中国原子能出版社，2019.10

ISBN 978-7-5221-0114-9

Ⅰ. ①架… Ⅱ. ①黄… ②段… ③韦… Ⅲ. ①数据处理一研究 Ⅳ. ①TP274

中国版本图书馆CIP数据核字（2019）第248417号

内容简介

本书从大数据架构角度全面解析大数据技术与算法，梳理了大数据技术算法，分析了大数据技术分类。如基础架构支持、大数据采集、大数据存储、大数据处理、大数据展示及交互，使人们更加深层次地、更全面地了解大数据技术以及算法。希望借助此次研究，向人们提供一个全景的大数据技术，推动我国大数据技术的发展。

架构大数据：大数据技术与算法的深入解析研究

出版发行　中国原子能出版社（北京市海淀区阜成路43号　100048）
策划编辑　高树超
责任编辑　王　丹　高树超
装帧设计　河北优盛文化传播有限公司
责任校对　冯莲凤
责任印制　潘玉玲
印　　刷　定州启航印刷有限公司
开　　本　710 mm×1000 mm　1/16
印　　张　20.5
字　　数　385千字
版　　次　2019年10月第1版　　2019年10月第1次印刷
书　　号　ISBN 978-7-5221-0114-9
定　　价　88.00元

发行电话：010-68452845　　

前　言

近年来，以物联网、移动互联网、云计算和大数据为代表的新一代信息技术发展迅猛，其中大数据风头最劲。无所不在的移动终端、智能设备、无线传感器等每分每秒都在产生数据，拥有数以亿计用户的互联网服务时时刻刻都在产生巨量的交互，如百度每天大约要处理几十拍字节的数据，Twitter 每天会产生 7 TB 的数据，Facebook 每天生成 300 TB 以上的日志数据，等等。数据产生的速度太快，要处理的数据量十分庞大。据互联网数据中心预测，到 2020 年全球将拥有 35 ZB 的数据。与此同时，数据的价值不断凸显，数据被类比为新时代的黄金和石油，现代企业快节奏的业务需求和竞争压力对数据处理的实时性和有效性提出了更高的要求，传统的数据处理技术已经完全不能满足大量数据的实时处理需求，大数据全面爆发了。大数据涉及国家战略、区域及企业发展、社会民生的方方面面，把握大数据的核心理念、模式和技术就是把握了新时代的脉搏。

预计到 2020 年，全球以电子形式存储的数据量会比 2016 年全球存储量增长 30 倍。正是在这种背景下，“大数据”的概念应运而生。大数据具有数据体量大、数据类型繁多、要求处理速度快的特征。大数据技术涵盖了从数据的海量存储、处理到应用多方面的技术，包括海量分布式文件系统、并行计算框架、NoSQL 数据库、实时流数据处理以及智能分析技术（模式识别、自然语言理解等）。

本书主要介绍大数据的含义与特征、大数据技术、大数据安全技术、大数据算法、大数据架构与分析的实现工具、大数据技术的应用领域、大数据与云计算的结合、大数据技术发展趋势、知名企业大数据架构分析等，旨在帮助大数据从业人士了解、掌握和架构大数据。

该专著是由重庆第二师范学院数学与信息工程学院黄思行、段昂、韦鹏程三位教师共同完成，并得到重庆市儿童大数据工程实验室、重庆市交互式教育电子工程技术研究中心、重庆市计算机科学与技术重点学科、重庆市计算科学与技术特色专业支持、重庆市教育委员会科学技术研究计划重点项目资助（N0. KJZD-K201801601）的支持。

目录

第一章　大数据与大数据算法

变化是永恒的主题。由云计算、社交计算和移动计算三大趋势推动的大数据正在重塑业务流程、IT 基础设施以及我们对企业、客户和互联网信息的捕获与使用方式。近年来，“大数据”概念的提出为中国数据分析行业的发展提供了无限的空间，越来越多的人认识到了数据的价值。

第一节　大数据概述

一、大数据的含义

简单地讲，大数据就是那些超过传统数据库系统处理能力的数据，是难以用常用的软件工具在可容忍时间内抓取、管理以及处理的数据集，具有数据体量巨大、数据类型繁多、要求的处理速度快等显著特征。

大数据技术涵盖了从数据的海量存储、处理到应用多方面的技术，包括海量分布式文件系统、并行计算框架、非关系型数据库（NoSQL 数据库）、实时流数据处理以及智能分析技术（模式识别、自然语言理解、应用知识库）等。

大数据有 4 个“V”字开头的特征：volume（容量）、variety（种类）、velocity（速度）和 value（价值）。

大数据最主要的作用是服务，即面向人、机、物的服务。对于机器而言，需要数据有一些关联，如非结构化、半结构化、结构化等，使人能够从中分析出有用的信息。人、机、物对数据的参与度非常高：从数据规模上看，人到物理世界是从小到大的；从数据质量来讲，人提供的数据质量是最高的。

二、大数据技术的发展趋势

企业越来越希望能将自己的各类应用程序及基础设施转移到云平台上。就像其他 IT 系统那样，大数据的分析工具和数据库也将走向云计算。

云计算能为大数据带来哪些变化呢？首先，云计算为大数据提供了可以弹性扩展、相对便宜的存储空间和计算资源，使中小企业可以像亚马逊一样通过云计算完成大数据分析。其次，云计算 IT 资源庞大、分布较为广泛，是异构系统较多的企业及时准确处理数据的有力方式，甚至是唯一的方式。当然，大数据要走向云计算，还有赖数据通信带宽的提高和云资源池的建设，需要确保原始数据能迁移到云环境以及资源池可以弹性扩展。

三、大数据技术的研究现状与展望

大数据分析相较于传统的数据仓库应用，具有数据量大、查询分析复杂等特点。为了设计适合大数据分析的数据仓库架构，本节列举了大数据分析平台需要具备的几个重要特性，对当前的主流实现平台——并行数据库、MapReduce 及基于两者的混合式架构进行了分析归纳，指出了各自的优势及不足，同时对各个方向的研究现状及大数据分析方面进行了介绍，并展望未来。

（一）研究现状

并行数据库的最大问题在于有限的扩展能力和待改进的软件容错能力；MapReduce 的最大问题在于性能，尤其是连接操作的性能；混合式架构的关键是怎样能尽可能多地把工作推向合适的执行引擎（并行数据库或 MapReduce）。下面对近年来在这些问题上的研究进行分析归纳。

1. 并行数据库扩展性和容错性研究

华盛顿大学的文献中提出可以生成具备容错能力的并行执行计划优化器。该优化器可以依靠输入的并行执行计划、各个操作符的容错策略及查询失败的期望值等，输出一个具备容错能力的并行执行计划。在该计划中，每个操作符都可以采取不同的容错策略，在失败时重新执行其子操作符（在某节点上运行的操作符）的任务即可，避免了整个查询的重新执行。

麻省理工学院（MIT）于 2010 年设计的 Osprey 系统基于维表在各个节点全复制、事实表横向切分冗余备份的数据分布策略，将一星形查询划分为众多独立子查询。每个子查询在执行失败时都可以在其备份节点上重新执行，而不用重做整个查询，使数据仓库查询获得了类似 MapReduce 的容错能力。

2. MapReduce 性能优化研究

MapReduce 的性能优化研究集中在对关系数据库的先进技术和特性的移植上。Facebook 和美国俄亥俄州立大学合作，将关系数据库的混合式存储模型应用于 Hadoop 平台，提出了 RCFile 存储格式。Hadoop 系统运用传统数据库的索引技术，并通过分区数据并置的方式来提升性能。基于 MapReduce 实现了以流水线方式在各个操作符间传递数据，有效缩短了任务执行时间；在线聚集的操作模式使用户可以在查询执行过程中看到部分较早返回的结果。

3. HadoopDB 的改进

HadoopDB 于 2011 年针对其架构提出了两种连接优化技术和两种聚集优化技术。

两种连接优化的核心思想都是尽可能地将数据的处理推入数据库层执行。第一种优化方式是根据表与表之间的连接关系，通过数据预分解，使参与连接的数据尽可能分布在同一数据库内，从而实现将连接操作下压进数据库内执行。该方式的缺点是应用场景有限，只适用于链式连接。第二种优化方式是针对广播式连接而设计的，在执行连接前，先在数据库内为每张参与连接的维表建立一张临时表，使连接操作尽可能在数据库内执行。该方式的缺点是较多的网络传输和磁盘 I/O 操作。

两种聚集优化技术分别是连接后聚集和连接前聚集。前者是执行完 Reduce 端连接后，直接对符合条件的记录执行聚集操作；后者是将所有数据先在数据库层执行聚集操作，然后基于聚集数据执行连接操作，并将不符合条件的聚集数据做减法操作。该方式适用的条件有限，主要用于参与连接和聚集的列的基数相乘后小于表记录数的情况。

总的来说，HadoopDB 的优化技术大都局限性较强，对复杂的连接操作仍不能下推到数据库层执行，并未从根本上解决其性能问题。

（二）研究展望

当前三个方向的研究都不能完美地解决大数据分析问题，这意味着每个方向都有极具挑战性的工作等待着我们。

并行数据库的扩展性虽有较大改善（如 Greenplum 和 Aster Data 都是面向 PB 级数据规模设计开发的），但距离大数据的分析需求仍有较大差距。因此，怎样改善并行数据库的扩展能力是一项非常有挑战性的工作。该项研究将同时涉及数据一致性协议、容错性、性能等数据库领域的诸多方面。

混合式架构方案可以复用已有成果，开发量较小。但只是简单的功能集成，似乎并不能有效解决大数据的分析问题，因此该方向还需要更加深入的研究工作，如从数据模型及查询处理模式上进行研究，使两者能较自然地结合起来，这将是一项非常有意义的工作。中国人民大学的 Dumbo 系统即是在深层结合方向上努力的一个例子。

相较于前两者，MapReduce 的性能优化进展迅速，其性能正逐步逼近关系数据库。该方向的研究又分为两个方向：理论界侧重利用关系数据库技术及理论改善 MapReduce 的性能；工业界侧重基于 MapReduce 平台开发高效的应用软件。针对数据仓库领域，如下几个研究方向比较重要，且目前的研究较少涉及。

1. 多维数据的预计算

MapReduce 更多针对的是一次性分析操作。大数据上的分析操作难以预测，目前仍以基于报表和多维数据的分析居多。因此，MapReduce 平台可以利用预计算等手段加快数据分析的速度。基于存储空间的考虑，MOLAP 是不可取的，混合式 OLAP（HOLAP）应该是 MapReduce 平台的优选 OLAP 实现方案。具体研究如下：

（1）基于 MapReduce 框架的高效 Cube 计算算法。

（2）物化视图的选择问题，即选择物体的哪些数据问题。

（3）不同分析的物化手段及怎样基于物化的数据进行复杂分析操作。

2. 各种分析操作的并行化实现

大数据分析需要高效的复杂统计分析功能的支持。国际商业机器公司（IBM）将开源统计分析软件 R 集成进 Hadoop 平台，增强了 Hadoop 平台的统计分析功能。但更具挑战性的问题是，怎样基于 MapReduce 框架设计可并行化的、高效的分析算法。需要强调的是，鉴于移动数据的巨大代价，这些算法应基于移动计算的方式来实现。

3. 查询共享

MapReduce 采用步步物化的处理方式，导致其 I/O 代价及网络传输代价较高。一种有效的方式是在多个查询间共享物化的中间结果，甚至原始数据，以分摊代价并避免重复计算。因此，怎样在多查询间共享中间结果将是一项非常有实际应用价值的研究。

4. 用户接口

用户接口的研究方向是怎样较好地实现数据分析的展示和操作，尤其是复杂分析操作的直观展示。

5. Hadoop 可靠性

当前，Hadoop 采用的是主从结构，这就意味着主节点一旦失效，将会出现整个系统失效的局面。因此，怎样在不影响 Hadoop 现有实现的前提下，提高主节点的可靠性，将是一项切实的研究。

6. 数据压缩

MapReduce 的执行模型决定了其性能取决于 I/O 和网络传输代价。实验发现，压缩技术并没有改善 Hadoop 的性能。但实际情况是，压缩不仅可以节省空间、节省 I/O 及网络带宽，还可以利用当前中央处理器（CPU）的多核并行计算能力平衡 I/O 和 CPU 的处理能力，从而提高性能。例如，并行数据库利用数据压缩后，性能往往可以大幅提升。

7. 多维索引

多维索引的研究方向是怎样基于 MapReduce 框架实现多维索引，加快多维数据的检索速度。

此外，仍有许多其他研究工作，如基于 Hadoop 的实时数据分析、弹性研究、数据一致性研究等，这些都非常有挑战性和意义。

第二节　大数据的实用价值

一、模拟实境

运用大数据模拟实境可发掘新的需求和提高投入的回报率。现在越来越多的产品中都装有传感器，汽车和智能手机的普及更使可收集数据呈现爆炸性增长。云计算和大数据分析技术使商家可以在成本效率较高的情况下，实时地把这些数据连同交易行为的数据进行储存和分析。交易过程、产品使用和人类行为都可以数据化。大数据技术可以把这些数据整合起来进行数据挖掘，从而在某些情况下通过模型模拟判断不同变量（如不同地区、不同促销方案）下何种方案投入回报率最高。

二、个性化精准推荐

在企业运营商内部，根据用户喜好推荐各类业务及应用是常见的，如应用商店软件推荐、交互式网络电视（IPTV）视频节目推荐等，而通过关联算法、文本摘要抽取、情感分析等智能分析算法可以将之延伸到商用化服务，利用数据挖掘技术帮助客户进行精准营销。互联网的出现更是放大了广告发送消费的特点，如人们发现自己搜索过的或者买过的商品都能被针对性地推荐，出现在浏览的网页广告中。随着信息数量的持续增加、大数据的到来，这些数据中隐藏了消费者的消费习惯、市场的变化、产品的趋势以及大量的历史记录，对企业和组织的后续运营与发展意义重大。更准确的营销手段已经成为一种广告工具，这种个性化的广告推广主要是为了缩小范围，专门针对某一类人群。

三、数据存储空间出租

企业和个人有着海量信息存储的需求，只有将数据妥善存储，才有可能进一步挖掘其潜在价值。具体而言，这块业务模式可以细分为针对个人文件存储和针对企业用户存储两大类。用户可以通过易于使用的应用程序编程接口（API）方便地将各种数据对象放在云端，然后再像使用水、电一样按用量交费。

四、数据精准搜索

数据搜索是一个并不新鲜的应用，尤其随着“大数据”时代的到来，实时性、全范围搜索的需求也变得越来越强烈。我们需要能搜索各种社交网络、用户行为等数据。运营商掌握的用户网上行为信息使所获取的数据更全面，也更具商业价值。隐私安全大数据已经与我们的生活息息相关。微博的社交关系、淘宝的购物记录、全球定位系统（GPS）的移动数据、快递的物流信息等，这些形形色色的数据包括了人们的各种行为细节，同时记录了人们大量的个人隐私。不难看出，大数据时代的到来，给传统的网络与信息安全带来了新的问题，传统防御威胁的手段已逐渐失效。大数据将安全带入了一个全新、复杂和综合的时代，不安全的那些蛛丝马迹在浩瀚数据的掩护下，正在精准地发起一次又一次的攻击。

近年来，有关网络威胁导致服务器宕机、个人和企业信息泄露事件频繁发生，网络信息安全问题已成为全球关注的焦点。然而，任何事物都具有两面性，人们常常担心大数据带来的不安全性，但大数据技术也是一种保护信息安全的工具。对于互联网而言，利用传统安全设备从终端数据或本地网络中发现未知的威胁，就如在森林中找到指定的叶子，效率极低。

第三节　大数据算法

一、大数据算法的基本概念

我们看一看大数据问题求解的过程。我们面对的是一个计算问题，也就是说，要用计算机处理一个问题。

拿到一个计算问题之后，先要判定这个问题是否可以用计算机进行计算，如果学习过可计算性理论，就可以了解有许多问题计算机是无法计算的，如判断一个程序是否有死循环，或者是否存在能够杀所有病毒的软件。从“可计算”的角度来看，大数据上的判定问题和普通的判定问题是一样的，也就是说，如果还是用电子计算机模型（图灵机模型），那么在小数据上不可计算的问题，在大数据上也不可计算。这是因为计算模型的计算能力是一样的，只是算得快慢不同而已。

那么，大数据计算问题与传统的计算问题有什么本质区别呢？

第一个不同之处是数据量，就是说大数据处理的数据量要比传统的数据量大。第二个不同之处是有资源约束，就是说数据量可能很大，但是能真正用来处理数据的资源是有限的，这个资源包括 CPU、内存、磁盘、计算所消耗的能量。第三个不同之处是对计算时间存在约束。最简单的一个例子是基于无线传感器网络的森林防火，如果能在几秒之内自动发现火情，这个信息就是非常有价值的，若三天之后才发现火情，那么这个信息就没有价值。所以，大数据计算问题需要有一个时间约束，即到底需要多长时间得到计算结果才是有价值的。判定能否在给定数据量的数据上，在计算资源存在约束的条件下，在时间约束内完成计算任务，是大数据计算的可行性问题，需要计算复杂性理论来解决。然而，当前面向大数据的计算复杂性理论研究刚刚开始，有大量的问题需要解决。

值得说明的一点是，大数据算法分析尤为重要。这是为什么呢？对于小数据上的算法，通过实验的方法测试性能便可以很快得到结果，但是在大数据上，实验就不是那么简单了，经常需要成千上万的机器才能够得出结果。为了避免耗费如此高的计算成本，大数据算法分析就十分重要了。

经过算法设计与分析，得到了算法，接着用计算机语言来实现算法，得到一些程序模块，再用这些程序模块构建软件系统。这些软件系统需要相应的平台来实现，如 Hadoop、Spark。

大数据算法是在给定的资源约束下，以大数据为输入，在给定时间约束内可以计算出给定问题结果的算法。这个定义和传统的算法有相同的地方，即大数据算法也是一个算法，有输入有输出，且算法必须是可行的，是机械执行的计算步骤。

大数据的特点决定了大数据算法的设计方法。正如前面介绍的，大数据的特点通常用四个“V”来描述。这四个“V”中和大数据算法密切相关的有两个。一个是数据量（volume）大，也就是大数据算法必须处理足够大的数据量。另一个是速度（velocity）。速度有两方面：第一，大数据的更新速度很快，相应的大数据算法必须考虑更新算法的速度；第二，要求算法具有实时性，因此大数据算法要考虑到运算时间。对于另外两个“V”，我们可假设大数据算法处理的数据是经过预处理的，其多样性（variety）已经被屏蔽掉了。

二、大数据算法的难度

大数据具有规模大、速度快的特点，因此要设计一个大数据算法并不容易。大数据算法设计的难点主要体现在四个方面。

（一）访问全部数据时间过长

有的时候算法访问全部数据时间过长，应用无法接受。特别是数据量达到 PB 级甚至更大的时候，即使有多台机器一起访问数据，也是很困难的。这种情况下只能放弃使用全部数据的想法，选择通过部分数据得到一个还算满意的结果，这个结果不一定是精确的但基本满意。这就涉及一个“时间亚线性算法”的概念，即算法的时间复杂度低于数据量，算法运行过程中需要读取的数据量小于全部数据。

（二）数据难以放入内存计算

数据量非常大时，可能无法放进内存。一个有效的策略是把数据放到磁盘上，基于磁盘上的数据来设计算法，这就是所谓的外存算法。外存算法的特点是以磁盘块为处理单位，其衡量标准不再是简单的 CPU 时间，而是磁盘的 I/O。另外一个处理方法是不对全部的数据进行计算，只向内存中放入小部分数据，仅使用内存中的小部分数据，就可以得到一个有质量保证的结果，这样的算法通常称为“空间亚线性算法”，就是说执行这一类算法所需要的空间是小于数据本身的。

（三）单个计算机难以保存全部数据，计算需要整体数据

在某些情况下，单个计算机难以保存全部数据或者在时间约束内处理全部数

据，而计算又需要整体数据，这时可以采取并行处理技术，即使用多台计算机协同工作。并行处理对应的算法是并行算法，大数据处理中常见的 MapReduce 就是一种大数据的编程模型，Hadoop 是基于 MapReduce 编程模型的计算平台。

（四）计算机计算能力不足或计算所需要的知识不足

还有一种情况是计算机的计算能力不足或者计算所需要的知识不足。例如，判断一幅图片里是不是包含猫或者狗。这时候计算机并不知道什么是猫、什么是狗，如果仅利用计算机而没有人的知识参与计算，那么这个问题会变得非常困难，计算机可能要从大量的标注图像里进行学习。但如果让人来参与，这个问题就变得简单了。更难一点儿的问题，如两个相机哪个更好，这是一个比较主观的问题，计算机是无法判断的，怎么办呢？正确的做法是采用“众包算法”，即把计算机难以计算但人计算相对容易的任务交给人来做。有时，众包算法的成本更低，算得更快。

三、大数据算法的应用

大数据算法在大数据中将扮演什么样的角色呢？我们通过下面一些例子分析大数据算法的应用。

（一）预测中的大数据算法

如何利用大数据进行预测？一种可能的方法是从多个数据源（如社交网络、互联网等）提取和预测与主题相关的数据，然后根据预测主题建立统计模型，通过训练集学习得到模型中的参数，最后基于模型和参数进行预测，其中每一个步骤都涉及大数据算法问题。在数据获取阶段，因为从社交网络或者互联网上获取的数据量很大，所以从非结构化数据（如文本）提取出关键词或者结构化数据（如元组、键值对）需要适用大数据的信息提取算法。在特征选择过程中，发现预测结果和哪些因素相关需要关联规则挖掘或者主成分分析算法。在参数学习阶段，需要机器学习算法，如梯度下降等。虽然传统的机器学习有相应的算法，但是这些算法复杂度通常较高，不适合处理大数据，因此需要面向大数据的新的机器学习算法来完成任务。

（二）推荐中的大数据算法

当前，推荐已经成为一个热门的研究分支，有大量的推荐算法提出。例如，为了减少处理数据量的奇异值分解（SVD），基于以前有哪些用户购买这个商品和这些用户购买哪些商品的信息构成一个矩阵，这个矩阵规模非常大，以至于在进行推荐时无法使用，这就需要 SVD 技术对这个矩阵进行分解，将矩阵变小。同时，基于这样大规模的稀疏矩阵上的推荐需要相应的大规模矩阵操作算法。

（三）商业情报分析中的大数据算法

商业情报分析先要从互联网或者企业自身的数据仓库（如沃尔玛 PB 级的数据仓库）中发现与需要分析的内容密切相关的内容，继而根据这些内容分析出有价值的商业情报，这一系列操作如果利用计算机自动完成，需要算法来解决。其中，涉及的问题包括文本挖掘、机器学习，涉及的大数据算法包括分类算法、聚类分析、实体识别、时间序列分析、回归分析等。这些问题在统计学和计算机科学方面都有相关的方法提出，但面向大数据，这些方法的性能和可扩展性难以满足要求。

（四）科学研究中的大数据算法

科学研究中涉及大量的统计计算，如利用回复分析发现统计量之间的相关性，利用序列分析发现演化规律。美国能源部支持的项目中专门有一部分给了大数据算法，在其公布的指南里包括相应的研究内容，即如何从庞大的科学数据集合中提取有用的信息，如何发现相关数据间的关系（相关规则发现），以及大数据上的机器学习、数据流上的实时分析。这些都在科学研究中扮演着重要的角色。

第四节　大数据算法设计与分析

一、大数据算法设计技术

（一）精确算法设计方法

精确算法设计方法就是传统算法设计与分析课里讲授的算法，如贪心法、分治法、动态规划、搜索、剪枝。这些算法设计方法也是大数据算法设计中不可缺少的。

（二）并行算法

并行算法是一类很重要的大数据算法设计技术。在很多人的理解中，大数据算法等同于并行算法，但是大数据算法不完全是并行算法。

（三）近似算法

虽然给定计算时间和计算资源，但很大的数据量无法算出精确解，这时可以退而求其次，算出不那么精确的解，而且这个解的不精确程度在可以忍受的范围内，这样的设计方法即近似算法。

（四）随机化算法

大数据算法设计技术中有一种很重要的技术，即随机化算法。在某些情况下，可以通过增加随机化来提高算法的效率和精度。其中，最典型的一个技术就是抽样。虽然无法处理整个数据集合，但是可以从这个集合中抽取一小部分来处理，从中以小见大，体现整个大数据集合的特征。

（五）在线算法/数据流算法

在线算法亦称数据流算法，其指的是数据源源不断地到来，根据到来的数据返回相应的部分结果。这类算法的设计思想可以应用于两种情况：一是当数据量非常大，仅能扫描一次时，可以把数据看成数据流，把扫描看成数据到来，扫描一次结束；二是数据更新非常快，不能把数据全部存下来再算结果，这时可以把数据看成一个数据流。

（六）外存算法

有人称外存算法为 I/O 有效算法或者 I/O 高效算法。这类算法不再简单地以 CPU 时间作为算法时间复杂度的衡量标准，而是以 I/O 次数作为算法时间复杂度的判断标准。在设计算法的时候，也不是简单地以 CPU 时间为优化目标，而是以 I/O 次数尽可能少为优化目标。

（七）面向新型体系结构的算法

除上述算法外，还有一种大数据处理算法是面向特定体系结构设计的，这里的特定体系结构包括高速缓冲存储器，也包括图形处理器（GPU）和现场可编程逻辑门阵列（FPGA）。由于这些新体系结构的特征不同，所需要的算法设计技术也不同。

（八）现代优化算法

现代优化算法包括遗传算法、模拟退火、蚁群算法、禁忌搜索等。它们在传统算法设计中的智能优化方面扮演了很重要的角色，在大数据处理算法里也有用武之地。考虑到大数据中数据量大、变化快的特点，在使用这些技术设计大数据算法时需要注意算法的可扩展性。

二、大数据算法分析技术

和传统算法分析相比，大数据算法分析尤其重要。因为在大数据上进行实验所需要的成本相对“小数据”大得多，完成算法计算所需的资源（时间和空间）或者某种性质（如精度）难以通过实验得到，所以必须通过理论分析求得。当设计完一个大数据算法后，可以通过算法分析求得所需资源（如时间、空间或磁盘I/O）或某种性质（如算法得到的解和精确解比例）与输入规模之间的关系，这样就可以基于算法在小规模数据上的实验结果推演出算法在大规模数据上需要的计算资源或者某种性质所能够达到的程度，从而判定算法是否可行。对于大数据算法，主要分析时间和空间复杂度。和传统算法分析类似，大数据算法同样需要进行时间和空间复杂度分析。

有些情况下，大数据无法完全放入内存，必须设计外存算法，这时候需要分析磁盘 I/O 复杂度，即在算法运行过程中读写磁盘次数。

大数据上的一些计算问题有时在给定的资源约束内无法精确完成，只能退而求其次，设计近似算法，这就需要分析计算结果的质量和近似比，即最优解和近似解之间的比例；对于在线算法，有时候需要分析竞争比，即根据当前数据得到解的代价和知道所有数据的情况下得到解的代价相差多少。

设计并行算法的时候会涉及多台机器，这些机器之间需要通信，因此必须知道算法运行过程中所需通信量的大小，即通信复杂度。

从上述介绍可以看出，大数据算法分析的内容比传统算法要丰富，也涉及更多的算法分析技术。

第二章　大数据技术

第一节　大数据接入技术

一、采集量测类数据接入大数据平台的必要性研究

目前，电网中通过设备采集的量测类数据主要来源于用电信息采集系统（以下简称“用采”）与输变电状态监测系统，通过系统主站、前置子系统、监测装置将用采电压、电流、电能量等实时数据、曲线数据、冻结数据与输电线路导线覆冰、导线弧垂、导线温度及变电站内的变压器、电抗器、断路器、电容型设备、金属氧化物避雷器等监测类数据及时存储于用采及输变电状态监测系统中，其中一部分数据按照共享融合需求分散存储于海量平台、营销基础数据平台中。该类数据为多业务数据共享融合和企业级决策分析提供了重要支撑。

2017 年，根据全业务统一数据中心推广建设要求，采集量测类数据须全量接入、整合至全业务数据中心的大数据平台中。面对越来越大量的准实时数据，保障数据传输的及时性、完整性、准确性、安全性及便捷性成为数据接入的一大关键，这也是实现后期数据充分共享、支撑大数据分析应用的前提。

（一）用采与输变电状态监测系统建设及应用现状

2011 年 7 月，国网河北省电力有限公司集中部署、购供售一体化的采集主站建成并上线运行，设定采集能力 500 万户；2015 年 5 月，由国网河北省电力有限公司计量中心负责具体实施的采集主站升级改造工程顺利完成，采集能力提升至 2 500 万户。随着用电信息采集系统建设的深入和用户采集覆盖规模的扩大，用采系统作为公司用户电能数据支撑平台的作用愈发突出。通过对现有采集系统对

外服务接口进行汇总分析，得知采集系统累计为营销、安质、运检、运监、发展、信息等专业众多业务应用系统提供了业务及数据支撑。

输变电设备状态监测系统于2011年底上线试运行，主要接收输变电监测设备数据，是实现输变电设备状态运行检修管理、提升输变电专业生产运行管理精益化水平的重要技术手段。输变电状态监测系统通过各种传感器技术、广域通信技术和信息处理技术实现各类输变电设备运行状态的实时感知、监视预警、分析诊断和评估预测，其建设和推广工作对提升电网智能化水平、实现输变电设备状态在线运行管理具有积极而深远的意义。开展输变电状态监测系统的建设，减少输变电设备现场运行维护工作量，提高设备健康状况的可控、在控能力，是贯彻落实国网河北省电力有限公司“两个转变”及“三集五大”发展战略，建设坚强智能电网的必然要求。国网河北省电力有限公司所辖线路目前安装在运的输电线路在线监测装置包括导线及金具温度监测装置、覆冰在线监测装置、实时工况视频在线监控装置、图像实时监控装置等。

用采、输变电状态监测系统中的数据均是通过自动采集方式产生的，该类数据已累计为营销、安质、运检、运监、发展、信息等专业众多业务应用系统提供了强大的业务及数据支撑，对多业务数据共享融合和企业级决策分析发挥了重要作用。

（二）采集监测类数据接入大数据平台的必要性

随着“大云物移”等新型IT技术引领企业创新需要，2014年起，国网河北省电力有限公司启动了大数据研究与一期试点项目建设；2016年国网河北省电力有限公司作为大数据平台二期推广单位，初步建成企业级大数据平台，并围绕电网生产、经营管理、优质服务等方面开展了应用建设，为分析决策类应用和实时采集类应用提供统一数据接入、存储、计算和分析服务，解决海量业务数据存储与分析“瓶颈”问题。2017年，按照国网河北省电力有限公司统一要求，国网河北省电力有限公司开展全业务统一数据中心分析域建设，以建成“数据干净透明、模型规范统一、分析灵活智能”的全业务统一数据中心为目标，面向全业务范围、全数据类型、全时间维度数据提供统一的存储、管理与服务，实现了源端业务高度融合、数据充分共享、后端大数据分析的信息化应用新局面。

采集量测类数据是运监中心、发展部用于监测分析的重要数据来源，充分展现了数据变化的时效性，是各类分析决策类系统研究必不可少的宝贵财富。

（三）数据资源管理存在的问题

随着国网河北省电力有限公司各业务信息系统建设和应用的不断深入，仍暴露出数据重复存储、数据质量不高、数据共享效率低、数据分析应用类系统建设不合理等问题。

1. 数据重复存储

国网河北省电力有限公司统一构建了数据中心平台，支撑了各类数据分析应用，但各个数据分析应用必须保留一份独立数据进行使用，导致数据反复抽取和重复、过度存储现象普遍。因此，随着数据分析应用构建的不断增多，国网河北省电力有限公司数据的重复存储问题也相应增长。例如，智能电表所采集的电量数据在国网河北省电力有限公司至少存储了 8 份。

2. 数据质量不高

根据决策类系统建设要求，要用到的采集监测类数据主要分散存储在营销基础数据平台、海量平台中，缺乏统一接入、统一存储接口管理机制，直接影响数据传输的稳定性和实时性。基础数据平台采用的 OGG 软件能够有效保障数据同步的一致性，但类似基础数据平台这种接口数据量大（每天同步数据 30 G），且数据变化量大（每天变化数据 500 GB）的情况，会存在少数丢失数据的问题，影响决策类系统数据分析与展示。海量平台为线损管理系统提供用采数据，针对不同数据项内容频繁进行接口改造，严重影响了数据使用的经济性与效益性。

3. 数据共享效率低

国网河北省电力有限公司各项业务数据基本由业务部门自行进行管理和应用，系统和数据自成体系，业务系统的数据字典、数据库和系统查询功能对外开放共享程度不够，同时数据共享方式复杂，导致不同专业之间直接、顺畅、有效获取及利用数据困难。数据相互间共享使用需要反复沟通协调，整体周期较长，一个部门提出数据需求到最终的数据获取少则 2 ～ 3 周，多则 2 ～ 3 个月。

4. 数据分析应用类系统建设不合理

目前，国网河北省电力有限公司统一构建了数据中心平台，并以此为基础构建了相关分析决策应用，但仍然存在部分数据分析应用类系统自成体系、独立建设问题，包括独立的数据存储、数据分析等，造成系统功能重复开发建设、数据多份存储、统一数据平台利用率不高等相关问题。

二、采集量测类数据接入大数据平台的技术实现

（一）总体设计

通过对用电信息采集系统、输变电设备状态监测系统的理解，结合大数据平台技术优势，采集监测数据整合工作主要分为用电信息采集系统、输变电状态监测系统的数据采集接入、数据存储、历史数据迁移三个关键环节。事实上，数据接入应用大数据技术优化用电信息采集，可以提升采集系统的实时处理能力、海量存储能力以及快速离线分析应用能力，满足未来越来越高的数据实时发布与价值挖掘需求。

数据抽取服务器：主要将 Oracle 数据库中用采数据、输变电设备状态监测数据抽取为文件，并存放在服务器指定目录下。

数据解析服务器（与抽取服务器共用）：从服务器指定目录提取文件并解析，写入大数据平台队列中。

数据入库服务器：从大数据平台 Kafka 消息队列中消费已接入的量测类数据，并写入大数据平台 Hbase 中。

各服务器部署的组件工具情况如下：

第一，数据抽取服务器。

SG-ETL 工具：抽取源端数据并生成标准 E 文件。

FreeSSHD 工具：将生成好的标准 E 文件传输到数据处理服务器上。

第二，数据处理服务器。

SFTP 下载组件：从数据抽取服务器上下载标准 E 文件。

E 文件解析组件：解析标准 E 文件并将数据写入大数据平台 Kafka。

第三，数据入库服务器。

数据入库组件：将数据从 Kafka 写入 Hbase 中。

元数据访问组件：其他组件通过元数据访问组件读取配置信息。

实时缓存组件：实时接入数据时开启该组件，同时缓存一定时间内的数据，方便快速读取。

用电信息采集和输变电设备状态监测采集量测数据的增量数据接入组件、存储模型、查询访问组件、历史数据迁移工具等功能模块。

（二）数据采集接入

国网河北省电力有限公司用电信息采集与输变电状态监测系统数据格式和其

他省（市）或者标准格式存在差异，数据在进入大数据平台列式存储前需要进行转换与必要的规范化处理，因此在接入接口层应继承海量平台原有接口，重用数据加工处理程序，屏蔽数据源系统的接入复杂度，以统一的格式将数据接入大数据平台。

数据处理的整个架构基于大数据流计算组件，按照管道过滤器的方式进行设计，且数据在各个管道中进行流转，每一个处理的过程为一个线程任务，所有的过程以流水线的方式串联起来形成完整的处理过程。最终，将数据处理成目标格式或计算结果。

（三）数据存储

数据存储环节主要实现的是对量测数据的分布式存储。按照国网大数据平台的统一规划，大数据平台主要有分布式列式数据库、分布式内存数据库、分布式数据仓库等。原则上，采集量测数据应存入列式数据库中，并将近期数据（当前半天或者一天内）缓存在数据缓存中，以便对实时性要求较高的应用进行处理。

采集量测数据的数据量大，且有其固定格式，查询模式主要有批量查询与断面查询。在数据读写方面，写入要求很高的吞吐量，数据读取方面强调低时延。为满足这些存储需求，数据存储设计必须要有缓存机制，提高访问效率，而系统要具备良好的可扩展性，以应对数据的不断增长，同时需要关系型数据库存储经流计算或离线计算程序计算得出的一些统计信息。

1. 数据存储策略

为了提高数据访问效率，近期数据存储在数据缓存中，长期数据则存储在“分布式列式数据库 + 分布式文件系统”中。关系型数据库系统主要存储大数据平台流计算或离线计算过程中需要保存的计算结果集。

2. 数据存储模型

采集量测数据进入系统后，最终存储在“分布式列式数据库 + 分布式文件系统”中。考虑到分布式列式数据库原始接口写入吞吐量并不是很理想，为了进一步提高数据加载效率，数据通过分布式系统文件 Batch Load 方式循环导入分布式列式数据库中。对于分布式列式数据库中数据存储模型设计，针对批量查询的业务特点，原理上选择以测点编号 + 时间戳前缀为 Rowkey，列族为 t，以设备 ID 为列，以量测值为列对应的值组件存储模型。

3. 历史数据迁移

目前，国网河北省电力有限公司存储的采集量测类数据大约为 5.8 TB，根据全业务统一数据中心分析域建设目标的要求，将历史数据迁移入大数据平台必不可少。

三、设计原则

采集监测数据整合项目充分考虑电网信息化未来发展趋势，是保障全业务统一数据中心分析域建设的有力支撑。采集监测数据整合项目应坚持开放性原则、安全性原则、资源复用性原则。

（一）开放性原则

采集监测数据整合项目采用开放性技术平台和软件架构，保证系统能够方便地实现与其他应用集成。系统的开放性原则是实现该系统与其他系统互联的基础，具备良好的扩展和互操作能力，便于维护和管理。

（二）安全性原则

采集监测数据接入大数据平台技术方案具备高安全可靠性。通过采用多种安全机制和技术手段保障系统安全稳定运行，可以满足国家电网有限公司对网络和信息系统安全运行的要求。

（三）资源复用性原则

充分考虑已有的软硬件设备设施，尽可能继承和复用有价值的软硬件资源和数据资源，避免资源浪费，重复投资。

四、系统安全防护情况

信息安全与电网安全同等重要，必须坚持安全第一原则，做好安全保障。

运行安全方面，数据采集接入工作开始前建立测试环境，对操作步骤进行模拟演练，对接入方案进行充分验证，及时发现可能出现的问题。

信息安全方面，配备专用内网机器，加强密钥管理，限制系统管理员充当操作员，对上网进行传输操作。应调研和梳理终端接入网整体通信方式和安全防护措施，通过深化研究终端通信接入网总体安全防护体系技术，在原有的安全防护体系中进一步完善终端、通道、应用等多个层面的安全防护策略，从而形成终端通信网整体防护方案，验证安全威胁分析模型的合理性和准确性，为电力终端通信接入网安全管理提供参考，提升电力信息安全隐患的预先排查能力，对安全技术持续赋能。

第二节　大数据存储技术

存储基础设施投资将提供一个平台，通过这个平台，企业能够从大数据中提取出有价值的信息。从大数据中得出的对消费者行为、社交媒体、销售数据和其他指标的分析，这将直接关联到商业价值。面对大数据给企业发展带来的积极影响，越来越多的企业开始利用大数据，并寻求适用于大数据的数据存储解决方案。而传统数据存储解决方案（如网络附加存储 NAS 或存储区域网络 SAN）无法扩展或者不具备处理大数据所需要的灵活性。

一、什么是存储

大数据场景下，数据量呈爆发式增长，存储能力的增长远远赶不上数据的增长，几十或几百台大型服务器都难以满足一个企业的数据存储需求。为此，大数据的存储方案是采用成千上万台的廉价 PC 来存储数据以降低成本的，同时提供高扩展性。

考虑到系统由大量廉价易损的硬件组成，需要保证文件系统整体的可靠性，因此大数据的存储方案通常对同一份数据在不同节点上存储三份副本，以提高系统容错性。此外，借助分布式存储架构，可以提供高吞吐量的数据访问。

在大数据领域中，较为出名的海量文件存储技术有 Google 的 GFS 和 Hadoop 的 HDFS，HDFS 是 GFS 的开源实现。它们均采用分布式存储的方式存储数据，用冗余存储的模式保证数据的可靠性，文件块会被复制存储在不同的存储节点上，默认存储三份副本。

当处理大规模数据时，数据一开始在硬盘还是在内存，计算的时间开销相差很大，很好地理解这一点相当重要。

硬盘组织呈块结构，每个块是操作系统用于内存和硬盘之间传输数据的最小单元。例如，Windows 操作系统使用的块的大小为 64 kB，需要大概 10 ms 的时间来访问（将磁头移到块所在的磁道并等待在该磁头下进行块旋转）和读取一个硬盘块。硬盘读写速度要比内存慢 5 个数量级，因此如果只需要访问若干字节，那么将数据放在内存中将具有压倒性优势。实际上，假如我们要对一个硬盘块中的每个字节做简单的处理，如将块看成哈希表中的桶，我们要在桶的所有记录中寻找某个特定的哈希键值，那么将块从硬盘移到内存的时间会大大高于计算的时间。

我们可以将相关的数据组织到硬盘的单个柱面上，因为所有的块集合都可以在硬盘中心的固定半径内可达，因此不通过移动磁头就可以访问，这样可以每块显著小于 10 ms 的速度将柱面上的所有块读入内存。假设不论数据采用何种硬盘组织方式，硬盘上数据到内存的传送速度都不可能超过 100 MB/s。当数据集规模仅为 1 MB 时，这不是个问题，但是当数据集在 100 GB 或者 1 TB 规模时，仅仅进行访问就存在问题，更何况还要利用它来做其他有用的事情。

数据存储和管理是一切与数据有关的信息技术的基础。数据存储的实现是以二进制计算机的发明为起点的，二进制计算机实现了数据在物理机器中的表达和存储。自此以后，数据在计算机中的存储和管理经历了从低级到高级的演进过程。数据存储和管理发展到数据库技术时已经实现了数据的快速组织、存储和读取，但是不同数据库的数据存储结构各不相同，彼此之间相互独立。于是如何有机地聚焦、整合多个不同运营系统产生的数据便成了数据分析发展的新“瓶颈”。

在信息化时代，企业都非常重视企业的信息化网络。每个企业都想拥有一个安全、高效、智能化的网络，以实现企业的高效办公。而在这些信息化网络中，存储又是网络的重中之重，对企业的数据安全起着决定性作用。

如今，科技发展日新月异，存储技术不但越来越完善，而且各式各样。常见的存储产品类型有硬盘存储、移动硬盘存储、云盘存储（百度云盘、腾讯网盘）等。

不管何种存储技术，都是数据存储的一种方案。数据存储是数据流在加工过程中产生的临时文件或加工过程中需要查找的信息。数据以某种格式记录在计算机内部或外部的存储介质上。数据存储要命名，这种命名要反映信息特征的组成含义。数据流反映了系统中流动的数据，表现出动态数据的特征；数据存储反映了系统中静止的数据，表现出静态数据的特征。各式各样的存储技术其实就是现实数据存储方式不一样，其本质和目的仍是一样的。如今，占据主流市场的有六大存储技术：直接附加存储（DAS）、磁盘阵列（RAID）、网络附加存储（NAS）、存储区域网络（SAN）、IP 存储（SoIP）、iSCSI 网络存储。

（一）直接附加存储

直接附加存储（DAS）方式与普通的 PC 存储架构一样，外部存储设备都是直接挂接在服务器内部总线上的，是整个服务器结构的一部分。DAS 方式主要适用以下环境：

1. 小型网络

因为小型网络的规模和数据存储量较小，且结构不太复杂，采用 DAS 对服务器的影响不会很大，且这种存储方式也十分经济，适合拥有小型网络的企业用户。

2. 地理位置分散的网络

虽然企业总体网络规模较大，但在地理分布上很分散，通过 SAN 或 NAS 进行互联非常困难，此时各分支机构的服务器也可采用 DAS 方式，这样可以降低成本。

3. 特殊应用服务器

在一些特殊应用服务器上，如微软的集群服务器或某些数据库使用的原始分区，均要求存储设备直接连接到应用服务器上。

（二）磁盘阵列

磁盘阵列（RAID）有“价格便宜且多余的磁盘阵列”之意，其原理是利用数组方式制作磁盘组，配合数据分散排列的设计，提升数据的安全性。磁盘阵列是由很多便宜、容量较小、稳定性较高、速度较慢的磁盘组合成一个大型的磁盘组，利用个别磁盘提供数据所产生的加成效果来提升整个磁盘系统的效能。同时，在储存数据时，利用这项技术将数据切割成许多区段，分别存放在各个磁盘上。

RAID 技术主要包含 RAID 0 ～ RAID 7 等数个规范，它们的侧重点各不相同，常见的规范有如下几种：

1.RAID 0

RAID 0 连续以位或字节为单位分割数据，并行读 / 写于多个磁盘上，因此具有很高的数据传输率，但它没有数据冗余，因此并不能算是真正的 RAID 结构。RAID 0 只是单纯地提高性能，并没有为数据的可靠性提供保证，而且其中的一个硬盘失效将影响所有数据。因此，RAID 0 不能应用于数据安全性要求高的场合。

2.RAID 1

RAID 1 是通过磁盘数据镜像实现数据冗余，在成对的独立磁盘上产生互为备份的数据。当原始数据繁忙时，可直接从镜像拷贝中读取数据，因此 RAID 1 可以提高读取性能。RAID 1 是硬盘阵列中单位成本最高的，但提供了很高的数据安全性和可用性。当一个磁盘失效时，系统可以自动切换到镜像磁盘上读写，而不需要重组失效的数据。

3.RAID 0+1

RAID 0+1 也被称为 RAID 10 标准，实际是将 RAID 0 和 RAID 1 标准结合的产物。它的优点是同时拥有 RAID 0 的超凡速度和 RAID 1 的数据高可靠性，但是

CPU 占用率也更高，而且磁盘的利用率比较低。

4.RAID 2

RAID 2 将数据条块化地分布于不同的磁盘上，条块单位为位或字节，并使用称为“加重平均纠错码（海明码）”的编码技术进行错误检查及恢复。这种编码技术需要多个磁盘存放检查及恢复信息，使 RAID 2 技术实施更复杂，因此在商业环境中很少使用。

5.RAID 3

RAID 3 与 RAID 2 非常类似，都是将数据条块化分布于不同的磁盘上，区别在于 RAID 3 使用简单的奇偶校验，并用单块硬盘存放奇偶校验信息。如果一块磁盘失效，奇偶盘及其他数据盘可以重新产生数据；如果奇偶盘失效，则不影响数据使用。RAID 3 对大量的连续数据可提供很好的传输率，但对于随机数据来说，奇偶盘会成为写操作的“瓶颈”。

6.RAID 4

RAID 4 同样将数据条块化并分布于不同的磁盘上，但条块单位为块或记录。RAID 4 使用一块磁盘作为奇偶校验盘，每次写操作都需要访问奇偶校验盘，这时奇偶校验盘会成为写操作的“瓶颈”，因此 RAID 4 在商业环境中也很少使用。

7.RAID 5

RAID 5 没有单独指定的奇偶盘，而是在所有磁盘上交叉地存取数据及奇偶校验信息。在 RAID 5 上，读 / 写指针可同时对阵列设备进行操作，提供了更高的数据流量。RAID 5 更适合于小数据块和随机读写的数据。

RAID 3 与 RAID 5 相比，最主要的区别在于 RAID 3 每进行一次数据传输就涉及所有的阵列盘；而对于 RAID 5 来说，大部分数据传输只对一块磁盘操作，并可进行并行操作。在 RAID 5 中有“写损失”，即每一次写操作将产生四次实际的读 / 写操作，其中两次读旧的数据及奇偶信息，两次写新的数据及奇偶信息。

8.RAID 6

与 RAID 5 相比，RAID 6 增加了第二个独立的奇偶校验信息块。两个独立的奇偶系统使用不同的算法，数据的可靠性非常高，即使两块硬盘同时失效也不会影响数据的使用。但 RAID 6 需要分配给奇偶校验信息更大的硬盘空间，相对于 RAID 5 有更大的“写损失”，因此“写性能”非常差。较差的性能和复杂的实施方式使 RAID 6 很少得到实际应用。

9.RAID 7

RAID 7 是一种新的 RAID 标准，其自身带有智能化实时操作系统和用于存储管理的软件工具，可完全独立于主机运行，不占用主机 CPU 资源。RAID 7 可以视为一种存储计算机，与其他 RAID 标准有明显区别。

10.RAID 10

这种结构包括一个带区结构和一个镜像结构，因为两种结构各有优缺点，因此可以相互补充，达到既高效又高速的目的。这种新结构的价格高，可扩充性不好，主要用于数据容量不大，但要求速度和差错控制的数据库中。

11.RAID 53

除了以上介绍的各种标准，我们还可以像 RAID 0+1 那样结合多种 RAID 规范来构筑所需的 RAID 阵列。例如，RAID 5+3（RAID 53）就是一种应用较为广泛的阵列形式。用户一般可以通过灵活配置硬盘阵列获得更加符合其要求的硬盘存储系统。

（三）网络附加存储

网络附加存储（NAS）是一种将分布、独立的数据整合为大型、集中化管理的数据中心，以便对不同主机和应用服务器进行访问的技术。根据字面意思，简单说就是连接在网络上，具备资料存储功能的装置，因此也被称为“网络存储器”。

NAS 以数据为中心，将存储设备与服务器彻底分离，集中管理数据，从而释放带宽，提高性能，降低总拥有成本，保护投资。其成本远远低于使用服务器存储，效率却远远高于后者。

如图 2-1 所示为 NAS 架构，图 2-2 为 NAS 存储方式的网络结构。

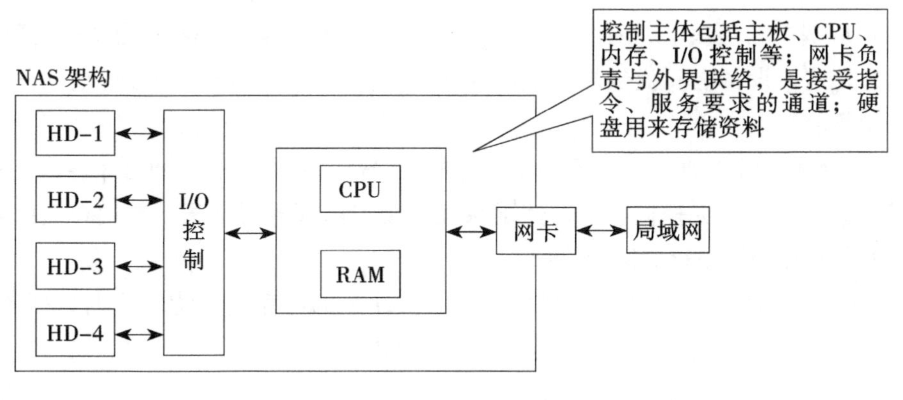

图 2-1　NAS 架构

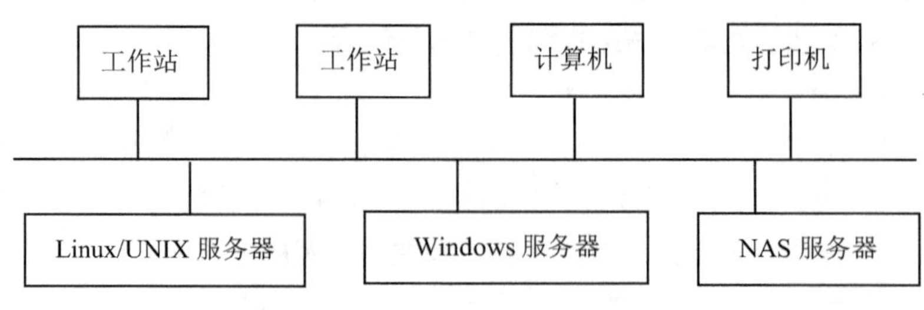

图 2-2　NAS 存储方式的网络结构

NAS 被定义为一种特殊的专用数据存储服务器，包括存储器件（如磁盘阵列、CD/DVD 驱动器、磁带驱动器或可移动的存储介质）和内嵌系统软件，可提供跨平台文件共享功能。NAS 通常在一个 LAN（局域网）上占有自己的节点，无须应用服务器的干预，允许用户在网络上存取数据。在这种配置中，NAS 集中管理和处理网络上的所有数据，将负载从应用或企业服务器上卸载下来，有效降低了总拥有成本，保护了用户投资。

NAS 的优点如下：①管理和设置较为简单；②设备物理位置灵活；③实现异构平台的客户机对数据的共享；④改善网络的性能。

NAS 的缺点如下：①存储性能较低，只适用于较小网络规模或者较低数据流量的网络数据存储；②备份带宽消耗；③后期扩容成本高。

（四）存储区域网络

存储区域网络（SAN）是通过专用高速网将一个或多个网络存储设备与服务器连接起来的专用存储系统，未来的信息存储将以 SAN 存储方式为主。

在最基本的层次上，SAN 被定义为互联存储设备和服务器的专用光纤通道网络，它在这些设备之间提供端到端的通信，并允许多台服务器独立地访问同一个存储设备。

与 LAN 非常类似，SAN 提高了计算机存储资源的可扩展性和可靠性，使实施的成本更低，管理更轻松。与存储子系统直接连接服务器不同，专用存储网络介于服务器和存储子系统之间。

SAN 是一种高速网络或子网络，提供在计算机与存储系统之间的数据传输。存储设备是指一张或多张用以存储计算机数据的磁盘设备。一个 SAN 网络由负责网络连接的通信结构、负责组织连接的管理层、存储部件以及计算机系统构成，从而保证数据传输的安全性和力度。

典型的 SAN 是一个企业整个计算机网络资源的一部分。SAN 具有支持硬盘镜像技术、备份与恢复、档案数据的存档和检索、存储设备间的数据迁移以及网络中不同服务器间的数据共享等功能。此外，SAN 还可以用于合并子网和 NAS 系统。

SAN 的优点如下：①可实现大容量存储设备数据共享；②可实现高速计算机与高速存储设备的高速互联；③可实现灵活的存储设备配置要求；④可实现数据快速备份；⑤提高了数据的可靠性和安全性。

SAN 的缺点如下：① SAN 方案成本高；②维护成本增加；③ SAN 标准未统一。

（五）IP 存储

IP 存储（SoIP），即通过 Internet 协议或以太网的数据存储。IP 存储使性价比较高的 SAN 技术能应用到更广阔的市场中。它利用廉价、货源丰富的以太网交换机、集线器和线缆实现低成本、低风险、基于 IP 的 SAN 存储。IP 存储解决方案应用可能会经历以下三个发展阶段。

1.SAN 扩展器

随着 SAN 技术在全球的开发，越来越需要长距离的 SAN 连接技术。IP 存储技术定位于将多种设备紧密连接，就像一个大企业多个站点间的数据共享以及远程数据镜像。这种技术是利用 FC 到 IP 的桥接或路由器，将两个远程的 SAN 通过 IP 架构互联。虽然 iSCSI 设备可以实现以上技术，但 FCIP（基于 IP 的光纤通道协议）和 iFCP（Internet 光纤信道协议）对此类应用更为适合，因为它们采用的是光纤通道协议（FCP）。

2. 有限区域 IP 存储

第二个阶段的 IP 存储的开发主要集中在小型的低成本的产品中，目前还没有真正意义的全球 SAN 环境，随之而来的技术是有限区域的、基于 IP 的 SAN 连接技术。可能会出现类似于可安装到 NAS 设备中的 iSCSI 卡，因为这种技术和需求可使 TOE（TCP 卸载引擎）设备弥补 NAS 技术的解决方案。在这种配置中，一个单一的多功能设备可提供对块级或文件级数据的访问，这种结合了块级和文件级的 NAS 设备可使以前的直接连接的存储环境轻松地传输到网络存储环境。

第二个阶段也会引入一些工作组级的、基于 IP 的 SAN 小型商业系统的解决方案，使那些小型企业也可以享受到网络存储的益处，但使用这些新的网络存储技术也可能会遇到一些难以想象的棘手难题。iSCSI 协议是最适合在这种环境中应用的，但基于 iSCSI 的 SAN 技术是不会取代 FCSAN 的，同时它可以使用户既享受网络存储带来的益处，又不会开销太大。

3.IPSAN

完全的端到端的、基于 IP 的全球 SAN 存储将会随之出现，而 iSCSI 协议则是最为适合的。基于 iSCSI 的 IPSAN 将由 iSCSI HBA 构成，它可释放大量的 TCP 负载，保证本地 iSCSI 存储设备在 IP 架构上可自由通信。将 IP 作为底层进行 SAN 的传输，可实现地区分布式的配置。例如，SAN 可轻松地进行互联，实现灾难恢复、资源共享，建立远程 SAN 环境，访问稳固的共享数据。尽管 IP 存储技术的标准早已建立且应用，但将其真正广泛应用到存储环境中还需要解决几个关键技术点，如 TCP 负载空闲、性能、安全性、互联性等。

（六）iSCSI 网络存储

iSCSI 是 2003 年互联网工程任务组（internet engineering task force，IETF）制定的一项标准，用于将小型计算机系统接口（small computer system interface，SCSI）数据块映射成以太网数据包。从根本上讲，iSCSI 协议是一种利用 IP 网络来传输潜伏时间短的 SCSI 数据块的方法，它使用以太网协议传送 SCSI 命令、响应和数据。

iSCSI 可以用我们已经熟悉和每天都在使用的以太网来构建 IP 存储局域网。通过这种方法，iSCSI 克服了直接连接存储的局限性，使我们可以跨越不同服务器共享存储资源，并可以在不停机状态下扩充存储容量。iSCSI 是一种基于 TCP/IP 的协议，用来建立和管理 IP 存储设备、主机和客户机等之间的相互连接，并创建 SAN。SAN 使 SCSI 协议应用于高速数据传输网络成为可能，这种传输以数据块级别在多个数据存储网络间进行。iSCSI 结构基于客户 / 服务器模式，其通常应用环境是设备互相靠近，并且这些设备由 SCSI 总线连接。iSCSI 的主要功能是在 TCP/IP 网络上的主机系统和存储设备之间进行大量数据的封装和可靠传输过程。

如今我们所涉及的 SAN，其实现数据通信的主要要求如下：①数据存储系统的合并；②数据备份；③服务器集群；④复制；⑤紧急情况下的数据恢复。另外，SAN 可能分布在不同地理位置的多个 LAN 和 WAN 中，必须确保所有 SAN 操作安全进行并符合服务质量（QoS）要求，而 iSCSI 则被设计在 TCP/IP 网络上实现以上要求。

iSCSI 的工作过程：当 iSCSI 主机应用程序发出数据读写请求后，操作系统会生成一个相应的 SCSI 命令，该 SCSI 命令在 iSCSI initiator 层被封装成 iSCSI 消息包并通过 TCP/IP 传送到设备侧，设备侧的 iSCSI target 层会解开 iSCSI 消息包，得到 SCSI 命令的内容，然后传送给 SCSI 设备执行；SCSI 设备执行 SCSI 命令后的响应，在经过设备侧的 iSCSI target 层时被封装成 iSCSI 响应 PDU（电源分配单元），通过 TCP/IP 网络传送给主机的 iSCSI initiator 层，iSCSI initiator 会从 iSCSI 响应 PDU 里解析出 SCSI 响应并传送给操作系统，操作系统再响应给应用程序。

近年来，iSCSI 存储技术得到了快速发展。iSCSI 的最大好处是能提供快速的网络环境，虽然目前其性能与光纤网络还有一些差距，但能节省企业 30% ～ 40% 的成本。iSCSI 技术的优点和成本优势主要体现在以下几个方面：

（1）硬件成本低：构建 iSCSI 存储网络，除了存储设备外，交换机、线缆、接口卡都是标准的以太网配件，价格相对来说比较低廉。同时，iSCSI 可以在现有的网络上直接安装，并不需要更改企业的网络体系，这样可以最大限度地节约投入。

（2）操作简单，维护方便：对 iSCSI 存储网络的管理实际上就是对以太网设备的管理，只需花费少量的资金培训 iSCSI 存储网络管理员即可。当 iSCSI 存储网络出现故障时，问题定位及解决也会因为以太网的普及而变得容易。

（3）扩充性强：对于已经构建的 iSCSI 存储网络来说，增加 iSCSI 存储设备和服务器都将变得简单且无须改变网络的体系结构。

（4）带宽和性能：iSCSI 存储网络的访问带宽依赖以太网带宽。随着千兆以太网的普及和万兆以太网的应用，iSCSI 存储网络会达到甚至超过光纤通道（fibre channel，FC）存储网络的带宽和性能。

（5）突破距离限制：iSCSI 存储网络使用的是以太网，因而在服务器和存储设备空间布局上的限制就少了很多，甚至可以跨越地区和国家。

二、存储技术的比较分析

四种常见网络存储技术的性能比较如表 2–1 所示。

表2–1　4种常见网络存储技术的性能比较

存储技术 比较项目	DAS	NAS	SAN	iSCSI
核心技术	硬件实现 RAID 技术	基于 Web 开发的软硬件集合于一身的 IP 技术，部分 NAS 是软件实现的 RAID 技术	一个集中式管理的高速存储网络，由多供应商存储系统、存储管理软件、应用程序服务器和网络硬件组成	iSCSI 技术的核心是在 TCP/IP 网络上传输 SCSI 协议

续 表

存储技术 比较项目	DAS	NAS	SAN	iSCSI
连接方式	通过SCSI连接在服务器上，并通过服务器的网卡在网络上传输数据	通过RJ45接口连上网络，直接往网络上传输数据，可接10 M/100 M/1 000 M网络	突破了传统网络“瓶颈”的限制，并且支持服务器与存储系统之间的高速数据传输	iSCSI可以实现在IP网络上运行SCSI协议，使其能够在高速千兆以太网上进行路由选择
安装	通过LCD面板设置RAID较简单，连上服务器操作时较复杂	安装简便快捷，即插即用，只需10 min便可顺利安装成功	Linux下，SAN存储多路径软件的安装及配置	安装任意一款最新的版本，在驱动程序管理工具上连接“iSCSI V1”目标服务器，性能优越
操作系统	无独立的存储操作系统，需相应服务器的操作系统支持	独立的Web优化存储操作系统，完全不受服务器干预	在SAN存储中，操作系统无法感知存储类型，也不能优化存储模式	各类平台支持性不够完备，这也是其迟迟未能全面普及的主要原因之一
存储数据结构	分散式数据存储模式。网络管理员需要耗费大量时间奔波到不同服务器下分别管理各自的数据，维护成本增加	集中式数据存储模式。将不同系统平台下的文件存储在一台NAS设备中，方便网络管理员集中管理大量的数据，降低维护成本	一个SAN网络由负责网络连接的通信结构、负责组织连接的管理层、存储部件以及计算机系统构成	iSCSI能够在LAN、WAN甚至Internet上进行数据传送，使数据的存储不再受地域的限制
数据管理	管理较复杂，需要服务器附带的操作系统支持	管理简单，基于Web的GUI（图形用户接口）管理界面使NAS设备的管理一目了然	SAN的管理必须在收集系统信息的基础上进行决策，以便为系统提供故障通知、预报和防护	通过在IP网上传送SCSI命令和数据，推动了数据在网际之间的传递，促进了数据的远距离管理

续 表

比较项目 \ 存储技术	DAS	NAS	SAN	iSCSI
软件功能	自身没有管理软件，需要针对现有系统情况另行购买	自带支持多种协议的管理软件，功能多样，支持日志文件系统，并一般集成本地备份软件	SAN 能够提高数据存储设备的使用效率，而且更容易管理	快照、数据镜像、数据复制、多链路冗余、负载均衡
扩充性	增加硬盘后重新做 RAID，一般需要宕机，会影响网络服务	轻松在线增加设备，无须停顿网络，而且与已建立的网络完全融合，充分保护用户原有投资。良好的扩充性完全满足 24×7 不间断服务	SAN 具有扩展性高、可管理性好和容错能力强等优点，允许企业独立地增加存储容量，并使网络性能不受数据访问的影响	高可靠、高扩展。以文件方式存储的数据被保存在现有硬盘或者硬盘的某个区中；以卷的方式存储则在全新的物理硬盘中分配一部分来执行 iSCSI 的任务
总拥有成本（TCO）	价格较适中，需要购买服务器及操作系统，总拥有成本较高	价格低，无须购买服务器及第三方软件，以后的投入会很少，降低用户的后续成本，从而使 TCO 降低	为了使技术适应用户需求，需要一种优化的存储架构，该架构能够最好地利用资金和 IT 资源，可有效降低 TCO	iSCSI 的核心价值就是降低 TCO，入门门槛比较低，技术简单，部署灵活
数据备份与灾难恢复	可备份直连服务器及工作站的数据，对多台服务器的数据备份较难	继承本地备份软件，可实现无服务器的网络数据备份。双引擎设计理念，即使服务器发生故障，用户仍可进行数据存取	容灾地点选择在距离本地不小于 20 km 的范围内，通过光纤以双冗余方式接入 SAN 网络中，实现本地关键应用数据的实时同步复制	减少了异构网络和电缆：不需要特殊的 FC 交换机，无距离限制。远程存储：异地数据交换、备份及容灾

续 表

比较项目 \ 存储技术	DAS	NAS	SAN	iSCSI
RAID 级别	RAID 0、RAID 1、RAID 3、RAID 5、JBOD（硬盘簇）	RAID 0、RAID 1、RAID 5、JBOD	RAID 0、RAID 1、RAID 10、RAID 5、RAID 6	RAID 0、RAID 1（0+1）、RAID 3、RAID 5、RAID 6、RAID 10、RAID 30、RAID 50、RAID 60、NRAID、JBOD
硬件架构	冗余电源、多风扇、热插拔、背板化结构	冗余电源、多风扇、热插拔	内部组件采用冗余的模块化设计，双冗余大功率电源供电系统，在线热插拔	冗余、热插拔模块（控制器、电源、风扇）；管理界面；集中管理

综上可知：

（1）对于小型且服务较为集中的商业企业，可采用简单的 DAS 方案。

（2）对于中小型商业企业，服务器数量比较少，有一定的数据集中管理要求，且没有大型数据库需求的可采用 NAS 方案。

（3）对于大中型商业企业，SAN 和 iSCSI 是较好的选择。如果希望使用存储的服务器相对比较集中，且对系统性能要求极高，可考虑采用 SAN 方案；对于希望使用存储的服务器相对比较分散，又对性能要求不是很高的，可以考虑采用 iSCSI 方案。

三、大数据存储技术面临的挑战

大数据对各方厂商都是新的战场，其中也包含了存储厂商，EMC（易安信）买下数据存储软件公司 Greenplum 就是一例。数据存储的确是可应用大数据的主力。不过，数据存储厂商仍面临不少挑战，如他们必须强化关联式数据库的效能，增加数据管理和数据压缩的功能。因为过往关系型数据库产品处理大量数据时的运算速度都不快，需要引进新技术来加强数据查询的功能。另外，数据存储厂商也开始尝试不只采用传统硬盘来存储数据，像是使用快速闪存的数据库、闪存数据库等都已逐渐产生。另一个挑战就是传统关系型数据库无法分析非结构化数据，因此并购具有分析非结构化数据的厂商以及数据管理厂商，是目前数据存储大厂扩展实力的方向。

快照、重复数据删除等技术在大数据时代都很重要，因此衍生了数据权限的管理。例如，现在企业后端与前端所看到的数据模式并不一样，当企业要处理非结构化数据时，就必须确定 IT 部门和业务单位哪个是数据管理者。由于这牵涉的不仅是技术问题，还有公司政策的制定，因此确定数据管理者是企业目前最头痛的问题。

（一）数据存储多样化：备份与归档

管理大数据的关键是制定战略，应以高自动化、高可靠、高成本效益的方式归档数据。大数据现象意味着企业机构正面临大量数据以及各种数据格式的挑战。数据存储多样化是一种涉及各种产品的、支持数据管理战略的数据存储模式。支撑这一方式的原则就是特定类型的数据坚持使用合适的存储介质。

（二）大数据管理需要各种技术

首席信息官应关注的一个具体领域就是备份和归档的方法，因为这是在业务环境中将不同类型文件区分开来的最明显的方式。当企业需要迅速、经常访问数据时，那么基于硬盘的存储就是最合适的。这种数据可定期备份，以确保其可用性。相比之下，随着数据越来越老旧，并且不常被访问，企业可通过将较旧的数据迁移到较低端的硬盘中来获得大量成本优势，从而释放昂贵的主存储。

通过将较旧的数据迁移到这些媒介类型中，企业降低了所需的硬盘数量。可见，归档是全面、高成本效益数据存储解决方案的关键组成部分。这种多样化的模式对那些需要高性能和最低长期存储成本的企业机构是非常有用的。

如果企业希望将其 IT 基础设施变成为企业目标提供价值的事物，而不只是作为让员工和流程都放缓速度的成本中心，那么数据存储解决方案中的多样化就非常重要。一个考虑周全的技术组合，再加上备份与归档的核心方法，可节约 IT 资源，减少 IT 人员的压力，并随着企业需求而扩容。

四、大数据存储技术的趋势预测分析

面对不断出现的存储需求新挑战，我们该如何把握存储的未来发展方向呢？下面我们分析一下存储的未来技术趋势。

（一）存储虚拟化

存储虚拟化是目前以及未来的存储技术热点，它其实并不算是什么全新的概念，RAID、LVM、SWAP、VM、文件系统等都归属于这一范畴。存储虚拟化技术有很多优点，如提高存储利用效率和性能、简化存储管理复杂性、降低运营成本、绿色节能等。

现代数据应用在存储容量、I/O 性能、可用性、可靠性、利用效率、管理、业务连续性等方面，对存储系统不断提出更高的需求，基于存储虚拟化提供的解决方案可以帮助数据中心应对这些新的挑战，有效整合各种异构存储资源，消除信息孤岛，保持高效数据流动与共享，合理规划数据中心扩容，简化存储管理，等等。

目前，最新的存储虚拟化技术有分级存储管理（HSM）、自动精简配置（thin provision）、云存储（cloud storage）、分布式文件系统（distributed file system）、动态内存分区、SAN 与 NAS 存储虚拟化等。

虚拟化可以柔性地解决不断出现的新存储需求问题，因此我们可以断言存储虚拟化仍是未来存储的发展趋势之一，当前的虚拟化技术会得到长足发展，未来新虚拟化技术将层出不穷。

（二）固态硬盘

固态硬盘（solid state drive，SSD）是目前备受存储界广泛关注的存储新技术，它被视为一种革命性的存储技术，可能会给存储行业甚至计算机体系结构带来深刻变革。

在计算机系统内部，L1 Cache、L2 Cache、总线、内存、外存、网络接口等存储层次之间，目前来看内存与外存之间的存储鸿沟最大，硬盘 I/O 通常成为系统性能“瓶颈”。

SSD 与传统硬盘不同，它是一种电子器件而非物理机械装置，它具有体积小、能耗小、抗干扰能力强、寻址时间极小（甚至可以忽略不计）、IOPS 高、I/O 性能高等特点。因此，SSD 可以有效缩短内存与外存之间的存储鸿沟，计算机系统中原本为解决 I/O 性能“瓶颈”的诸多组件和技术的作用将变得越来越微不足道，甚至最终将被淘汰出局。

试想，如果 SSD 性能达到内存甚至 L1 Cache/L2 Cache，后者的存在还有什么意义？数据预读和缓存技术也将不再需要，计算机体系结构也将会随之发生重大变革。对于存储系统来说，SSD 的最大突破是大幅提高了 IOPS，摩尔定理的效力再次显现，通过简单地用 SSD 替换传统硬盘，就可能达到和超越综合运用缓存、预读、高并发、数据局部性、硬盘调度策略等软件技术的效用。

SSD 目前对 IOPS 要求高的存储应用最为有效，主要是大量随机读写应用，这类应用包括互联网行业和内容分发网络（CDN）行业的海量小文件存储与访问、数据分析与挖掘领域的联机事务处理过程（OLTP）等。SSD 已经开始被广泛接受并应用，当前主要的限制因素包括价格、使用寿命、写入性能抖动等。从最近两年的发展情况看，这些问题都在不断地改善和解决，SSD 的发展和广泛应用将势不可当。

（三）重复数据删除

重复数据删除（data deduplication）是一种目前主流且非常热门的存储技术，可对存储容量进行有效优化。它通过删除数据集中重复的数据，只保留其中一份，从而消除冗余数据。这种技术可以在很大程度上减少对物理存储空间的需求，从而满足日益增长的数据存储需求。

重复数据删除技术可以帮助众多应用降低数据存储量，节省网络带宽，提高存储效率，减小备份窗口，节省成本。该技术目前大量应用于数据备份与归档系统，因为对数据进行多次备份后，存在大量重复数据，非常适合这种技术。

事实上，重复数据删除技术可以用于很多场合，包括在线数据、近线数据、离线数据存储系统，可以在文件系统、卷管理器、NAS、SAN 中实施。该技术也可以用于数据容灾、数据传输与同步，其作为一种数据压缩技术还可用于数据打包。

重复数据删除技术目前主要应用于数据备份领域。重复数据删除技术使用 Hash 指纹来识别相同数据，存在产生数据碰撞并破坏数据的可能性。重复数据删除技术需要进行数据块切分、数据块指纹计算和数据块检索，会消耗可观的系统资源，对存储系统性能产生影响。

信息呈现的指数级增长方式给存储容量带来巨大的压力，而重复数据删除技术是最为行之有效的解决方案，因此虽然有一定的不足，但它成为主流的技术趋势仍无法改变。更低碰撞概率的 Hash 函数、多核、GPU、SSD 等技术推动重复数据删除技术走向成熟，由一种产品转向一种功能，逐渐应用到近线和在线存储系统。

动态文件系统（ZFS）已经原生地支持重复数据删除技术，我们相信将会不断有更多的文件系统、存储系统支持这一功能。

（四）云存储

云计算无疑是现在最热门的 IT 话题，不管是商业噱头还是 IT 技术趋势，它都已经融入了每个人的工作与生活中，云存储亦然。云存储专注于向用户提供以互联网为基础的在线存储服务。它的特点包括弹性容量（理论上无限大）、按需付费、易于使用和管理。

云存储主要涉及分布式存储（分布式文件系统、IPSAN、数据同步、复制）、数据存储（重复数据删除、数据压缩、数据编码）和数据保护（RAID、CDP、快照、备份与容灾）等技术领域。

私有云存储目前发展情况不错，但是公有云存储发展不顺，用户对其仍持怀疑和观望态度。目前，影响云存储普及应用的主要因素有性能“瓶颈”、安全性、标准与互操作、访问与管理、存储容量和价格。云存储终将离我们越来越近，这个趋势是毋庸置疑的，但是到底还有多远则由这些问题的解决程度决定。云存储将从私有云逐渐走向公有云，满足部分用户的存储、共享、同步、访问、备份需求。但是，云存储试图解决所有的存储问题也是不现实的，尽管如此，云存储仍将进入一个崭新的发展阶段。

（五）SOHO 存储

SOHO（small office and home office）存储是指家庭或个人存储。现代家庭中拥有多台 PC、笔记本电脑、上网本、平板电脑、智能手机的情况已经非常普遍，这些设备将组成家庭网络。SOHO 存储的数据主要来自个人文档、工作文档、软件与程序源码、电影与音乐、自拍视频与照片，部分数据需要在不同设备之间共享与同步，重要数据需要备份或者在不同设备之间复制多份，需要在多台设备之间协同搜索文件，需要多台设备共享的存储空间。随着手机、数码相机和摄像机的普及与数字化技术的发展，以多媒体存储为主的 SOHO 存储需求日益凸显。

第三节　大数据分析与挖掘

一、什么是数据分析

数据分析是指用适当的统计方法对收集来的大量第一手资料和第二手资料进行分析，以求最大化地开发数据资料的功能，发挥数据的作用。它是为了提取有用信息和形成结论而对数据加以详细研究和概括总结的过程。

数据也称观测值，是实验、测量、观察、调查等的结果，常以数量的形式给出。数据分析的目的是把隐藏在一大批看似杂乱无章的数据背后的信息集中和提炼出来，总结出所研究对象的内在规律。在实际工作中，数据分析能够帮助管理者进行判断和决策，以便采取适当策略与行动。例如，企业的高层希望通过市场分析和研究把握当前产品的市场动向，从而制订合理的产品研发和销售计划，这就必须依赖数据分析才能完成。

在统计学领域，有些人将数据分析划分为描述性数据分析、探索性数据分析和验证性数据分析。其中，探索性数据分析侧重于在数据之中发现新的特征，而验证性数据分析则侧重于已有假设的证实或证伪。

描述性数据分析属于初级数据分析，常见的分析方法有对比分析法、平均分析法、交叉分析法等。而探索性数据分析和验证性数据分析属于高级数据分析，常见的分析方法有相关分析、因子分析、回归分析等。我们日常学习和工作中涉及的数据分析主要是描述性数据分析，也就是大家常用的初级数据分析。

二、数据分析的过程

数据分析有着极其广泛的应用范围。典型的数据分析包含以下 3 步：①探索性数据分析。当数据刚取得时，可能杂乱无章，看不出规律，需要通过作图、制表、用各种形式的方程拟合、计算某些特征量等手段探索规律性的可能形式，即往什么方向和用何种方式去寻找和揭示隐含在数据中的规律性。②模型选定分析。在探索性数据分析的基础上提出一类或几类可能的模型，然后通过进一步的分析从中挑选出一定的模型。③推断分析。通常使用数理统计方法对所定模型或估计的可靠程度与精确程度做出推断。

数据分析过程的主要活动由识别信息需求、收集数据、分析数据、评价并改进数据分析的有效性组成。

（一）识别信息需求

识别信息需求是确保数据分析过程有效性的首要条件，可以为收集数据、分析数据提供清晰的目标。识别信息需求是管理者的职责，管理者应根据决策和过程控制的需求，提出对信息的需求。就过程控制而言，管理者应把握过程输入、过程输出、资源配置的合理性，制定过程活动的优化方案。

（二）收集数据

有目的地收集数据是确保数据分析过程有效的基础。组织需要对收集数据的内容、渠道、方法进行策划。策划时应考虑如下内容：

（1）将识别的需求转化为具体的要求，如评价供方时，需要收集的数据可能包括其过程能力、测量系统不确定度等相关数据。

（2）明确由谁在何时何处，通过何种渠道和方法收集数据。

（3）记录表应便于使用。

（4）采取有效措施，防止数据丢失和虚假数据对系统的干扰。

（三）分析数据

分析数据是将收集的数据通过加工、整理和分析，使其转化为信息。常用方法如下：

（1）老七种工具，即排列图、因果图、分层法、调查表、散步图、直方图、控制图。

（2）新七种工具，即关联图、系统图、矩阵图、KJ 法、计划评审技术、PDPC 法、矩阵数据图。

（四）评价并改进数据分析的有效性

数据分析是质量管理体系的基础。组织的管理者应在适当的时候通过对以下问题的分析，评估其有效性。

（1）提供决策的信息是否充分、可信，是否存在因信息不足、失准、滞后而导致决策失误的问题。

（2）信息对持续改进质量管理体系、过程、产品所发挥的作用是否与期望值一致，是否在产品实现过程中有效运用数据分析。

（3）收集数据的目的是否明确，收集的数据是否真实和充分，信息渠道是否畅通。

（4）数据分析方法是否合理，是否将风险控制在可接受的范围。

（5）数据分析所需资源是否得到保障。

目前，电子商务领域应用最广泛的数据分析技术是商务智能（business intelligence，BI）。商务智能通常被理解为将企业中现有的数据转化为知识，帮助企业做出明智的业务经营决策的工具。这里所说的数据包括来自企业业务系统的订单、库存、交易账目、客户和供应商等，来自企业所处行业和竞争对手的数据，以及来自企业所处的其他外部环境中的各种数据。而商务智能可以辅助的业务经营决策既可以是操作层的，又可以是战术层和战略层的。为了将数据转化为知识，需要利用数据仓库、联机分析处理（OLAP）工具和数据挖掘等技术。因此，从技术层面上讲，商务智能不是什么新技术，只是数据仓库、OLAP 和数据挖掘等技术的综合运用。

三、数据分析框架事件

数据分析框架事件分类如下。

（一）分类

在业务构建中，最重要的分类一般是对客户数据的分类，主要用于精准营销。通常分类数据最大的问题在于分类区间的规划，如分类区间的颗粒度、分类区间的区间界限等。分类区间的规划需要根据业务流设定，而业务流的设计必须以客户需要为核心，因此分类的核心思想在于能够完成满足客户需要的业务。由于市场需求是变化的，分类通常也是变化的，如银行业务中 VIP 客户的储蓄区间等。

（二）估计

通常数据估计是互动营销的基础，以基于客户行为的数据估计为基础进行互动营销已经被证实具有较高的业务转化率，银行业中经常通过客户数据估计客户对金融产品的偏好，电信业务和互联网业务则经常通过客户数据估计客户需要的相关服务或者估计客户的生命周期。

数据估计必须基于数据的细分和数据逻辑关联性，数据估计需要有较高的数据挖掘和数据分析水平。简单讲，估计是指根据业务数据判断的需要定义需要估计的数据和数据区间值，对业务进行补充和协助，如根据客户储蓄和投资行为估计客户投资风格等。

（三）预测

根据数据变化趋势进行预测通常是非常有力的产品推广方式，如证券业通常会推荐走势良好的股票，银行业会根据客户的资本情况协助客户投资理财以达到某个未来预期，电信行业通常以服务使用的增长来判断业务扩张、收缩以及营销，等等。

数据预测通常是多个变量的共同结果，每组变量之间一般会存在某个相互联系的数值，我们根据每个变量的关系通常可以计算出数据预测值，并以此作为业务决策的依据展开后续行动。简单讲，预测是指根据数据的变化趋势预测数据的发展方向，如根据历史投资数据帮助客户预测投资行情等数据。

（四）数据分组

数据分组是精准营销的基础，当数据分组以客户特征为主要维度时，通常可以用于估计下一次行为的基础。数据分组的难点在于分组维度的合理性，通常其精确性取决于分组逻辑是否与客户行为特征一致。

（五）聚类

数据聚类是数据分析的重点项目之一。例如，在健康管理系统中，通过症状组合可以大致估计病人的疾病；在电信行业产品创新中，客户使用的业务组合通常是构成服务套餐的重要依据；在银行业产品创新中，客户投资行为聚合也是其金融产品创新的重要依据。

数据聚类的要点在于聚类维度选取的正确性，需要通过不断地实践验证其可行性。简单讲，聚类是指数据集合的逻辑关系，如同时拥有 A 特征和 B 特征的数据，可以推断出其也拥有 C 特征。

（六）描述

描述性数据的最大效用在于可以对事件进行详细归纳，通常很多细微的机会发现和灵感启迪都来自一些描述性的客户建议，同时客户更愿意通过描述性的方法来查询、搜索等，这时就需要通过较好的数据关联方法协助客户。

描述性数据的使用难点在于大数据量下的数据要素提取和归类，其核心在于要素提取规则以及归类方法，要素提取和归类是其能够被使用的基础。

（七）复杂数据挖掘

复杂数据挖掘如视频、音频、图形图像等，其要素目前依然难以通过技术手段提取，但是可以从上下文与语境中提取一些要素以帮助聚类。例如，重要客户标记了高度重要性的视频，一般优先权重也应该较高。

复杂数据挖掘目前处理的方式一般是通过数据录入的标准化解决，核心在于数据录入标准体系的规划。建议为了整理的方便，初期规划时尽可能考虑完善，这不仅适用于现在，还适用于未来。

四、什么是数据挖掘

数据挖掘是指从数据库的大量数据中揭示隐含的、先前未知的并有潜在价值的信息的非平凡过程。数据挖掘是一种决策支持过程，它主要基于人工智能、机器学习、模式识别、统计学、数据库、可视化技术等，高度自动化地分析企业的数据，做出归纳性的推理，从中挖掘出潜在的模式，帮助决策者调整市场策略，减少风险，做出正确的决策。

数据挖掘是通过分析每个数据，从大量数据中寻找其规律的技术，主要包括数据准备、规律寻找和规律表示三个步骤。数据准备是从相关的数据源中选取所需的数据并整合成用于数据挖掘的数据集；规律寻找是用某种方法将数据集所含的规律找出来；规律表示是尽可能以用户可理解的方式（如可视化）将找出的规律表示出来。

数据挖掘的任务主要包括关联分析、聚类分析、分类分析、异常分析、特异群组分析和演变分析等。并非所有的信息发现任务都被视为数据挖掘。例如，使用数据库管理系统查找个别的记录，或通过互联网的搜索引擎查找特定的Web页面，则是信息检索领域的任务。虽然这些任务是重要的，可能涉及复杂的算法和数据结构，但是它们主要依赖传统的计算机科学技术和数据的明显特征来创建索引结构，从而有效地组织和检索信息。

数据挖掘引起了信息产业界的极大关注，其主要原因是存在大量数据，可以广泛使用，并且迫切需要将这些数据转换成有用的信息和知识。获取的信息和知识可以广泛用于各种应用，包括商务管理、生产控制、市场分析、工程设计和科学探索等。

数据挖掘利用了来自如下一些领域的思想：①统计学的抽样、估计和假设检验；②人工智能、模式识别和机器学习的搜索算法、建模技术和学习理论。此外，数据挖掘也迅速地接纳了来自其他领域的思想，这些领域包括最优化、进化计算、信息论、信号处理、可视化和信息检索。源于高性能（并行）计算的技术在处理海量数据集方面常常是重要的。分布式技术也能帮助处理海量数据，并且当数据不能集中到一起处理时更是至关重要。

五、数据挖掘的任务与过程

（一）数据挖掘的任务

图 2–3 给出了数据挖掘的 4 种主要任务。利用计算机技术与数据库技术，可以快速存储与检索各类数据库，但传统的数据处理与分析方法难以对海量数据进行有效的处理与分析。利用传统的数据分析方法一般只能获得数据的表层信息，难以揭示数据属性的内在关系和隐含信息。海量数据的飞速产生和传统数据分析方法的不适用性带来了对更有效的数据分析理论与技术的需求。

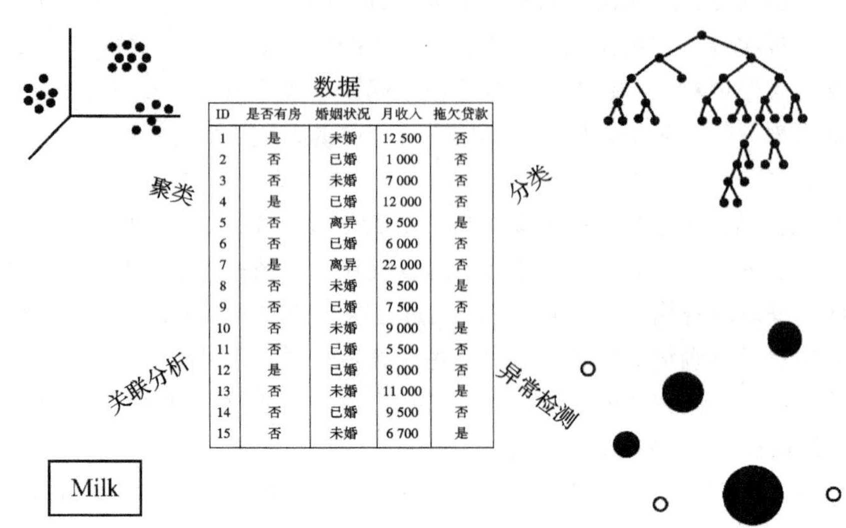

ID	是否有房	婚姻状况	月收入	拖欠贷款
1	是	未婚	12 500	否
2	否	已婚	1 000	否
3	否	未婚	7 000	否
4	是	已婚	12 000	否
5	否	离异	9 500	是
6	否	已婚	6 000	否
7	是	离异	22 000	否
8	否	未婚	8 500	是
9	否	已婚	7 500	否
10	否	未婚	9 000	是
11	否	已婚	5 500	否
12	是	已婚	8 000	否
13	否	未婚	11 000	是
14	否	已婚	9 500	否
15	否	未婚	6 700	是

图 2-3　数据挖掘的 4 种主要任务

将快速增长的海量数据收集并存放在大型数据库中，使之成为难得再访问也无法有效利用的数据档案是一种极大的浪费。当需要从这些海量数据中找到人们可以理解和认识的信息与知识，使这些数据成为有用的数据时，就需要有更有效的分析理论与技术及相应的工具。将智能技术与数据库技术结合起来，从这些数据中自动挖掘出有价值的信息是解决问题的一个有效途径。

对海量数据和信息的分析与处理可以帮助人们获得更丰富的知识，在理论技术以及实践上获得更为有效且实用的成果。从海量数据中获得有用信息与知识的关键之一是决策者是否拥有从海量数据中提取有价值知识的方法与工具。如何从海量数据中提取有用的信息与知识，是当前人工智能、模式识别、机器学习等领域中一个重要的研究课题。

对于海量数据，可以利用数据库管理系统进行存储管理。对数据中隐含的有用信息与知识，可以利用人工智能与机器学习等方法分析和挖掘，这些技术的结合促进了数据挖掘技术的产生。

数据挖掘技术与数据库技术有着密切关系。数据库技术解决了数据存储、查询与访问等问题，包括遍历数据库中的数据。数据库技术未涉及对数据集中隐含信息的发现，而数据挖掘技术的主要目标就是挖掘数据集中隐含的信息和知识。

数据挖掘技术产生的基本条件包括海量数据的产生与管理技术、高性能的计算机系统、数据挖掘算法。激发数据挖掘技术研究与应用的四个主要技术因素如下：

（1）超大规模数据库的产生，如商业数据仓库和计算机系统自动收集的各类数据记录。商业数据库正在以空前的速度增长，而数据仓库正在被广泛地应用于各行各业。

（2）先进的计算机技术，如具有更高效的计算能力和并行体系结构。复杂的数据处理与计算对计算机硬件性能的要求逐步提高，而并行多处理机在一定程度上满足了这种需求。

（3）对海量数据的快速访问需求，如人们需要了解与获取海量数据中的有用信息。

（4）对海量数据应用统一方法计算的能力。数据挖掘技术已获得广泛的研究与应用，并已经成为一种易于理解和操作的有效技术。

从 1989 年第十一届国际联合人工智能学术会议上正式提出数据挖掘技术以来，学术界就没有中断过对数据挖掘技术的研究。数据挖掘技术在学术界和工业界的影响越来越大。数据挖掘技术被认为是一个新兴的、非常重要的、具有广阔应用前景和富有挑战性的研究领域，并引起了众多学科研究者的广泛注意。经过数十年的努力，数据挖掘技术的研究已经取得了丰硕的成果。

数据挖掘作为一种“发现驱动型”的知识发现技术，被定义为找出数据中的模式的过程。这个过程必须是自动的或半自动的。数据的总量总是相当可观的，但从中发现的模式必须是有意义的，并能产生一定的效益，而且通常是经济上的效益。数据挖掘技术是数据库、信息检索、统计学、算法和机器学习等多个学科相互融合的结果，如图 2-4 所示。

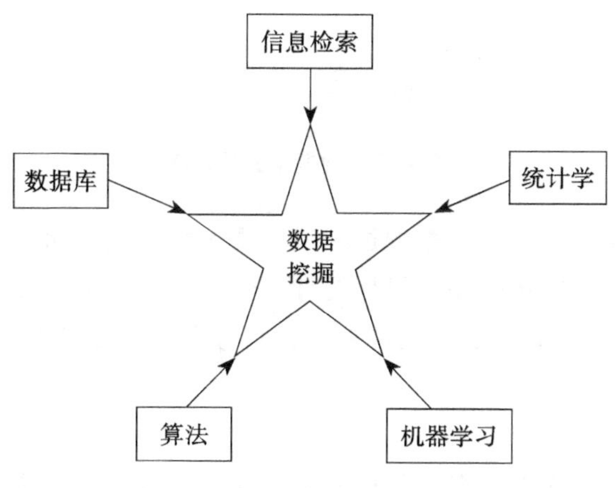

图 2-4　数据挖掘与各学科关系

数据挖掘从作用上可以分为预测性挖掘和描述性挖掘两大类。预测性挖掘是建立一个或一组模型，并根据模型对数据进行预测。描述性挖掘是对数据中存在的规则做一种概要的描述，或者根据数据的相似性把数据分组。描述型模式不能直接用于数据预测。

（二）数据挖掘的过程

数据挖掘的过程先是定义问题，将业务问题转换为数据挖掘问题，然后选取合适的数据，并对数据进行分析理解；根据目标对数据属性进行转换和选择，之后使用数据对模型进行训练以建立模型；在确定模型对解决业务问题有效之后，将模型进行部署，弄清每个步骤的先后顺序。数据挖掘的过程如图 2–5 所示。

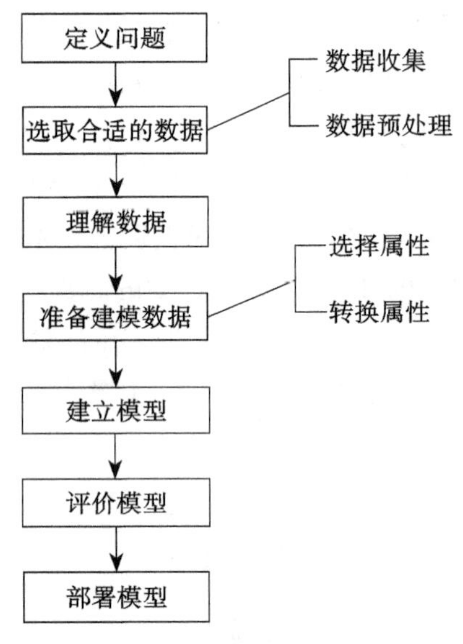

图 2–5　数据挖掘的过程

尽管如此，实际中的数据挖掘过程最好视为网状循环而不是一条直线。各步骤之间确实存在一个自然顺序，但是没有必要或苛求完全结束某个步骤后才进行下一步，后面几步中获取的信息可能要求重新考察前面的步骤。

1. 定义问题

数据挖掘的目的是在大量数据中发现有用的。令人感兴趣的信息，因此发现何种知识就成为整个过程中第一个重要的阶段，这就要求对一系列问题进行定义，将业务问题转换为数据挖掘问题。

2. 选取合适的数据

选取数据是数据挖掘过程中最重要的部分。在所有可能的情况中，最好是选取的数据已经存储在共同的数据仓库中，经过预处理，使数据可用、精确且具有较强的时效性。

3. 理解数据后准备建模数据

在开始建立模型之前，需要花费一定的时间对数据进行研究，检查数据的分布情况、比较变量值及其描述，从而对数据属性进行选择，并对某些数据进行衍生处理。

4. 建立模型

针对特定业务需求及数据的特点选择最合适的挖掘算法。在定向数据挖掘中，根据独立或输入的变量，训练集用于产生对独立的或者目标的变量的解释。这个解释可能采用神经网络、决策树、链接表或者其他表示数据库中的目标和其他字段之间关系的表达方式。在非定向数据挖掘中，就没有目标变量了，模型发现记录之间的关系，并使用关联规则或者聚类方式将这些关系表达出来。

5. 评价模型

若要判断数据挖掘的结果是否有价值，则需要对结果进行评价。如果发现模型不能满足业务需求，就需要返回到前一个阶段，如重新选择数据，继而采用其他的数据转换方法，并给定新的参数值，或者采用其他的挖掘算法。

目前比较常用的评估技术有两种：保持和 K – 折交叉确认。保持方法是指将给定的样本数据随机地划分成两个独立的集合，一个用于训练集，另一个用于测试集。K – 折交叉确认方法是指把样本数据 N 等分，第一次把其中的前 $N-1$ 份用作训练样本，剩下的 1 份用于测试；第二次把不同的 $N-1$ 份用作训练样本，剩下的 1 份用于测试。这样的训练和测试重复 N 遍。

6. 部署模型

部署模型就是将模型从数据挖掘的环境转移到真实的业务评分环境中。

六、数据挖掘的算法

（一）分类方法

首先从数据中选出已经分好类的训练集，在该训练集上运用数据挖掘分类技术，建立分类模型，对没有分类的数据进行分类。

从大的方面可以把分类方法分为机器学习法、统计法、神经网络法等。其中，机器学习法包括决策树法和规则归纳法，统计法包括贝叶斯法等，神经网络法主要是 BP 算法。分类算法根据训练集数据找到可以描述并区分数据类别的分类模型，使之可以预测未知数据的类别。

1. 决策树法

在决策树法中，典型的算法有 ID3 算法、C4.5 算法等。ID3 算法是利用信息论中的信息增益寻找数据库中具有最大信息量的字段，从而建立决策树的一个节点，并根据字段的不同取值建立树的分枝，在每个分枝子集中重复建树的下层节点和分枝，最终建成决策树。C4.5 算法是对 D3 算法的一个扩展。

2. 贝叶斯法

贝叶斯法是在贝叶斯定理的基础上发展起来的，它有几个分支，如朴素贝叶斯算法和贝叶斯信念网络算法。朴素贝叶斯算法假定一个属性值对给定目标值的影响独立于其他属性的值；贝叶斯信念网络算法是网状图形，能表示属性子集间的依赖关系。

3.BP 算法

BP（Back Propagation，反向传播）算法构建的模型是指在前向反馈神经网络上学习得到的模型，它本质上是一种非线性判别函数，适合应用于那些普通方法无法解决、需要用复杂的多元函数进行非线性映照的数据挖掘环境中，用于完成半结构化和非结构化的辅助决策支持过程，但是在使用过程中要注意避开局部极小的问题。

（三）关联方法

相关性分组或关联规则决定哪些事情将一起发生。

例如：

（1）超市中客户在购买 A 的同时，经常会购买 B，即 A ⇒ B（关联规则）。

（2）客户在购买 A 后，隔一段时间，会购买 B（序列分析）。

在关联规则发现算法中，典型的是 Apriori 算法，它是挖掘客户交易数据库中项集间的关联规则的重要方法，其核心方法是基于两阶段频集思想的递推算法。频集是指所有支持度大于最小支持度的项集。Apriori 算法的基本思想是首先找出所有的频集，这些项集出现的频繁性至少和预定义的最小支持度一样；然后由频集产生强关联规则，这些规则必须满足最小支持度和最小可信度。它的缺点是容易在挖掘过程中产生瓶颈，需重复扫描代价较高的数据库。

在多值属性关联算法中，典型的是 MAGA 算法，它是将多值关联规则问题转化为布尔型关联规则问题，然后利用已有的挖掘布尔型关联规则的方法得到有价值的规则。若属性为类别属性，则需先将属性值映射为连续的整数，并使意义相近的取值相邻编号。

（三）聚类方法

聚类是对记录进行分组，把相似的记录放在一个聚集里。聚类和分类的区别是聚集不依赖于预先定义好的类，也不需要训练集。

例如：

（1）一些特定症状的聚集可能预示了一种特定的疾病。

（2）VCD（影音光盘）租赁类型不相似的客户聚集，可能暗示成员属于不同的亚文化群。

在数据挖掘的分析方法中，聚集通常作为数据挖掘的第一步。例如，“客户对哪一种促销方法响应最好？”对于这一类问题，首先对整个客户做聚集，将客户分组在各自的聚集里，然后以每个不同的聚集为单位回答问题，可能效果更好。

聚类方法包括统计分析算法、机器学习算法、神经网络算法等。

在统计分析算法中，聚类分析是基于距离的聚类，如欧氏距离、海明距离等。这种聚类分析方法是一种基于全局比较的聚类，它需要考察所有的个体才能决定类的划分。

在机器学习算法中，聚类是无监督的学习。在这里，距离是根据概念的描述来确定的，故此聚类也称概念聚类。当聚类对象动态增加时，概念聚类则会转变为概念形成。

在神经网络算法中，自组织神经网络方法可用于聚类，如 ART 模型、Kohonen 模型等。它是一种无监督的学习方法，即当给定距离阈值后，各个样本按阈值进行聚类。神经网络算法的优点是能进行非线性学习和联想记忆，但也存在一些问题，如不能观察中间的学习过程，最后的输出结果较难解释，从而影响结果的可信度及可接受程度。另外，神经网络需要较长的学习时间，对大量数据而言，其性能会出现严重问题。

（四）预测序列方法

常见的预测序列方法有指数平滑法、灰色预测法、线性回归法等。

（1）指数平滑法是在移动平均法基础上发展起来的一种时间序列分析预测法，它是通过计算指数平滑值，配合一定的时间序列预测模型对数据的未来进行预测的。它能减少随机因素引起的波动和检测器错误。

（2）灰色预测法是建立在灰色预测理论基础上的。对灰色预测理论而言，系统的发展有其内在的一致性和连续性，该理论认为，将系统发展的历史数据进行若干次累加和累减处理，所得到的数据序列将呈现某种特定的模式（如指数增长模式等），挖掘该模式并对数据进行还原，就可以预测系统的发展变化趋势。灰色预测法是一种对含有不确定因素的系统进行预测的常用定量方法。通常来说，在宏观经济的各行业中，由于受客观政策及市场经济等各方面因素影响，可以认为这些系统都是灰色系统，均可以用灰色预测法来描述其发展变化的趋势。灰色预测是对既含有确定信息又含有不确定信息的系统进行的预测，即对在一定范围内变化的、与时间序列有关的灰色过程进行的预测。尽管灰色过程中所显示的现象是随机的，但其实是有序的，因此我们得到的数据集合具备潜在的规律。灰色预测法通过鉴别系统因素之间发展趋势的相异程度，即进行关联分析，对原始数据进行生成处理来寻找系统变动的规律，生成有较强规律性的数据序列，然后建立相应的微分方程模型，以此预测事物未来的发展趋势。

（3）在回归技术中，线性回归模型是通过处理数据变量之间的关系，找出合理的数学表达式，并结合历史数据对将来的数据进行预测的。

（五）估计

估计与分类相似，但也存在不同的地方，其不同之处在于分类描述的是离散型变量的输出，而估计是处理连续值的输出；分类的类别是确定数目的，估计的量是不确定的。

例如：

（1）根据购买模式，估计一个家庭中孩子的个数。

（2）根据购买模式，估计一个家庭的收入。

（3）估计房产的价值。

一般来说，在数据挖掘中，估计可以作为分类的前一步工作。首先给定一些输入数据，通过估计得到未知的连续变量的值，然后根据预先设定的阈值进行分类。例如，银行对家庭贷款业务运用估计法给各个客户记分（Score 0 ~ 1），然后根据阈值对贷款级别分类。

（六）预测

通常来说，预测是通过分类或估计起作用的，即通过分类或估计得出模型，将该模型用于对未知变量的预测中。从这种意义上说，预测其实没有必要分为一个单独的类。预测的目的是对未来未知变量的预言，这种预言是需要时间来验证的，即必须经过一定时间，才能知道预言的准确性是多少。

（七）描述和可视化

描述和可视化是对数据挖掘结果的表示方式。例如，数据挖掘帮助 DHL 实时跟踪货箱温度。DHL 是国际快递和物流行业的全球市场领先者，它提供快递、水陆空三路运输、合同物流解决方案以及国际邮件服务。DHL 的国际网络将超过 220 个国家及地区联系起来，员工总数超过 38 万。在美国 FDA（食品药品监督管理局）要求确保运送过程中药品装运的温度达标这一压力下，DHL 的医药客户强烈要求提供更可靠且更实惠的选择，这就要求 DHL 在递送的各个阶段都要实时跟踪集装箱的温度。虽然由记录器生成的信息准确无误，但是无法实时传递数据，客户和 DHL 都无法在发生温度偏差时采取任何补救措施。因此，DHL 的母公司——德国邮政世界网（DPWN）通过技术与创新管理（TIM）集团明确拟定了一个计划，即使用 RFID 技术在不同时间点全程跟踪药品装运的温度。通过 IBM 全球企业咨询服务部绘制决定服务的关键功能参数的流程框架，DHL 获得了两方面的收益：对最终客户而言，能够使医药客户对运送过程中出现的装运问题提前做出响应，并以引人瞩目的低成本全面、切实地增强了运送可靠性；对 DHL 而言，提高了客户满意度和忠实度，为保持竞争差异奠定了坚实的基础，并使这一业务成为重要的、新的收入增长来源。

七、数据挖掘的应用实践

从目前网络招聘的信息来看，各公司对数据挖掘人才的需求有 50 多个方面，如表 2-1 所示。

表2-1 数据挖掘的需求

需求 1	需求 2
数据统计分析	预测预警模型
数据信息阐释	数据采集评估
数据加工仓库	品类数据分析
销售数据分析	网络数据分析
流量数据分析	交易数据分析
媒体数据分析	情报数据分析
金融产品设计	日常数据分析
数据变化趋势	预测预警模型
运营数据分析	商业机遇挖掘
风险数据分析	缺陷信息挖掘
决策数据支持	运营优化与成本控制
质量控制与预测预警	系统工程数学技术
用户行为分析 / 客户需求模型	产品销售预测（热销特征）
商场整体利润最大化系统设计	市场数据分析
综合数据关联系统设计	行业 / 企业指标设计
企业发展关键点分析	资金链管理设计与风险控制
用户需求挖掘	产品数据分析
销售数据分析	异常数据分析
数学规划与数学方案	数据实验模拟
数学建模与分析	呼叫中心数据分析
贸易 / 进出口数据分析	海量数据分析系统设计与技术研究
数据清洗、分析、建模、调试、优化	数据挖掘算法研究、建模、实验模拟
组织机构运营监测、评估、预测预警	经济数据分析、预测、预警
金融数据分析、预测、预警	科研数学建模与数据分析
数据指标开发、分析与管理	产品数据挖掘与分析

续　表

需求 1	需求 2
商业数学与数据技术	故障预测预警技术
数据自动分析技术	泛工具分析
互译	指数化

其中，互译与指数化是数据挖掘中除计算机技术之外最核心的两大技术。

八、数据挖掘和 OLAP

数据挖掘和 OLAP 到底有何不同？下面将对其进行解释，它们是完全不同的工具，基于的技术也大相径庭。

OLAP 是决策支持领域的一部分。传统的查询和报表工具只能告诉用户数据库中都有什么，而 OLAP 则告诉用户下一步会发生什么，以及如果用户采取这样的措施又会怎么样。用户首先建立一个假设，然后用 OLAP 检索数据库来验证这个假设是否正确。例如，一个分析师想知道什么原因导致了贷款拖欠，他可能先要做一个初始的假定，认为低收入的人信用度也低，然后用 OLAP 来验证这个假设。如果这个假设没有被证实，他可能就会去查看那些高负债的账户，如果还不行，他也许要把收入和负债一起考虑，就这样一直进行下去，直到找到他想要的结果或放弃。

也就是说，OLAP 分析师首先建立一系列假设，然后通过 OLAP 证实或推翻这些假设来最终得到自己的结论。OLAP 分析过程在本质上是一个演绎推理的过程，但是如果分析的变量达到几十或上百个，那么再用 OLAP 手动分析验证这些假设将是一件非常困难和痛苦的事情。

数据挖掘与 OLAP 不同的地方是，它不是用于验证某个假定模式（模型）的正确性，而是自己在数据库中寻找模型，其在本质上是一个归纳的过程。例如，一个用数据挖掘工具的分析师想找出引起贷款拖欠的风险因素，数据挖掘工具可能帮他找到高负债和低收入是引起这个问题的因素，甚至还可能发现一些分析师从来没有想过或试过的其他因素，如年龄。

数据挖掘和 OLAP 具有一定的互补性。在利用数据挖掘得出结论并采取行动之前，也许要验证一下如果采取这样的行动会给公司带来什么样的影响，而 OLAP 工具就能回答这些问题。

在知识发现的早期阶段，OLAP 工具还有其他一些用途。例如，可以帮用户探索数据，找到哪些是对一个问题比较重要的变量，从而发现异常数据和互相影响的变量。这都能帮分析者更好地理解数据，加快知识发现的进程。

第四节　大数据共享与交换

一、数据共享平台定位

大数据通常定义为一个企业或组织对其所创造的海量结构化、半结构化与非结构化数据的存储和分析，其目的在于从复杂的数据中找到其关联、规律并加以利用。大数据正以一种前所未有的方式，通过对海量数据进行分析，获得有巨大价值的产品、服务以及深刻的洞见。

随着大数据及其相关技术的发展和应用，IT 系统的数据存储、数据计算等技术架构随之发生巨大的变革。以电信运营商 IT 支撑系统为例，传统模式下各系统独立部署、数据分散，形成数据孤岛，无法实现跨系统的数据分析；系统间接口效率低下，数据共享会对原有系统造成较大压力；数据存储、维护成本高昂，与数据容量的急速膨胀形成强烈的矛盾。

数据是电信运营商最重要的资产。随着数据规模的急剧扩大，除了被动地消耗存储成本外，如何实现数据的有效性、低成本存储和系统间高效率共享，并能在此基础上对数据加以挖掘和利用，成为运营商需要考虑的重要课题。

在此形势下，将各生产系统原始数据整合到统一的数据共享平台上成为很多运营商都在考虑的数据平台建设模式。数据共享平台可有效解决数据孤岛问题，通过通用硬件设备大幅降低系统的存储及维护成本，并为前端应用系统提供丰富的 ETL（数据提取、转换和加载）类服务，实现跨系统应用的快速支撑，同时生成全局决策指导。

然而，由于缺乏相应的实际应用案例，且跨系统大规模的综合性数据平台在技术实现上较为复杂，因此虽然各运营商对数据共享平台趋之若鹜，但真正实现的并不多见。这一状况伴随着大数据相关技术的发展而发生变化，大数据为数据共享平台的落地实现提供了绝佳的机会和技术基础。

数据共享平台在数据源和数据应用之间起承上启下的作用，对内按照统一的数据模型进行数据整合，提升数据质量；对外提供数据共享能力，支撑跨系统数据的分析应用，并为企业高层决策提供数据支持。

数据共享平台将主要实现如下功能。

（一）数据采集和存储

从源数据系统采集数据，统一各类数据的逻辑模型，实现企业数据的标准化统一存储和整合。

（二）数据处理

针对采集的数据，在采集共享平台内部进行数据加工和精简，删除无用、重复、错误的数据。

（三）数据共享

消除系统间网状数据接口，由数据共享平台统一为各系统共享数据，将整合和处理后的数据向外部系统提供。数据共享平台按需实现各类灵活的数据查询和报表服务，按指定指标和维度对各类数据进行动态、交叉的主题分析。

（四）数据管理

实现数据共享平台的基础管理功能，并能根据企业指定的规则对数据共享平台存储的数据进行校验，保证数据的准确性、一致性和完整性，对数据质量进行统一管控。

二、数据共享平台技术架构

数据共享平台底层采用分布式架构，并基于分布式架构开发数据处理功能，在数据处理的基础上提供各类数据服务接口，与上层应用或其他系统实现数据共享。

数据采集层：主要进行数据获取、采集与处理。

数据存储层：完成数据存储，通过基于 x86 的服务器集群搭建分布式文件系统与分布式数据库。

数据处理层：主要进行数据分析处理，完成数据的计算、分析等功能。

访问共享层：通过共享服务功能将数据提供给上层应用。

数据共享平台底层硬件资源基于廉价的通用 x86 服务器部署；大数据层基于开源的 Hadoop 体系构建，并根据需求进行一定的封装和定制开发；处理后的数据根据上层应用需要向各系统提供数据定制服务和数据共享服务。

三、数据共享平台软件部署方案

（一）数据采集层

数据采集层从底层数据源系统中获取不同类型的数据，通过数据抽取、分发、清洗、转换和装载等过程，将源数据存储到数据共享平台中。数据采集层包含的功能说明如下。

（1）接入适配模块，依据数据来源及类型的不同采用不同的接口适配器进行数据抽取，接入的适配模块需要满足不同类型接口的对接需求。

（2）数据抽取模块接收各数据源系统发送的数据就绪通知消息，及时进行数据的采集。数据抽取模块具备采集数据必需的范围、频率等的配置功能。

（3）为应对可能出现的数据中断、数据不完整等问题，平台同样需要配置数据补采模块。数据补采模块根据数据的完整性和配置的补采策略，自动发起数据补采任务，重新进行数据采集，以保证数据的完整性，最大限度地与数据源保持一致。

（4）数据清洗模块负责对“脏数据”进行剔除，消除数据的不一致性。“脏数据”包括不规则数据、不符合事实数据，如取值范围、完整性规则、拼写检查等。

（5）数据转换主要包括数据编码和数据转换。数据编码将不同数据源或网元的数据转换成统一格式编码，数据转换对与目标数据类型或格式不一致的数据进行转换。

（6）数据装载模块的目的是实现数据的装载，可以装载的数据包括无须清洗的干净数据、经过清洗后的干净数据以及经过转换后符合目标数据模型的数据。

（7）数据汇总模块是将细粒度数据根据维度层次汇总成高粒度数据，包括对时间、空间粒度和业务等的汇总。

（8）数据采集层需要发起大量的数据采集、转换、加载等任务，所以需要具备完备的任务调度管理能力，能够对各类任务进行配置、启动、跟踪；根据各任务的执行状态、结果自动启动后续任务。

（9）采集监控模块通过界面对装载任务进行管理和监控，包括加载任务的状态、对加载任务进行启停和优先级设置等操作。

（二）数据存储层

数据存储层提供数据共享平台数据的基础存储能力，包含细节数据存储和数据仓库两部分。

（1）细节数据存储通过本地存储设备集群支持 PB 级的海量数据存储，实现相应的生命周期管理和全生命周期的配置，提供海量数据查询接口和对外开放；区分历史归档数据（冷数据）和当期使用数据（热数据），定义详细的归档、回炉策略。其中，归档数据与当期数据相比拥有更高的压缩比。

（2）数据仓库是数据加工和数据分析的引擎，其目的是实现数据的分层存放。数据仓库应满足大规模实时数据分析处理的要求，具备高效、低成本、高扩展能力、高可靠性的特点，在存储数据时能够达到较高的压缩率。

（三）数据处理层

数据处理层需要对数据仓库中存储的数据按预先定义的计算处理需求进行批量计算处理，实现数据建模、数据计算功能。

（1）数据建模功能支持面向对象的维度模型建模与面向逻辑模型的指标关系设计和算法编辑，并能根据逻辑模型自动创建可执行的调度任务。

（2）数据计算功能能够根据建模工具自动创建可执行的计算任务，按照触发条件进行任务调度、执行计算任务、完成数据处理，其中数据处理应包括传统数据处理和海量数据计算。

（四）数据共享层

数据共享层用于灵活支持上层应用不同类型的数据需求。

（1）数据共享层支持建立数据服务的标准化接口，降低应用与平台的接口耦合，促进信息共享和应用复用。

（2）数据共享层提供标准的参数化查询服务，以支持常规的数据共享请求；支持多种类型的数据接口，如文件接口、数据库接口、消息接口、中间件接口等。

（3）数据共享层的共享服务能够个性化配置，并能够根据配置自动生成数据共享服务接口。同时，数据共享层需要支持数据访问权限管理，能根据数据共享服务日志记录进行统计分析，实现共享过程监控、过程异常处理、共享日志管理和查询统计分析功能。

（五）数据管理

数据管理主要是指实现元数据管理、数据质量管理、数据生命周期管理、数据迁移管理等功能。

（1）元数据管理是指实现数据透明和可管理，为建立数据质量考评体系、实现数据质量可评估提供支持。

（2）数据质量管理是指为保证数据共享平台的数据质量，实现对数据源接口质量、处理过程质量、数据应用质量和业务指标质量等的管理。

（3）数据生命周期管理覆盖数据的采集、处理、存储、交换、应用以及最终的消亡清除工作。

（4）数据迁移管理提供多种数据互通手段，包括数据同步和数据调用，实现与原有系统数据的同步和调用。

（六）基础管理

管理门户除了管理数据共享平台外，还是与原有系统数据互通的通道，需要实现与原有系统的管理接口。

（1）系统自管理是指实现对自身硬件、软件、输出结果的管理，实时监控系统自身性能指标，如服务器性能指标，并对异常指标进行告警，定期或按需根据历史数据制作资源利用与性能变化的各种统计分析报表等。

（2）用户管理是指实现用户信息管理、用户权限管理等与用户相关的管理功能。

（3）安全管理可分角色、用户进行权限管理，支持对查询、保存、定制、配置、删除等功能进行权限控制，并采用一定的加密方式，对敏感的密码、数据等信息进行加密。

（4）日志类型分为应用程序日志和安全日志两种。应用程序日志是指记录对数据库访问操作、服务器运行状态、应用软件操作等，安全日志是指记录有效或无效登录尝试以及关键资源相关的事件等。

四、数据共享平台硬件部署方案

数据共享平台底层硬件集群可以根据运营商各自的数据分类维度进行划分。根据数据被使用的频率，可将数据划分为冷数据、温数据及热数据，并进行相应的集群划分。结合上述数据分类和集群划分建议，结合目前市场上通用 x86 服务器配置选型情况，文中方案的数据共享平台通用存储服务器配置建议如下。

（一）冷数据集群

NameNode：2 台 x86 物理服务器，单台 2 个 4 核 CPU、32 GB 内存、12×2 TB 硬盘、2 个 GE 端口。

DataNode：x86 物理服务器（数量根据需求配置），单台 2 个 4 核 CPU、16 GB 内存、12×2 TB 硬盘、2 个 GE 端口。

（二）温数据集群

NameNode：2 台 x86 物理服务器，单台 2 个 8 核 CPU、64 GB 内存、12×2 TB 硬盘、4 个 GE 端口。

DataNode：x86 物理服务器（数量根据需求配置），单台 2 个 8 核 CPU、32 GB 内存、12×2 TB 硬盘、2 个 GE 端口。

（三）热数据集群

NameNode：2 台 x86 物理服务器，单台 2 个 8 核 CPU、64 GB 内存、12×2 TB 硬盘、4 个 GE 端口。

DataNode：x86 物理服务器（数量根据需求配置），单台 2 个 8 核 CPU、64 GB 内存、12×2 TB 硬盘、4 个 GE 端口。

第五节　大数据展现技术

人类的创造性不仅取决于逻辑思维，还与形象思维密切相关。人类利用形象思维将数据映射为形象视觉符号，并从中发现规律，进而获得科学发现。其中，可视化关键技术对重大科学发现起到重要作用。在大数据时代，大数据可视化分析的研究与发展将为科学新发现创造新的手段和条件。数据可视化出现于 20 世纪 50 年代，典型例子是利用计算机创造出了图形、图表。1987 年，布鲁斯·麦考梅克促进了可视化技术的发展，将科学计算中的可视化称为科学可视化。20 世纪 90 年代初期，信息可视化出现了。目前将科学可视化与信息可视化都归为数据可视化。

一、科学可视化

（一）问题的提出

传统的科学可视化技术已成功应用于各学科领域，但如果将其直接应用于大数据，就会面临实用性和有效性问题，这说明我们需要对科学可视化技术重新进行审视与深入研究。

（二）分布式并行可视化算法

可扩展性是构造分布式并行算法的一项重要指标。传统的科学可视化算法应用在小规模的计算机集群中，最多可以包括几百个计算节点，而实际的应用则要在数千甚至上万个计算节点上运行。随着数据规模的逐渐增大，算法的效率逐渐成为数据分析流程的瓶颈，设计新的分布并行可视化算法已经成为一个研究热点。

1. 并行图像合成算法

传统的并行图像合成算法主要包括前分割算法、中间分割算法和后分割算法3种类型，前分割算法主要分为如下3步：

（1）将数据分割并分配到每个计算节点上。

（2）每个计算节点独立绘制分配到的数据，在这一步，节点之间不需要进行数据交换。

（3）将计算节点各自绘制的图形汇总，合成最终的完整图形。

从上述步骤中可以看出，节点之间可能需要大量的数据交换，尤其是步骤（3）可能成为算法的瓶颈。解决这个问题的关键是减少计算节点之间的通信开销，并且可以通过对数据进行划分并在各计算节点间进行分配来实现。划分和分配方案需要与数据的访问保持一致，原则是计算节点只使用驻留本计算节点的数据进行跟踪，从而减少数据交换。

2. 并行颗粒跟踪算法的研究

传统的科学可视化研究对象主要集中于三维标量场数据。在科学大数据中，经常使用三维流场数据，其原因如下：

将二维的流场可视化方法直接应用在三维流场的结构上不可能都能获得成功，每个颗粒虽然可以单独跟踪，但是可能出现在空间中的任何一个位置，这就需要计算节点之间通过通信交换的颗粒数量。同时，当大量的颗粒在空间移动时，每个计算节点可能会处理不同数量的颗粒，从而造成计算量严重失衡。解决这些问题的关键是减少计算节点之间的通信开销，其基本思路与并行图像合成算法相同。

3. 重要信息的提取与显示技术

科学大数据可视化的另一个重要研究方向是如何从数据中快速有效地提取重要信息，并且用这些重要信息指导可视化的生成。从可视化的角度来看，一方面，需要通过可视化设计来表达数据中特定信息的定义，通过人机交互工具，由用户来调整参数，观察和挖掘数据中的重要信息；另一方面，需要根据用户的反馈信息调整可视化设计，以更好地凸显重要信息，淡化非重要信息，方便用户对重要信息及其背景的观测。整个信息的提取过程是一个典型的交互式可视分析过程。基于这一思想的两个技术是流场可视化的层次流线束技术和用于标量数据的基于距离场的可视化技术。

4. 原位可视化

传统的科学可视化采用经科学计算后进行处理的模式。随着计算机系统计算速度的提高，I/O 速度与计算速度之间的差距增大。随着计算规模越来越大，相应生成的数据规模也越来越大，现有的存储系统无法把所有的计算数据都保存下来。解决上述问题的常用方法是采用空间或者时间上的采样方法，但最后往往只保存了部分数据，造成结果数据的丢失，不能保证高精度的数值模拟结果。

原位可视化的基本思想如下。

（1）将可视化与科学模拟集成在一起。在科学模拟的过程中，在每个时间片的结果生成之后，可以立刻调用可视化模块，直接与科学模拟程序集成。为了减少数据的冗余，可使可视化程序与科学模拟程序共享数据结构。

（2）由于数据的分割和分配优先满足科学模拟的需求，可视化程序的工作分配有可能是不均衡的，所以需要重现可视化的工作量在各个计算节点上分配算法，以减少数据传输。

（3）可视化程序的开销不能太高，要保持集成系统的高效能，必须提高可视化程序的效率，其可扩展性必须与科学模拟相一致，可以应用上万个、上十万个或更多的计算节点。

二、信息可视化

自 18 世纪后期数据图形学诞生以来，抽象信息的视觉表达手段一直被用来揭示数据及其他隐匿模式的奥秘。20 世纪 90 年代出现的图形化界面则使人们能够直接与可视化信息进行交互，从而推动了信息可视化的研究。信息可视化通过人类的视觉能力来理解抽象信息的含义，从而加强了人类的认知活动，使人们能驾驭日益增多的数据。

信息可视化是跨学科领域的大规模非数值型信息资源的视觉展现，能够帮助人们理解和分析数据。信息可视化中的交互方法能够实现用户与数据的快速交互，更好地验证假设和发现内在联系；信息可视化技术提供了理解高维度、多层次、时空、动态、关系等复杂数据的手段。与科学可视化相比，信息可视化更侧重抽象数据集，如对非结构化文本或者高维空间中不具有固有的二维或三维几何结构的点的视觉展现。信息可视化适用于大规模非数字型信息资源的可视化表达。

信息可视化与科学可视化的不同之处是，信息可视化的对象并不是某些数学模型的结果或者是大型数据集，而是具有自身固有结构的抽象数据。

科学可视化主要处理具有地理结构的数据，信息可视化主要处理像素、图形等抽象式的数据结构，可视化分析则主要挖掘数据背景的问题与原因。更进一步地说，科学可视化技术是指空间数据的可视化技术，而信息可视化技术则是指非空间数据的可视化技术。

三、数据可视化

（一）数据可视化技术的概念

数据可视化技术是指运用计算机图形学和图像处理技术，将数据转换为图形或图像在屏幕上显示出来，并利用数据分析和开发工具发现其中未知信息的交互处理的理论、方法和技术。

数据可视化不仅包括科学计算数据的可视化，还包括工程数据和测量数据的可视化。数据可视化是对大型数据库或数据仓库中的数据进行的可视化，它是可视化技术在非空间数据领域中的应用，使人们不再局限于通过关系数据表来观察和分析数据信息，而是以更直观的方式看到数据及其结构关系。

（二）数据可视化技术的特点

数据可视化技术能够分析大量复杂和多维的数据，提供像人眼一样的直观的、交互的和反应灵敏的可视化环境。数据可视化技术的特点如下。

1. 交互性

用户可以方便地以交互的方式管理和开发数据。

2. 多维性

对象或事件的数据具有多维变量或属性，而数据可以按其每一维的值进行分类、排序、组合和显示。

3. 可视性

数据可以用图像、曲线、二维图形、三维体和动画来显示，用户可对其模式和相互关系进行可视化分析。

在数据可视化方面已经出现了许多先进的技术，主要有基于几何的技术、面向像素的技术、图标技术、层次技术、图像技术和分布式技术等。

（三）数据可视化技术的相关概念

1. 数据空间

数据空间是指由 n 维属性和 m 个元素组成的数据集所构成的多维信息空间。

2. 数据开发

数据开发是指利用一定的算法和工具对数据进行定量的推演和计算。

3. 数据分析

数据分析是指对多维数据进行切片、分块、旋转等动作剖析数据，从而能从多角度、多侧面观察数据。

四、大数据可视化分析

（一）大数据可视化定义

大数据可视化分析需要应用有效的数据管理方法，这也是创建混合环境的需要。在大数据环境下，人们利用各种技术分析数据，用形象直观的方式展示结果，这样能够快速发现数据中蕴含的规律和特征。

可视化分析关注人类感知与用户交互的问题。由于大数据是来自不同领域的模拟与观察实测数据，在进行大数据可视化分析时，通常应用高性能计算机群、处理数据存储与管理的高性能数据库组件及云端服务器和提供人机交互界面的桌面计算机。

（二）大数据可视化分析方法

1. 原位交互分析技术

在进行可视化分析时，将对内存中的数据尽可能多地进行分析称为原位交互分析。对于超过 PB 量级以上的数据，将数据存储于磁盘进行分析的后处理方式已不再适用。与此相反，可视化分析则在数据仍在内存中时就会做尽可能多的分析。这种方式能极大地减少 I/O 的开销，并且可实现数据使用与磁盘读取比例的最大化。然而，应用原位交互分析技术也会出现下述问题：人机交互减少，造成整体工作流中断；硬件执行单元不能高效地共享处理器，导致整体工作流中断。

2. 数据存储技术

大数据是云计算的延伸，云服务及其应用的出现对大数据存储产生了一定的影响。流行的 Apache Hadoop 架构已经支持在公有云端存储 EB 量级数据的应用，许多互联网公司都已经开发出了基于 Hadoop 的 EB 量级的超大规模数据应用，但是一个基于云端的解决方案可能满足不了 EB 量级数处理。

这里存在两个问题，一个是每千兆字节的云存储成本仍然显著高于私有集群中的硬盘存储成本。另一个是基于云的数据库的访问延时和输出始终受限于云端通信网络的带宽，不是所有的云系统都支持分布式数据库的 ACID 标准。对于 Hadoop 软件的应用，这些需求必须在应用软件层实现。

3. 可视化分析算法

大数据的可视化分析算法不仅要考虑数据规模，而且要考虑视觉感知的高效算法，需要引入创新的视觉表现方法和用户交互手段。更重要的是，用户的偏好必须与自动学习算法有机结合起来，只有这样可视化的输出才具有高度适应性。可视化分析算法应拥有巨大的控制参数搜索空间，可以减少数据分析与探索的成本及降低难度，也可以组织数据并且减少搜索空间。

4. 不确定性的量化

许多数据分析任务中引入了数据亚采样来应对实时性的要求，由此也带来了更大的不确定性。数据中不确定性的来源对决策和风险分析十分重要。随着数据规模不断增大，直接处理整个数据集的能力也受到了极大的限制，不确定性量化已经成为科学与工程领域的重要问题之一。不确定性的量化对未来的可视化分析工具极其重要，新的可视化技术将提供一个不确定性的直观视图来帮助用户了解风险，从而帮助用户选择正确的参数，减少产生误导性结果。所以，不确定性的量化将成为可视化分析任务的核心部分。

5. 并行计算

并行计算可以有效地减少可视化计算所占用的时间，从而实现数据分析的实时交互，多核计算体系结构的每个核所占有的内存也将随之减少，在系统内移动数据的代价也会提高。为了发掘并行计算的潜力，许多可视化分析算法需要进行重新设计。在单个核心内存容量的限制下，不仅需要有更大规模的并行计算，还需要设计新的数据模型，既考虑数据大小又考虑视觉感知的高效算法，引入创新的视觉表现方法和用户交互手段。

6. 领域资源库、框架以及工具

由于缺少低廉的领域资源库、框架和工具，基于高性能计算的可视化分析应用的快速研发受到了严重阻碍。用户界面、数据库等领域对可视分析系统的开发至关重要。在绝大部分的高性能计算平台上，即使是最基本的软件开发工具也很少见。目前为高性能计算平台开发定制这样的软件，还是个耗时耗力的做法。

7. 用户界面与交互设计

由于传统的可视化分析算法的设计通常没有考虑可扩展性，所以许多算法的计算过于复杂或者不能输出易理解的简明结果；加之数据规模不断地增长，以人为中心的用户界面与交互设计面临多层次性和高复杂性的困难；同时计算机自动处理系统对需要人参与判断的分析过程的性能不高，现有的技术不能充分发挥人的认知能力。但是，利用人机交互可以化解上述问题。为此，在大数据的可视化分析中，用户界面与交互设计成为研究的热点，主要应考虑下述问题：用户驱动的数据简化、可扩展性与多级层次、异构数据融合、交互查询中的数据概要与分流、表示证据和不确定性、时变特征分析、设计与工程开发等。

第六节　大数据关联分析

大数据关联分析又称关联挖掘，即在交易数据、关系数据或其他信息载体中，查找存在于项目集合或对象集合之间的频繁模式、关联、相关性或因果结构。或者说，关联分析是发现交易数据库中不同商品（项）之间的联系。下面介绍关联技术的相关分析。

一、关联分析简介

关联分析是指如果两个或多个事物之间存在一定的关联，那么其中一个事物就能通过其他事物进行预测。它的目的是挖掘隐藏在数据间的相互关系。

下面来看一个有趣的故事——“尿布与啤酒”。在一家超市里，有一个有趣的现象，尿布和啤酒赫然摆在一起出售，但是这个奇怪的举措却使尿布和啤酒的销量双双增加了。这不是一个笑话，而是发生在美国沃尔玛连锁超市的真实案例，并一直为商家所津津乐道。沃尔玛拥有世界上最大的数据仓库系统，为了能够准确了解客户在其门店的购买习惯，沃尔玛对其客户的购物行为进行购物篮分析，想知道客户经常一起购买的商品有哪些。沃尔玛数据仓库里集中了其各门店的详细原始交易数据，并利用数据挖掘方法对这些数据进行分析和挖掘。一个意外的发现是，与尿布一起购买最多的商品竟是啤酒。大量实际调查和分析揭示了一个隐藏在尿布与啤酒背后的美国人的一种行为模式：在美国，一些年轻的父亲下班后经常要到超市去买婴儿尿布，而他们中有30%～40%同时会为自己买一些啤酒。产生这一现象的原因是，美国的太太们常叮嘱她们的丈夫下班后为小孩买尿布，而丈夫们在买尿布后又随手带回了他们喜欢的啤酒。

按常规思维，尿布与啤酒风马牛不相及，若不是借助数据挖掘技术对大量交易数据进行挖掘分析，沃尔玛是不可能发现数据内潜在的这一有价值的规律的。

客户的一个订单中通常包含了多种商品，而这些商品都是有关联的。例如，购买了轮胎的外胎就会购买内胎；购买了羽毛球拍，就会购买羽毛球。

可见，关联分析能够识别出相互关联的事件，预测出当一个事件发生时，有多大的概率发生另一个事件。

数据关联是数据库中存在的一类重要的可被发现的知识。若两个或多个变量的取值之间存在某种规律性，就称为关联。关联可分为简单关联、时序关联和因果关联。关联分析的目的是找出数据库中隐藏的关联网。有时并不知道数据库中数据的关联函数，即使知道也是不确定的，因此关联分析生成的规则具有可信度。通过关联规则挖掘可以使人们发现大量数据中项集之间有趣的关联或相关联系。

二、关联规则挖掘过程

1993年，IBM公司Almaden研究中心的R. Agrawal等人首先提出了挖掘客户交易数据库中项集间的关联规则问题，之后诸多的研究人员对关联规则的挖掘问题进行了大量的研究。他们的工作包括对原有的算法进行优化（如引入随机采样、并行的思想等，以提高算法挖掘规则的效率）；对关联规则的应用进行推广。关联规则挖掘在数据挖掘中是一个重要的课题，并已经被业界所广泛研究。

关联规则挖掘是数据挖掘中最活跃的研究方法，可以用来发现数据之间的联系。关联规则挖掘过程主要包含两个阶段，第一阶段必须先从资料集合中找出所有的高频项目组，第二阶段再由这些高频项目组产生关联规则。关联规则挖掘的基本模型如图2-4所示。

关联规则挖掘的第一阶段必须从原始资料集合中找出所有高频项目组。“高频”是指某一项目组出现的频率相对于所有记录而言，必须达到某一水平。一个项目组出现的频率称为支持度（support），以一个包含A与B两个项目的2-itemset

为例，我们可以经由公式求得包含{A，B}项目组的支持度，若支持度大于等于所设定的最小支持度（minimum support）门槛值时，则{A，B}称为高频项目组。一个满足最小支持度的k-itemset，称为高频k-项目组（frequent k-itemset），一般表示为Large k或Frequent k。算法从Large k的项目组中再产生Large k+1，直到无法再找到更长的高频项目组为止。

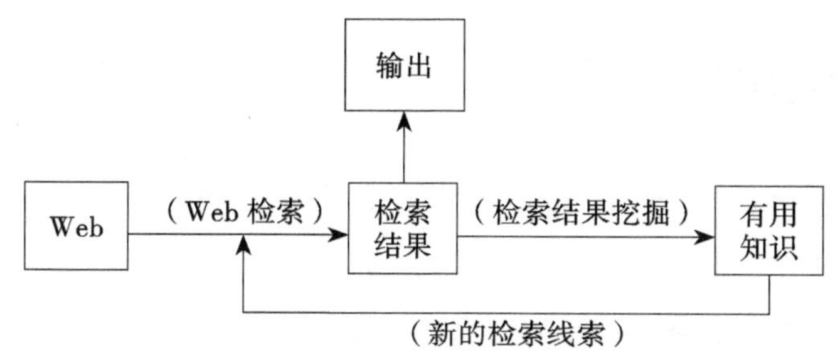

图2-4 关联规则挖掘的基本模型

关联规则挖掘的第二阶段是从高频项目组产生关联规则。从高频项目组产生关联规则，是利用前一步骤的高频k-项目组来产生规则，在最小信赖度（minimum confidence）的条件门槛下，若一规则所求得的信赖度满足最小信赖度，则称此规则为关联规则。例如，经由高频k-项目组{A，B}所产生的规则AB，其信赖度可经由公式求得，若信赖度大于等于最小信赖度，则称AB为关联规则。

就前面提到的沃尔玛案例而言，使用关联规则挖掘技术对交易资料库中的记录进行资料挖掘，首先必须设定最小支持度与最小信赖度两个门槛值，在此假设最小支持度（min_support）=5%且最小信赖度（min_confidence）=70%。因此符合该超市需求的关联规则将必须同时满足以上两个条件。若经过挖掘过程所找到的关联规则{尿布，啤酒}，满足下列条件，则将可接受{尿布，啤酒}的关联规则。即

Support（尿布，啤酒）≥ 5%且Confidence（尿布，啤酒）≥ 70%

其中，Support（尿布，啤酒）≥ 5%于此应用范例中的意义为，在所有的交易记录资料中，至少有5%的交易呈现尿布与啤酒这两项商品被同时购买的交易行为；Confidence（尿布，啤酒）≥ 70%于此应用范例中的意义为，在所有包含尿布的交易记录资料中，至少有70%的交易会同时购买啤酒。因此，今后若有某消费者出现购买尿布的行为，超市将可推荐该消费者同时购买啤酒。这个商品推荐的行为则是根据{尿布，啤酒}关联规则进行的，因为就该超市过去的交易记录而言，

支持了“大部分购买尿布的交易，会同时购买啤酒”的消费行为。

从上面的介绍中可以看出，关联规则挖掘通常比较适用于记录中的指标取离散值的情况。如果原始数据库中的指标值是取连续的数据，则在关联规则挖掘之前应该进行适当的数据离散化（实际上就是使某个区间的值对应某个值）。数据离散化是数据挖掘前的重要环节，离散化的过程是否合理将直接影响关联规则的挖掘结果。

三、关联规则的分类

（一）基于规则中处理变量的类别，关联规则可以分为布尔型和数值型

布尔型关联规则处理的值都是离散的、种类化的，它显示了这些变量之间的关系；而数值型关联规则可以和多维关联或多层关联规则结合起来，对数值型字段进行处理，将其进行动态分割，或者直接对原始的数据进行处理，当然数值型关联规则也可以包含种类变量。例如，性别 =“女” ⇒ 职业 =“秘书”，是布尔型关联规则；性别 =“女” ⇒ avg（收入）=2 300，涉及的收入是数值类型，所以是一个数值型关联规则。

（二）基于规则中数据的抽象层次，可以分为单层关联规则和多层关联规则

在单层关联规则中，所有的变量都没有考虑到现实的数据是具有多个不同层次的；而在多层的关联规则中，对数据的多层性已经进行了充分地考虑。例如，IBM 台式机 ⇒ Sony 打印机，是一个细节数据上的单层关联规则；台式机 ⇒ Sony 打印机，是一个较高层次和细节层次之间的多层关联规则。

（三）基于规则中涉及的数据的维数，关联规则可以分为单维的和多维的

在单维的关联规则中，我们只涉及数据的一个维度，如用户购买的物品；而在多维的关联规则中，要处理的数据将会涉及多个维度。换句话说，单维关联规则是处理单个属性中的一些关系，多维关联规则是处理各个属性之间的某些关系。例如，啤酒 ⇒ 尿布，这条规则只涉及用户购买的物品；性别 =“女” ⇒ 职业 =“秘书”，这条规则就涉及两个字段的信息，是两个维度上的一条关联规则。

四、关联规则的算法

（一）Apriori 算法：使用候选项集找频繁项集

Apriori 算法是一种最有影响的挖掘布尔关联规则频繁项集的算法。该关联规则在分类上属于单维、单层、布尔关联规则。其基本思想是，首先找出所有的频集，这些项集出现的频繁性至少和预定义的最小支持度一样。然后由频集产生强关联规则，这些规则必须满足最小支持度和最小信赖度。接着使用第一步找到的频集产生期望的规则，产生只包含集合项的所有规则，其中每一条规则的右部只有一项，这里采用的是中规则的定义。一旦这些规则被生成，就只有那些大于用户给定的最小可信度的规则会被留下来。最后使用递推的方法生成所有频集。Apriori 算法的缺点是产生大量的候选集，以及需要重复扫描数据库。

（二）基于划分的算法

Savasere 等设计了一个基于划分的算法。这个算法先把数据库从逻辑上分成几个互不相交的块，每次单独考虑一个分块，并对它生成所有的频集；然后把产生的频集合并，用来生成所有可能的频集；最后计算这些项集的支持度。在这里，要使每个分块都可以被放入主存中，每个阶段只需被扫描一次。而算法的正确性是由每一个可能的频集（至少在某一个分块中是频集）保证的。该算法是可以高度并行的，可以把每一分块分别分配给某一个处理器生成频集。在产生频集的每一个循环结束后，处理器之间通过进行通信来产生全局的候选 k-项集。通常这里的通信过程是算法执行时间的主要瓶颈，而每个独立的处理器生成频集的时间也是一个瓶颈。

（三）FP-树频集算法

针对 Apriori 算法的固有缺陷，J.Han 等提出了不产生候选挖掘频繁项集的方法——FP-树频集算法。

FP-树频集算法采用分而治之的策略，在经过第一遍扫描之后，把数据库中的频集压缩进一棵频繁模式树（FP-tree），同时依然保留其中的关联信息，随后再将 FP-tree 划分成一些条件库，每个库和一个长度为 1 的频集相关，然后再对这些条件库分别进行挖掘。当原始数据量很大的时候，也可以结合划分的方法，使一个 FP-tree 可以放入主存中。实验表明，FP- 树频集算法对不同长度的规则都有很好的适应性，同时在效率上较 Apriori 算法也有巨大的提高。

五、关联规则的应用实践

关联规则挖掘技术已经被广泛应用在西方金融行业企业中，它可以成功预测银行客户需求。一旦获得了这些信息，银行就可以改变自身的营销方式。现在银行一直都在开发新的客户沟通方法，各银行在自己的 ATM 机上捆绑了客户可能感兴趣的本行产品信息，供使用本行 ATM 机的用户了解。如果数据库中显示某个高信用限额的客户更换了地址，那么这个客户很有可能刚刚购买了一处更大的住宅，因此有可能需要更高信用限额、更高端的新信用卡，或者需要一个住房改善贷款，这些产品都可以通过信用卡账单邮寄给客户。当客户打电话咨询的时候，数据库可以有力地帮助电话销售代表，电话销售代表的电脑屏幕上可以显示出客户的特点，也可以显示出客户可能会对什么产品感兴趣。

同时，一些知名的电子商务站点也从强大的关联规则挖掘中受益。这些电子购物网站使用关联规则进行挖掘，然后设置用户有意一起购买的捆绑包。也有一些购物网站使用它们设置相应的交叉销售，也就是购买某种商品的客户会看到另外一种相关商品的广告。

在中国，“数据海量，信息缺乏”是商业银行在数据大集中之后普遍面对的尴尬。目前金融业实施的大部分数据库只能实现数据的录入、查询、统计等较低层次的功能，却无法发现数据中存在的各种有用的信息。对这些数据进行分析，可能会发现其数据模式及特征，也可能会发现某个客户、消费群体或组织的金融和商业兴趣，并可观察金融市场的变化趋势。可以说，关联规则挖掘的技术在我国的研究与应用并不是很广泛深入。

由于许多应用问题往往比超市购买问题更为复杂，大量研究从不同的角度对关联规则做了扩展，将更多的因素集成到关联规则的挖掘方法之中，以此丰富关联规则的应用领域，拓宽支持管理决策的范围。例如，考虑属性之间的类别层次关系、时态关系、多表挖掘等。近年来，围绕关联规则的研究主要集中在两个方面，即扩展经典关联规则能解决问题的范围，改善经典关联规则挖掘算法效率和规则兴趣性。

（1）关联分析是一种无监督的机器学习方法，用来发掘经常一起发生的事情。在企业营销中主要应用于产品搭配销售。

关联分析：买了 A（和 B）的人还买了 C，即特征 1 和特征 2 发生，特征 3 伴随发生。时序分析：买了 A 的人，然后再买了 B，最后又买了 C。

二者区别：关联分析，一次购物，买了什么会买什么。时序分析，这次购物后，下次会买什么（零售、流程改进、网络日志分析）。

（2）在 Clementine 中的数据格式。Apriori 算法可以接受两种排列方式，如图 2-5 所示，但只接受名义字段，且字段在方向设定时必须为 both（两者）。GRI 算法和 CARMA 算法只能接受第一种排列方式。

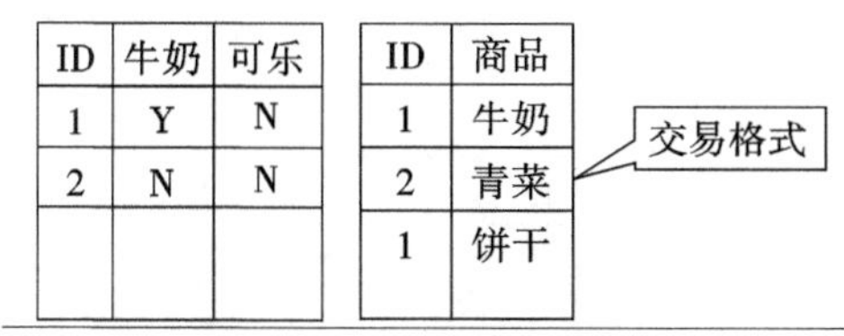

图 2-5　两种数据格式

（3）关于阈值的设定。支持度和置信度分别设置成多少才合适？没有最合适的，当然是这两个值越高，出来的规则越有说服力，但这样的规则往往很难得到。所以，只要符合业务需求且合理，都可以进行部署。建议将支持度和置信度从低往高不断调整，查看规则的变化情况。

（4）提升水平 Lift 参数。假定设定规则的最小阈值为支持度 30%，置信度 60%，然后得到了很多的强关联规则。例如，总数据 10 000 个，A 商品 6 000 个，B 商品 7 500 个，然后同时购买 A 和 B 的 4 000 个。我们发现 A–B（即购买了 A 的同时购买 B）这条规则也是一条强关联规则。支持度为 40%，置信度约为 66.7%。

但是我们发现原总数据集中，购买 B 产品的比例有 75%，要大于 66.7%，即购买 A 产品会对购买 B 产品产生反向作用，即负相关。所以才有了 Lift 这样一个参数，来弥补支持度和置信度在解释规则方面的不足：

Lift=P（A ∪ B）/P（A）P（B）

当 Lift=1 时，A、B 互相独立；

当 Lift ＜ 1 时，A、B 负相关；

当 Lift ＞ 1 时，A、B 正相关，即 A/B 中一个的出现，都提升了另外一个出现的可能性。

关联分析在 Clementine 软件中的具体案例实现（数据挖掘）。

基础数据准备：在 Clementine 软件中进行关联分析，为了能够尝试各种算法，这里采用第一种数据模式，建模前需先将数据整理成如图 2-6 所示的格式。

两个字段：客户编号和产品编号（一个客户编号可能有多条产品记录）。

具体操作步骤如下：①原始数据格式。②将产品字段转换成名义字段，即集字段，Clementine 里面一个字段选项按钮，导出按钮，其作用是基于现有字段生成新字段。③根据集字段生成新的产品字段，作用就是将数据转换成关系分析要求的数据格式。生成的格式为：每一行数据表示每一个用户购买了哪些产品，1 表示购买，0 表示没有购买。④字段输入方向选择为 both（两者）。⑤整个建模过程。这里选择的是 GRI 算法，如果有兴趣，可以试试 Apriori 和 Carma 算法。⑥算法设置及结果。

ID	牛奶	可乐
1	Y	N
2	N	N

图 2-6 第一种数据格式

在大型数据库中，关联规则挖掘是最常见的数据挖掘任务之一。关联规则挖掘就是从大量数据中发现项集之间的相关联系。Apriori 算法采用逐层搜索的迭代策略，先产生候选集，再对候选集进行筛选，然后产生该层的频繁集。

第三章　大数据安全技术

数据的生命周期一般可以分为生成、变换、传输、存储、使用、归档、销毁7个阶段，根据大数据特点及应用需求的特点，对上述阶段进行合并与精简，可以将大数据应用过程划分为采集、存储、挖掘、发布4个环节。数据采集环节是指数据的采集与汇聚，在数据汇聚过程中需要注意传输安全问题；数据存储环节是指数据汇聚完毕后大数据的存储，需要保证数据的机密性和可用性，提供隐私保护；数据挖掘是指从海量数据中抽取出有用信息的过程，需要认证挖掘者的身份、严格控制挖掘的操作权限，防止机密信息的泄露；数据发布是指将有用信息输出给应用系统，需要进行安全审计，并保证可以对可能的机密泄露进行数据溯源。本章以大数据的应用过程为主线，针对大数据在各个应用阶段面临的安全风险，阐述大数据安全保障关键技术。

第一节　数据采集安全技术

海量大数据的存储需求催生了大规模分布式采集及存储模式。在数据采集过程中，可能存在数据损坏、数据丢失、数据泄露、数据窃取等安全威胁，因此需要使用身份认证、数据加密、完整性保护等安全机制来保证采集过程的安全性。

一、传输安全

一般来说，数据传输的安全要求有如下几点。

（1）机密性：只有预期的目的端才能获得数据。

（2）完整性：信息在传输过程中免遭未经授权的修改，即接收到的信息与发送的信息完全相同。

（3）真实性：数据来源真实可靠。

（4）防止重放攻击：每个数据分组必须是唯一的，保证攻击者捕获的数据分组不能重发或者重用。

要达到上述安全要求，一般采用如下技术手段：

（1）目的端认证源端的身份，确保数据的真实性。

（2）数据加密以满足数据机密性要求。

（3）密文数据后附加 MAC（消息认证码），以达到数据完整性的保护目的。

（4）数据分组中加入时间戳或不可重复的标志来保证数据抵抗重放攻击的能力。

虚拟专用网技术将隧道技术、协议封装技术、密码技术和配置管理技术结合在一起，采用安全通道技术在源端和目的端建立安全的数据通道，通过将待传输的原始数据进行加密和协议封装处理后，再嵌套装入另一种协议的数据报文中，像普通数据报文一样在网络中进行传输。经过这样的处理，只有源端和目的端的用户对通道中的嵌套信息能够进行解释和处理，而对于其他用户而言，只是无意义的信息。因此，采用 VPN（虚拟专用网络）技术可以通过在数据节点以及管理节点之间布设 VPN 的式，满足安全传输的要求。

目前较为成熟的 VPN 实用技术均有相应的协议规范和配置管理方法。这些常用配置方法和协议主要包括路由过滤技术、GRE（Generic Routing Encapsulation，通用路由封装协议）、L2F（layer 2 Forwarding，二层转发协议），L2TP（layer 2 Tunneling Protocol，二层隧道协议）、IPSec（IP Security，IP 安全协议）等。

多年来，IPSec 协议一直被认为是构建 VPN 最好的选择。从理论上讲，IPSec 协议提供了网络层之上所有协议的安全。然而因为 IPSec 协议的复杂性，使其很难满足构建 VPN 要求的灵活性和可扩展性。SSL VPN 凭借其简单、灵活、安全的特点，得到了迅速的发展，尤其在大数据环境下的远程接入访问应用方面，SSL VPN 比 IPSec VPN 具有明显的优势。

二、SSL VPN

SSL VPN采用标准的安全套接层协议，基于X.509证书，支持多种加密算法。可以提供基于应用层的访问控制，具有数据加密、完整性检测和认证机制，而且客户端无须特定软件的安装，更加容易配置和管理等特点，从而降低用户的总成本并增加远程用户的工作效率。

SSL 协议是 Netscape 公司 1995 年推出的一种安全通信协议。SSL 协议建立在可靠的 TCP 传输协议之上，并且与上层协议无关，各种应用层协议（如 HTTP/FTP/TELNET 等）能通过 SSL 协议进行透明传输。

SSL 协议分为两层：握手协议和记录协议。协议提供的安全连接具有以下 3 个基本特点。

（1）连接是保密的：对于每个连接都有一个唯一的会话密钥，采用对称密码体制（如 DES、RC4 等）来加密数据。

（2）连接是可靠的：消息的传输采用 MAC 算法（如 MD5、SHA 等）进行完整性检验。

（3）对端实体的鉴别采用非对称密码体制（如 RSA、DSS 等）进行认证。SSL VPN 系统的组成按功能可分为 SSL VPN 服务器和 SSL VPN 客户端。SSL VPN 服务器是公共网络访问私有局域网的桥梁，它保护了局域网内的拓扑结构信息。SSL VPN 客户端是运行在远程计算机上的程序，它为远程计算机通过公共网络访问私有局域网提供了一个安全通道，使远程计算机可以安全地访问私有局域网内的资源。SSL VPN 服务器的作用相当于一个网关，它拥有两种 IP 地址：一种 IP 地址和私有局域网在同一个网段，并且相应的网卡直接连在局域网上；另一种 IP 地址是申请合法的互联网地址，并且相应的网卡连接到公共网络上。

（4）在 SSL VPN 客户端，需要针对其他应用实现 SSL VPN 客户端程序，这种程序需要在远程计算机上安装和配置。SSL VPN 客户端程序的角色相当于一个代理客户端，当应用程序需要访问局域网内的资源时，它就向 SSL VPN 客户端程序发出请求，SSL VPN 客户端程序再与 SSL VPN 服务器建立安全通道，然后转发应用程序并在局域网内进行通信。

通常 SSL VPN 有 3 种工作模式。

（一）Web 浏览器模式

远程计算机使用 Web 浏览器通过 SSL VPN 服务器来访问企业内部网中的资源。SSL VPN 服务器相当于一个数据中转服务器，所有 Web 浏览器对服务器的访问都经过 SSL VPN 服务器的认证后转发给服务器，从服务器发往 Web 浏览器的数据经过 SSL VPN 服务器加密后送到 Web 浏览器，从而在 Web 浏览器和 SSL VPN 服务器之间，由 SSL 协议构建了一条安全通道。此模式是 SSL VPN 的主要优势所在，由于 Web 浏览器内置了 SSL 协议，只需在 SSL VPN 服务器上集中配置安全策略，方便用户的使用。这种模式的缺点是仅能保护 Web 通信传输安全。

（二）SSL VPN 客户端模式

这种模式与 Web 浏览器模式的差别主要是远程计算机上需要安装一个 SSL VPN 客户端程序，远程计算机访问企业内部的应用服务器时，需要经过 SSL

VPN 客户端和 SSL VPN 服务器之间的保密传输后才能到达。SSL VPN 服务器相当于一个代理服务器，SSL VPN 客户端相当于一个代理客户端。在 SSL VPN 客户端和 SSL VPN 服务器之间，由 SSL 协议构建了一条安全通道，用来传送应用数据。这种模式的优点是支持所有建立在 TCP/IP 和 UDP/IP 上的应用通信传输的安全，Web 浏览器也可以在这种模式下正常工作。这种模式的缺点是客户端需要额外的开销。

（三）LAN 到 LAN 模式

这种模式下客户端不需要做任何安装和配置，仅在 SSL VPN 服务器上安装和配置。当一个网内的计算机要访问远程网络内的应用服务器时，需要经过两个网的 SSL VPN 服务器之间的保密传输后才能到达。SSL VPN 服务器相当于一个网关，在两个 SSL VPN 服务器之间，由 SSL 协议构建了一条安全通道，用来保护在局域网之间传送的数据。此模式对 LAN 与 LAN 间的通信传输进行安全保护。它的优点就是拥有更多的访问控制方式，缺点是仅能保护应用数据的安全，并且性能较低。

在大数据环境下的数据应用和挖掘，需要以海量数据的采集与汇聚为基础，采用 SSL VPN 技术可以保证数据在节点之间传输的安全性。以电信运营商的大数据应用为例，运营商的大数据平台一般采用多级架构，处于不同地理位置的节点之间需要传输数据，在任意传输节点之间均可部署 SSL VPN，保证端到端的数据安全传输。安全机制的配置意味着额外的开销，引入传输保护机制后，除了数据安全性之外，对数据传输效率的影响主要有两个方面：一是加密与解密对数据速率造成的影响，二是加密与解密对于主机性能造成的影响。在实际应用中，选择加解密算法和认证方法时，需要在计算开销和效率之间寻找平衡。

第二节　数据存储安全技术

一、隐私保护

简单地说，隐私就是个人、机构等实体不愿意被外部世界知晓的信息。在具体数据应用中，隐私即为数据所有者不愿意被披露的敏感信息，包括敏感数据以 及数据所表征的特性。通常所说的隐私都指敏感数据，如用户的手机号、固话号码、公司的经营信息等。但针对不同的数据以及数据所有者时，隐私的定义也会存在差别。例如，保守的病人会视疾病信息为隐私，而开放的病人却不视之为隐私。一般来说，从隐私所有者的角度而言，隐私可以分为个人隐私和共同隐私两类。

个人隐私（individual privacy）：任何可以确认特定个人或与可确认的个人相关、但个人不愿被暴露的信息，都称为个人隐私，如身份证号、就诊记录等。

共同隐私（corporate privacy）：共同隐私不仅包含个人隐私，还包含所有个人共同表现出但不愿被暴露的信息，如公司员工的平均薪资、薪资分布等信息。

隐私保护技术主要保护以下两个方面的内容：如何保证数据应用过程中不泄露隐私，如何更有利于数据的应用。

当前，隐私保护领域的研究工作主要集中于如何设计隐私保护原则和算法，以便更好地达到这两方面的平衡。隐私保护技术可以分为以下 3 类。

（一）基于数据变换的隐私保护技术

所谓数据变换，简单地讲就是对敏感属性进行转换，使原始数据部分失真，但是同时保持某些数据或数据属性不变的保护方法。数据失真技术通过扰动（perturbatum ）原始数据来实现隐私保护，它要使扰动后的数据同时满足以下两点：

（1）攻击者不能发现真实的原始数据。也就是说，攻击者通过发布的失真数据不能重构出真实的原始数据。

（2）失真后的数据仍然保持某些性质不变，即利用失真数据得出的某些信息等同于从原始数据上得出的信息。这就保证了基于失真数据的某些应用的可行性。

目前，该类技术主要包括随机化（randomization ）、数据交换（data swapping）、添加噪声（add noise）等。一般来说，当进行分类器构建和关联规则挖掘，而数据所有者又不希望发布真实数据时，可以预先对原始数据进行扰动后再发布。

（二）基于数据加密的隐私保护技术

采用对称或非对称加密技术在数据挖掘过程中隐藏敏感数据，多用于分布式应用环境中，如分布式数据挖掘、分布式安全查询、几何计算、科学计算等。

分布式应用一般采用两种模式存储数据：垂直划分（vertically partitioned）和水平划分（horizontally partitioned）的数据模式。垂直划分数据是指分布式环境中每个站点只存储部分属性的数据，所有站点存储的数据不重复；水平划分数据是将数据记录存储到分布式环境中的多个站点，所有站点存储的数据不重复。

（三）基于匿名化的隐私保护技术

匿名化是指根据具体情况有条件地发布数据，如不发布数据的某些域值、数据泛化（generalization）等。限制发布即有选择地发布原始数据、不发布或者发布精度较低的敏感数据，以实现隐私保护。数据匿名化一般采用两种基本操作。

（1）抑制：抑制某数据项，即不发布该数据项。

（2）泛化：泛化是对数据进行更概括、抽象的描述。譬如，对整数 5 的一种泛化形式是 [3，6]，因为 5 在区间 [3，6] 内。

每种隐私保护技术都有自己的优缺点，基于数据变换的技术，效率比较高，但却存在一定程度的信息丢失；基于加密的技术则刚好相反，它能保证最终数据的准确性和安全性，但计算开销比较大；而限制发布技术的优点是能保证所发布数据的真实性，但发布的数据会有一定的信息丢失。在大数据隐私保护方面，需要根据具体的应用场景和业务需求，选择适当的隐私保护技术。

二、数据加密

大数据环境下，数据可以分为两类：静态数据和动态数据。静态数据是指文档、报表、资料等不参与计算的数据；动态数据是指需要检索或参与计算的数据。

使用 SSL VPN 可以保证数据传输的安全，但存储系统要先解密数据，然后进行存储，当数据以明文的方式存储在系统中时，面对未被授权入侵者的破坏、修改和重放攻击显得很脆弱，对重要数据的存储加密是必须采取的技术手段。本节将从数据加密算法、密钥管理方案以及安全基础设施三方面阐述数据加密机制。然而，这种“先加密再存储”的方法只能适用于静态数据，对于需要参与运算的动态数据则无能为力，因为动态数据需要在 CPU 和内存中以明文形式存在。目前，对动态数据的保护还没有成熟的方案，本节后续介绍的同态加密机制可以为读者提供参考。

（一）静态数据加密机制

1. 数据加密算法

数据加密算法有两类：对称加密算法和非对称加密算法。对称加密算法是它本身的逆反函数，即加密和解密使用同一个密钥，解密时使用与加密同样的算法即可得到明文。常见的对称加密算法有 DES、AES、Blowfish、IDEA、RC4、RC5、RC6 等。非对称加密算法使用两个不同的密钥，一个公钥和一个私钥。在实际应用中，用户管理私钥的安全，而公钥则需要发布出去，用公钥加密的信息只有私钥才能解密，反之亦然。常见的非对称加密算法有 RSA、基于离散对数的 ElGamal 等。

两种加密技术的优缺点对比：对称加密算法的速度比非对称加密算法快很多，缺点是通信双方在通信前需要建立一个安全信道来交换密钥。而非对称加密算法，无须事先交换密钥就可实现保密通信，且密钥分配协议及密钥管理相对简单，但运算速度较慢。

实际工程中常采取的解决办法是将对称和非对称加密算法结合起来，利用非对称密钥系统进行密钥分配，利用对称密钥加密算法进行数据加密，尤其是在大数据环境下加密大量的数据时，这种结合尤其重要。

2. 加密范围

在大数据存储系统中，并非所有的数据都是敏感的。对那些不敏感的数据进行加密完全是没必要的。尤其是在一些高性能计算环境中，敏感的关键数据通常主要是计算任务的配置文件和计算结果，这些数据相对于敏感程度不那么高，但对于数据量庞大的计算源数据来说，在系统中比重小。因此，可以根据数据敏感性，对数据进行有选择性的加密，仅对敏感数据进行按需加密存储，免除对不敏感数据的加密，可以减小加密存储对系统性能造成的损失，对维持系统的高性能有着积极的意义。

3. 密钥管理方案

密钥管理方案主要包括密钥粒度的选择、密钥管理体系及密钥分发机制。

密钥是数据加密不可或缺的部分，密钥数量的多少与密钥的粒度直接相关。密钥粒度较大时，方便用户管理，但不适合用户密钥的更新。密钥粒度较小时，可实现细粒度的访问控制，安全性更高，但产生的密钥数量大，难以管理。

适合大数据云存储的密钥管理办法主要是分层密钥管理，即“金字塔”式密钥管理体系。这种密钥管理体系就是将密钥以金字塔的方式存放，上层密钥用来加、解密下层密钥，只需将顶层密钥分发给数据节点，其他层密钥均可直接存放于系统中。考虑到安全性，大数据云存储系统需要采用中等或细粒度的密钥，因此密钥数量多，而采用分层密钥管理时，用户或可信第三方只需保管少数密钥就可对大量密钥加以管理，效率更高。

可以使用基于 PKI（公钥基础设施）体系的密钥分发方式对顶层密钥进行分发，用每个数据节点的公钥加密对称密钥，发送给相应的数据节点，数据节点接收到密文的密钥后，使用私钥解密，获得密钥明文。

（二）同态加密机制

同态加密是基于数学难题的计算复杂性理论的密码学技术。对经过同态加密的数据进行处理得到一个输出，将这一输出进行解密，其结果与用同一方法处理未加密的原始数据得到的输出结果是一样的。记加密操作为 E，明文为 m，加密得 e，即 e = E（m），m = E'（e）。已知针对明文有操作 f，针对 E 可构造 F，使得 F（e）= E（f（m）），这样 E 就是一个针对 f 的同态加密算法。

同态加密技术是密码学领域的一个重要课题，目前尚没有真正用于实际的全同态加密算法，现有的多数同态加密算法要么是只对加法同态（如 Paillkr 算法），要么是只对乘法同态（如 RSA 算法），或者同时对加法和简单的标量乘法同态（如 IHC 算法和 MRS 算法）。少数的几种算法同时对加法和乘法同态（如 Rivest 加密方案），但是由于严重的安全问题，也未能应用于实际。2009 年 9 月，IBM 研究员 Craig Gentry 在 STOC（计算理论研讨会）上发表论文，提出一种基于理想格（ideal lattice）的全同态加密算法，成为一种能够实现全同态加密所有属性的解决方案。虽然该方案由于同步工作效率有待改进而未能投入实际应用，但是它已经实现了全同态加密领域的重大突破。

同态技术使得在加密的数据中进行诸如检索、比较等操作，得出正确的结果，而在整个处理过程中无须对数据进行解密。其意义在于，真正从根本上解决将大数据及其操作的保密问题。

三、备份与恢复

数据存储系统应提供完备的数据备份和恢复机制来保障数据的可用性和完整性。一旦发生数据丢失或破坏，可以利用备份来恢复数据，从而保证在故障发生后数据不丢失。下面介绍几种常见的备份与恢复机制。

（一）异地备份

异地备份是保护数据最安全的方式。在发生重大灾难的情况时，如火灾、地震等，当其他保护数据的手段都不起作用时，异地容灾的优势就体现出来了。困扰异地容灾的问题在于速度和成本，这要求拥有足够带宽的网络连接和优秀的数据复制管理软件。一般主要从三方面实现异地备份：

（1）基于磁盘阵列，通过软件的复制模块，实现磁盘阵列之间的数据复制，这种方式适用于在复制的两端具有相同的磁盘阵列。

（2）基于主机方式，这种方式与磁盘阵列无关。

（3）基于存储管理平台，它与主机和磁盘阵列均无关。

（二）RAID（独立磁盘冗余陈列）

RAID（独立磁盘冗余陈列）可以减少磁盘部件的损坏；RAID 系统使用许多小容量磁盘驱动器来存储大量数据，并且使可靠性和冗余度得到增强；所有的 RAID 系统共同的特点是“热交换”能力，即用户可以取出一个存在缺陷的驱动器，并插入一个新的予以更换。对于大多数类型的 RAID 来说，不必中断服务器或系统，就可以自动重建某个出现故障的磁盘上的数据。

（三）镜像

数据镜像就是保留两个或两个以上在线数据的拷贝。以两个镜像磁盘为例，所有操作在两个独立的磁盘上同时进行；当两个磁盘都正常工作时，数据可以从任一磁盘读取；如果一个磁盘失效，则数据还可以从另外一个正常工作的磁盘读出。远程镜像根据采用的写协议不同可划分为两种方式，即同步镜像和异步镜像。本地设备遇到不可恢复的硬件毁坏时，仍可以启动异地与此相同环境和内容的镜像设备，以保证服务不间断。

（四）快照

快照可以是其表示数据的一个副本，也可以是数据的一个复制品。快照可以迅速恢复遭破坏的数据，减少宕机损失。快照的作用主要是能够进行在线数据的备份与恢复。当存储设备发生应用故障或者文件损坏时，可以进行快速的数据恢复，将数据恢复某个可用时间点的状态。快照可以实现瞬时备份，在不产生备份窗口的情况下，也可以帮助客户创建一致性的磁盘快照，每个磁盘快照都可以认为是一次对数据的全备份。快照还具有快速恢复的功能，用户可以依据存储管理员的定制，定时自动创建快照，通过磁盘差异退回，快速回滚到指定的时间点上来。通过这种回滚在很短的时间内可以完成。

数据量比较小的时候，备份和恢复数据比较简单，随着数据量达到 PB 级别，备份和恢复如此庞大的数据成为一个棘手的问题。目前，Hadoop 是应用最为广泛的大数据软件架构，Hadoop 分布式文件系统 HDFS 可以利用其自身的数据备份和恢复机制来实现数据可靠保护。

第三节　数据挖掘安全技术

一、身份认证

身份认证是指计算机及网络系统确认操作者身份的过程，也就是证实用户的真实身份与其所声称的身份是否符合的过程。根据被认证方能够证明身份的认证信息，身份认证技术可以分为 3 种。

（一）基于秘密信息的身份认证技术

所谓的秘密信息是指用户所拥有的秘密知识，如用户 ID、口令、密钥等。基于秘密信息的身份认证方式包括基于账号和口令的身份认证、基于对称密钥的身份认证、基于密钥分配中心（KDC）的身份认证、基于公钥的身份认证、基于数字证书的身份认证等。

（二）基于信物的身份认证技术

基于信物的身份认证技术主要有基于信用卡、智能卡、令牌的身份认证等。智能卡也叫令牌卡，实质上是 IC 卡的一种。智能卡的组成部分包括微处理器、存储器、输入 / 输出部分和软件资源。为了更好地提高性能，通常会有一个分离的加密处理器。程序和通用加密算法存放在 ROM 中。

（三）基于生物特征的身份认证技术

基于生物特征的身份认证技术包括基于生理特征（如指纹、声音、虹膜）的身份认证和基于行为特征（如步态、签名）的身份认证等。

二、访问控制

访问控制是指主体依据某些控制策略或权限对客体或其资源进行的不同授权访问，限制对关键资源的访问，防止非法用户进入系统及合法用户对资源的非法使用。访问控制是进行数据安全保护的核心策略，为有效控制用户访问网络存储系统，保证数据资源的安全，可授予每个系统访问者不同的访问级别，并设置相应的策略，保证合法用户获得数据的访问权。访问控制一般可以是自主或者非自主 的，最常见的访问控制模式有如下 3 种。

（一）自主访问控制

自主访问控制是指对某个客体具有拥有权（或控制权）的主体，能够将对该客 体的一种访问权或多种访问权自主地授予其他主体，并在随后的任何时刻将这些 权限回收。这种控制是自主的，也就是指具有授予某种访问权力的主体（用户）能够自己决定是否将访问控制权限的某个子集授予其他的主体或从其他主体那里收回他所授予的访问权限。自主访问控制中，用户可以针对被保护对象制定自己的保护策略。这种机制的优点具有灵活性、易用性与可扩展性等特点，缺点是控制需要自主完成，这会带来严重的安全问题。

（二）强制访问控制

强制访问控制是指计算机系统根据使用系统的机构事先确定的安全策略，对用户的访问权限进行强制性的控制。也就是说，系统独立于用户行为强制执行访问控制，用户不能改变他们的安全级别或对象的安全属性。强制访问控制进行了很强的等级划分，所以经常用于军事用途。强制访问控制在自主访问控制的基础上，增加了对网络资源的属性划分，规定不同属性下的访问权限。这种机制的优点是安全性比自主访问控制的安全性有了提高，缺点是灵活性要差一些。

（三）基于角色的访问控制

数据库系统可以采用基于角色的访问控制（RBAC）策略，建立角色、权限与账号管理机制。基于角色的访问控制方法的基本思想是在用户和访问权限之间引入角色的概念，将用户和角色联系起来，通过对角色的授权来控制用户对系统资源的访问。这种方法可根据用户的工作职责设置若干角色，不同的用户可以具有相同的角色，在系统中享有相同的权力，同一个用户又可以同时具有多个不同的角色，具有在系统中行使多个角色的权力。RBAC 的基本概念包括：许可也叫权限（privilege），就是允许对一个或多个客体执行操作；角色（role），就是许可的集合；会话（session），一次会话是用户的一个活跃进程，它代表用户与系统的交互。标准上说，每个会话是一个映射，是一个用户到多个角色的映射。当一个用户激活他所有角色的一个子集的时候，就建立一个会话。活跃角色（active role）：一个会话构成一个用户到多个角色的映射，即会话激活了用户授权角色集的某个子集，这个子集称为活跃角色集。

RBAC 的关注点在于角色与用户及权限之间的关系。关系的左右两边都是 Many-to-Many 关系，就是用户可以有多个角色，角色可以包括多个用户。由于基于角色的访问控制不需要对用户一个一个地进行授权，而是通过对某个角色授权来实现对一组用户的授权，因此简化了系统的授权机制。可以很好地描述角色层次关系，能够很自然地反映组织内部人员之间的职权、责任关系。利用基于角色的访问控制可以实现最小特权原则。RBAC 机制可被系统管理员用于执行职责分离的策略。

虽然这 3 种访问模式在底层机制上不同，但它们本身却可以相互兼容，并以多种方式组合使用。自主访问控制一般包括一套所有权代表（在 UNIX 操作系统中：用户、组和其他），一套权限（在 UNIX 操作系统中：可读、可写、可执行），以及一个访问控制列表（access control list，ACL），访问控制列表列出了个体及其对目标、组合及其他对象的访问模式。自主访问控制比较容易设置，如果出现人员调整或者当个体列表增长时，自主访问控制就会变得难以处理、难以维护；相对而言，基于强制访问控制的执行可以扩展到巨大的用户群；基于角色的访问控制可以结合其他方案，以相同的角色管理用户。

第四节　数据发布安全技术

一、安全审计

安全审计是指在记录一切（或部分）与系统安全有关活动的基础上，对其进行分析处理、评估审查，查找安全隐患，对系统安全进行审核、稽查和计算，追查造成事故的原因，并做出进一步处理。目前常用的审计技术有如下几种。

（一）基于日志的审计技术

通常 SQL 数据库和 NoSQL 数据库均具有日志审计的功能，通过配置数据库的自审计功能，即可实现对大数据的审计。

日志审计能够对网络操作及本地操作数据的行为进行审计，由于依托现有数据存储系统，兼容性很好，但这种审计技术的缺点也比较明显。首先，在数据存储系统上开启自身日志审计，对数据存储系统的性能有影响，特别是在大流量情况下，损耗较大。其次，日志审计在记录的细粒度上较差，缺少一些关键信息，如源 IP、SQL 语句等，审计溯源效果不好。最后，日志审计需要到每一台被审计主机上进行配置和查看，较难进行统一的审计策略配置和日志分析。

（二）基于网络监听的审计技术

基于网络监听的审计技术是通过将对数据存储系统的访问流镜像到交换机某一个端口，然后通过专用硬件设备对该端口流量进行分析和还原，从而实现对数据访问的审计。

基于网络监听的审计技术最大的优点就是与现有数据存储系统无关，部署过程不会给数据库系统带来性能上的负担，即使是出现故障也不会影响数据库系统的正常运行，具备易部署、无风险的特点。但是，其部署的实现原理决定了网络监听技术在针对加密协议时，只能实现到会话级别审计，即可以审计到时间、源IP、源端口、目的IP、目的端口等信息，而无法对内容进行审计。

（三）基于网关的审计技术

该技术通过在数据存储系统前部署网关设备，在线截获并转发到数据存储系统的流量而实现审计。该技术起源于安全审计在互联网审计中的应用，在互联网环境中，审计过程除了记录以外，还需要关注控制，而网络监听方式无法实现很好的控制效果，故多数互联网审计厂商选择通过串行的方式来实现控制。不过，数据存储环境与互联网环境大相径庭，由于数据存储环境存在流量大、业务连续性要求高、可靠性要求高的特点，在应用过程中，网关审计技术往往主要运用在对数据运维审计的情况下，不能完全覆盖所有对数据访问行为的审计。

（四）基于代理的审计技术

基于代理的审计技术是通过在数据存储系统中安装相应的审计代理，在代理上实现审计策略的配置和日志的采集，该技术与日志审计技术比较类似，最大的不同是需要在被审计主机上安装代理程序。代理审计技术从审计粒度上要优于日志审计技术。但是，因为代理审计不是基于数据存储系统本身的，所以性能上的损耗大于日志审计技术。在大数据环境下，数据存储于多种数据库系统中，需要同时审计多种存储架构的数据，基于代理的审计，存在一定的兼容性风险，并且在引入代理审计后，原数据存储系统的稳定性、可靠性、性能或多或少都会受到影响，因此基于代理的审计技术实际的应用面较窄。

通过对以上4种技术的分析，在进行大数据输出安全审计技术方案的选择时，需要从稳定性、可靠性、可用性等多方面进行考虑，特别是技术方案的选择不应对现有系统造成影响，可以优先选用网络监听审计技术，实现对大数据输出的安全审计。

二、数据溯源

数据溯源是一个新兴的研究领域，诞生于20世纪90年代，普遍理解为追踪数据的起源和重现数据的历史状态，目前还没有公认的定义。在大数据应用领域，数据溯源就是对大数据应用周期的各个环节的操作进行标记和定位，在发生数据安全问题时，可以及时准确地定位到出现问题的环节和责任者，以便于数据安全问题的解决。

目前学术界对数据溯源的理论研究主要基于数据集溯源的模型和方法展开，主要的方法有标注法和反向查询法，这些方法都是基于对数据操作记录的，对于恶意窃取、非法访问者来说，很容易破坏数据溯源信息，在应用方面，包括数据库应用、工作流应用和其他方面的应用，目前都处在研究阶段，没有成熟的应用模式。大多数溯源系统都是在一个独立的系统内部实现溯源管理的，数据如何在多个分布式系统之间转换或传播，还没有统一的业界标准。随着云计算和大数据环境的不断发展，数据溯源问题变得越来越重要，逐渐成为研究的热点。

数字水印是将一些标志信息直接嵌入数字载体（包括多媒体、文档、软件等）中，但不影响原载体的使用价值，也不容易被人的知觉系统（如视觉或听觉系统）觉察或注意到。通过这些隐藏在载体中的信息，可以达到确认内容创建者、购买者、传送隐秘信息或者判断载体是否被篡改等目的。数字水印的主要特征有如下几方面。

（1）不可感知性（imperceptible）：包括视觉上的不可见性和水印算法的不可推断性。

（2）强壮性（robustness）：嵌入水印难以被一般算法清除，抵抗各种对数据的破坏。

（3）可证明性：对嵌有水印信息的图像，可以通过水印检测器证明嵌入水印的存在。

（4）自恢复性：含有水印的图像在经受一系列攻击后，水印信息也经过了各种操作或变换，但可以通过一定的算法从剩余的图像片段中恢复出水印信息，而不需要整改原始图像的特征。

（5）安全保密性：数字水印系统使用一个或多个密钥以确保安全，防止修改和擦除。

数字水印利用数据隐藏原理使水印标志不可见，既不损害原数据，又达到了对数据进行标记的目的。利用这种隐藏标志的方法，标志信息在原始数据上是看不到的，只有通过特殊的阅读程序才可以读取，基于数字水印的篡改提示是解决数据篡改问题的理想技术途径。

基于数字水印技术的以上性质，可以将数字水印技术引入大数据应用领域，解决数据溯源问题。在数据发布出口，可以建立数字水印加载机制，在进行数据发布时，针对重要数据，为每个访问者获得的数据加载唯一的数字水印。当发生机密泄露或隐私问题时，可以通过水印提取的方式，检查发生问题数据是发布给哪个数据访问者的，从而确定数据泄露的源头，及时进行处理。

第五节　APT 攻击防范

一、APT 攻击的概念

美国国家标准与技术研究所（NIST）对 APT 的定义为：攻击者掌握先进的专业知识和有效的资源，通过多种攻击途径（如网络、物理设施和欺骗等），在特定组织的信息技术基础设施建立并转移立足点，以窃取机密信息，破坏或阻碍任务、程序或组织的关键系统，或者驻留在组织的内部网络，进行后续攻击。

APT 攻击的原理相对于其他攻击形式更为高级和先进，其高级性主要体现在 APT 在发动攻击之前需要对攻击对象的业务流程和目标系统进行精确的收集，在收集的过程中，此攻击会主动挖掘被攻击对象受信系统和应用程序的漏洞，在这些漏洞的基础上，形成攻击者所需的命令与控制（C&C）网络，此种行为没有采取任何可能触发警报或者引起怀疑的行动，因此更接近于融入被攻击者的系统。

大数据应用环境下，APT 攻击的安全威胁更加凸显。首先，大数据应用对数据进行了逻辑上或物理上的集中，相对于从分散的系统中收集有用的信息，集中的数据系统为 APT 攻击收集信息提供了便利；其次，数据挖掘过程中可能会有多方合作的业务模式，外部系统对数据的访问增加了防止机密、隐私出现泄露的途径。因此，大数据环境下，对 APT 攻击的检测和防范，是必须要考虑的问题。

二、APT 攻击特征与流程

（一）APT 攻击特征

1. 极强的隐蔽性

APT 攻击与被攻击对象的可信程序漏洞与业务系统漏洞进行了融合，在组织内部，这样的融合很难被发现。

2. 潜伏期长，持续性强

APT 攻击是一种很有耐心的攻击形式，攻击和威胁可能在用户环境中存在一年以上，它们不断收集用户信息，直到收集到重要情报。它们往往不是为了在短时间内获利，而是把“被控主机”当成跳板，持续搜索，直到充分掌握目标对象的使用行为。所以，这种攻击模式本质上是一种“恶意商业间谍威胁”，因此具有很长的潜伏期和持续性。

3. 目标性强

不同于以往的常规病毒，APT 制作者掌握高级漏洞发掘和超强的网络攻击技术。发起 APT 攻击所需的技术壁垒和资源壁垒，要远高于普通攻击行为。其针对的攻击目标也不是普通个人用户，而是拥有高价值敏感数据的高级用户，特别是可能影响到国家和地区政治、外交、金融稳定的高级别敏感数据持有者。

4. 技术高级

攻击者掌握先进的攻击技术，使用多种攻击途径，包括购买或自己开发的 0day 漏洞，而一般攻击者却不能使用这些资源。而且，攻击过程复杂，攻击持续过程中，攻击者能够动态调整攻击方式，从整体上掌控攻击进程。

5. 威胁性大

APT 攻击通常拥有雄厚的资金支持，由经验丰富的黑客团队发起，一般以破坏国家或大型企业的关键基础设施为目标，窃取内部核心机密信息，危害国家安全和社会稳定。

（二）APT 攻击流程

APT 攻击的流程一般包括如下步骤。

1. 信息侦查

在入侵之前，攻击者首先会使用技术和社会工程学手段对特定目标进行侦查。侦查内容主要包括两个方面：一是对目标网络用户的信息收集，如高层领导、系统管理员或者普通职员等员工资料、系统管理制度、系统业务流程和使用情况等关键信息；二是对目标网络脆弱点的信息收集，如软件版本、开放端口等。随后，攻击者针对目标系统的脆弱点，研究 0day 漏洞、定制木马程序、制订攻击计划，用于在下一阶段实施精确攻击。

2. 持续渗透

利用目标人员的疏忽、不执行安全规范，以及利用系统应用程序、网络服务或主机的漏洞，攻击者使用定制木马等手段，不断渗透以潜伏在目标系统，进一步在避免用户觉察的条件下取得网络核心设备的控制权。例如，通过 SQL 注入等攻击手段突破面向外网的 Web 服务器，或通过钓鱼攻击，发送欺诈邮件，获取内网用户通讯录，并进一步入侵高管主机，采用发送带漏洞的 Office 文件诱骗用户将正常网址请求重定向至恶意站点。

3. 长期潜伏

为了获取有价值信息，攻击者一般会在目标网络长期潜伏，有的达数年之久。潜伏期间，攻击者还会在已控制的主机上安装各种木马、后门，不断提高恶意软件的复杂度，以增强攻击能力并避开安全检测。

4. 窃取信息

目前绝大部分 APT 攻击的目的都是窃取目标组织的机密信息。攻击者一般采用 SSL VPN 连接的方式控制内网主机，对于窃取到的机密信息，攻击者通常将其加密存放在特定主机上，再选择合适的时间将其通过隐秘信道传输到攻击者控制的服务器。由于数据以密文方式存在，APT 程序在获取重要数据后向外部发送时，利用了合法数据的传输通道和加密、压缩方式，难以辨别出其与正常流量的差别。

三、APT 攻击检测

从 APT 攻击的过程可以看出，整个攻击循环包括多个步骤，这就为检测和防护提供了多个契机。当前 APT 检测方案主要有如下几种。

（一）智能沙箱

针对 APT 攻击，攻击者往往使用了 Oday 的方法，导致特征匹配不能成功，因此需要采用非特征匹配的方式来识别，智能沙箱技术就可以用来识别 Oday 攻击与异常行为。智能沙箱技术最大的难点在于客户端的多样性，其与操作系统类型、浏览器的版本、浏览器安装的插件版本都有关系，在某种环境当中检测不到恶意代码，或许在另一种环境中就能检测到。

（二）异常检测

异常检测的核心思想是通过流量建模识别异常。异常检测的核心技术是元数据提取技术、基于连接特征的恶意代码检测规则以及基于行为模式的异常检测算法。其中，元数据提取技术是指利用少量的元数据信息，检测整体网络流量的异常。基于连接特征的恶意代码检测规则，是检测已知僵尸网络、木马通信的行为。而基于行为模式的异常检测算法包括检测隧道通信、可疑加密文件传输等。

（三）全流量审计

全流量审计的核心思想是通过对全流量进行应用识别和还原，检测异常行为。核心技术包括大数据存储及处理、应用识别、文件还原等。如果做全流量分析，面临的问题是数据处理量非常大。全流量审计与现有的检测产品和平台相辅相成，互为补充，构成完整防护体系。在整体防护体系中，传统检测设备的作用类似于“触发器”，检测到 APT 行为的蛛丝马迹，再利用全流量信息进行回溯和深度分析，可用一个简单的公式说明：全流量审计 + 传统检测技术 = 基于记忆的检测系统。

（四）基于深层协议解析的异常识别

基于深层协议解析的异常识别，可以细细查看并一步步发现是哪个协议，如一个数据查询，有什么地方出现了异常，直到发现异常点为止。

（五）攻击溯源

通过已经提取出来的网络对象，可以重建一个时间区间内可疑的 Web Session、E-mail、对话信息。通过将这些事件自动排列，可以帮助分析人员快速发现攻击源。

在 APT 攻击检测中，存在的问题包括攻击过程包含路径和时序，攻击过程的大部分貌似正常操作，不是所有的异常操作都能立即被检测，不能保证被检测到的异常在 APT 过程的开始或早期。基于记忆的检测可以有效缓解上述问题。现在对抗 APT 的思路是以时间对抗时间。既然 APT 是在很长时间发生的，对抗也要在一个时间窗内来进行，对长时间、全流量数据进行深度分析。针对 A 问题，可以采用沙箱方式、异常检测模式来解决特征匹配的不足；针对 P 问题，可将传统基于实时时间点的检测，转变为基于历史时间窗的检测，通过流量的回溯和关联分析发现 APT 模式。而流量存储与现有检测技术相结合，构成了新一代基于记忆的智能检测系统。此外，还需要利用大数据分析的关键技术。

四、APT 攻击防范策略

目前的防御技术、防御体系很难有效应对 APT 攻击，导致很多攻击直到很长时间后才被发现，甚至可能还有很多 APT 攻击未被发现。通过前文对 APT 攻击背景以及攻击特点、攻击流程的分析，我们认为需要一种新的安全思维，即放弃保护所有数据的观念，转而重点保护关键数据资产，同时在传统的纵深防御的网络安全防护基础上，在各个可能的环节上部署检测和防护手段，建立一种新的安全防御体系。

（一）防范社会工程

木马侵入、社会工程是 APT 攻击的第一个步骤，防范社会工程需要一套综合性措施，既要根据实际情况，完善信息安全管理策略，如禁止员工在个人微博上公布与工作相关的信息，禁止在社交网站上公布私人身份和联络信息等；又要采用新型的检测技术，提高识别恶意程序的准确性。社会工程是利用人性的弱点，针对人员进行的渗透过程，因此提高人员的信息安全意识，是防止社会工程攻击的最基本的方法。传统的办法是通过宣讲培训的方式来提高安全意识，但是往往效果不好，不容易对听众产生触动；而比较好的方法是社会工程测试，这种方法是已经被业界普遍接受的方式，有些大型企业都会授权专业公司定期在内部进行测试。

绝大部分社会工程攻击是通过电子邮件或即时消息进行的。上网行为管理设备应该做到阻止内部主机对恶意 URL（统一资源定位符）的访问。应对垃圾邮件进行彻底检查，对可疑邮件中的 URL 链接和附件应该做细致认真的检测。有些附件表面看是一个普通的数据文件，如 pdf 或 Excel 格式的文档等。恶意程序嵌入文件中，且利用的漏洞是未经公开的。通常仅通过特征扫描的方式，往往不能准确识别出来。比较有效的方法是用沙箱模拟真实环境访问邮件中的 URL 或打开附件，观察沙箱主机的行为变化，这样可以有效检测出恶意程序。

（二）全面采集行为记录，避免内部监控盲点

对 IT 系统行为记录的收集是异常行为检测的基础和前提。大部分 IT 系统行为可以分为主机行为和网络行为两个方面。更全面的行为采集还包括物理访问行为记录采集。

1. 主机行为采集

主机行为采集一般是通过允许在主机上的行为监控程序完成的。有些行为记录可以通过操作系统自带的日志功能实现自动输出。为了实现对进程行为的监控，行为监控程序通常工作在操作系统的驱动层，如果在实现上有错误，很容易引起系统崩溃。为了避免被恶意程序探测到监控程序的存在，行为监控程序应尽量工作在驱动层的底部，但是越靠近底部，稳定性风险就越高。

2. 网络行为采集

网络行为采集一般是通过镜像网络流量，将流量数据转换成流量日志。以Netflow记录为代表的早期流量日志只包含网络层信息。近年来的异常行为大都集中在应用层，仅凭网络层的信息已难以分析出有价值的信息。应用层流量日志的输出，关键在于应用的分类和建模。

3. IT 系统异常行为检测

从前述APT攻击过程可以看出，异常行为包括对内部网络的扫描探测、内部的非授权访问、非法外联。非法外联即目标主机与外网的通信行为，可分为以下3类。

（1）下载恶意程序到目标主机，这些下载行为不仅在感染初期发生，在后续恶意程序升级时还会出现。

（2）目标主机与外网的C&C服务器进行联络。

（3）内部主机向C&C服务器传送数据，其中外传数据的行为是最多样、最隐蔽，也是最终构成实质性危害的行为。

第四章　大数据算法

第一节　亚线性算法

一、亚线性算法概述

亚线性算法指的是在算法运行过程中需要的空间小于数据量的实际存储空间。在一些情况下，空间亚线性算法也叫数据流算法。因此，我们首先介绍数据流模型。

（一）数据流模型

数据流，顾名思义指的是流动的、源源不断的数据，这些数据只能顺序扫描一次或几次。因为数据是流动的，所以只能按顺序扫描，且只能扫描常数次。这意味着对这样的数据，时间复杂度超过的算法是不可行的，而且能够使用的内存是有限的。

注意：“有限”指的是数据可能无限增大，但是能够使用的内存是有限的，这就导致空间要求是亚线性的，而且最好所需空间和数据量是无关的。

为了基于这个模型实现算法，通常的方法是维护一个中间的内存结果，一般称为数据略图，它给出的是数据相关性质的一个有效估计。而这个中间结果的数据量往往是比较小的，通常与整个数据集合的数据量无关。

由于如下两个方面的原因，数据流模型适用于大数据。第一，时间有保障，它顺序扫描数据仅一次。第二，内存要求低，通常是亚线性的。

数据流模型中的数据流指的是来自某个域中的元素序列，可以表示为 $\langle x_1, x_2, x_3, x_4, \cdots \rangle$。注意后面的省略号，一些和序列有关的问题往往以 A 结尾，但

是数据流模型没有 A，因为我们假定数据是源源不断到来的，没有结束。数据流模型的第二个要素是有限的内存，也就是内存的规模远小于全部数据需占用内存的规模。这意味着把数据全部放到内存中计算不可行，通常所需要的内存为 $O(log^k n)$[⊖] 或 $O(n^a)$（$a<1$），甚至是一个常数。而且当新元素到来时，需要快速处理每个元素，因为元素到来的快慢是不一定的，可能速度非常快，留给每个元素的处理时间并不充足。

通常，我们感兴趣的函数是输入流 ^ 的元素中多重集的统计属性，这个多重集可以用向量 $\boldsymbol{f}=(f_1, f_2, \quad, f_n)$ 来表示，其中

$$f_j=\left|\{i: a_1=j\}\right|=\sigma \text{中} j \text{出现的次数}$$

换句话说，σ 隐式地定义了向量 $\boldsymbol{f}$，这里要讨论的是形式为 $\Phi(f)$ 的函数的计算。在处理这种流时，当我们扫描每一个符号 $j\in[n]$ 时，计算结果是频率 f_j 的一个增量，因此可以认为 σ 是对向量 $\boldsymbol{f}$ 的更新。

（二）数据流用途

从数据流中计算什么？对数据库和算法理论有一些了解的读者可能知道，大概 10 年前数据流是数据库研究的热点之一，今天依然有很多人在研究。我们可以从数据流中计算和挖掘多种统计量，如最大值（max）、最小值（min）、和（sum）、平均值（avg）这些基本的聚集的值，也可以计算中位数、分位数、频繁元素等更复杂的统计量，还可以做一些分析、挖掘、预警等，这些工作都吸引了大量研究人员。

（三）数据流算法质量分析

因为人们已经证明很多函数不能通过亚线性空间来求解，所以我们从数据流中计算出的函数 $\Phi(\sigma)$ 的值通常是一个接近 $\Phi(\sigma)$ 的估计。而在算法设计过程中，我们通常使用随机化的算法，尽管可能会导致一些错误，但都是可控制的。于是有了下列基本定义。

令 $A(\sigma)$ 表示随机流算法 A 在输入 σ 时产生的输出。注意这是一个随机值。令 Φ 代表 A 要计算的函数。如果我们能够得到

$$\mathrm{P_r}\left[\left|\frac{A(\sigma)}{\Phi(\sigma)}-1\right|>\varepsilon\right]\leqslant\delta$$

则称算法 A 为 (ε, δ) 乘法近似 Φ。如果我们能够得到

$$\mathrm{P_r}\left[\left|A(\sigma)-\Phi(\sigma)\right|>\varepsilon\right]\leqslant\delta$$

则称算法 A 为 (ε, δ) 加法近似 Φ。

注意：上面的定义先强调了乘法的接近，但是当 $\Phi(\sigma)$ 接近或者等于 0 的时候，我们可能要用到加法的接近。

（四）数据流实例

考虑一个数据流的实例：{32，112，14，9，37，83，115，2，…}。

对于这个数据流容易计算的函数包括最大值、最小值、和、计数。保存“和”与“计数”，相除结果为平均值。处理这些函数时通常采用单个寄存器 s，并直接更新寄存器 s。如求最大值，先把寄存器初始化为 0，然后比较当前元素和寄存器中 s 的大小，将较大的量放到寄存器 s 当中，计算结束。在任意时刻，寄存器 s 中保存的数据都是当前数据流中的最大值。

计算和的方法类似。都是先把 s 初始化为 0，所不同的是对每个接收的 x，将 x 累加到寄存器 s 中。这样，在任何时刻单个寄存器 s 保存的数据就是当前到来的数据流的所有数据的和。

（五）数据流合并

上面例子中的数据概要就是单个值寄存器 s。寄存器 s 是可合并的，即从一部分数据流得到 x_1，从另一部分数据流得到 x_2，通过 x_1 和 x_2 的累加或比较就可以得到整个数据流中当前所有元素的结果。例如，把第 100 个之前的数放在 x_1，把第 100 个之后的数放在 x_2，则 x_1 和 x_2 可以合并。通过比较 x_1 和 x_2 的大小，较大者就是这 200 个数中的最大值。同样，和的略图也是可合并的。将前 100 个数据和存于 x_1，将 100 个以后的数据和存于 x_2，将 x_1 和 x_2 相加就是当前所有元素的和。

二、寻找频繁元素的非随机算法

频繁元素指的是在数据流当中同一个元素出现多次，希望找到出现最频繁的元素。我们看一个例子：在数据流状态〈32，12，14，32，7，12，32，7，6，12，4〉中，当前最频繁的元素是 32 和 12，这两个都是最频繁元素。

频繁元素问题叙述如下。

输入：流 $\sigma = \langle a_1, \quad , a_n \rangle$，$a_i \in [n]$，隐式地定义了一个频率向量 $\boldsymbol{f} = (f_1, f_2, \quad , f_n)$。注意：$f_1 + f_2 + \quad + f_n = m$。

输出：对于一个参数 k，输出集合 $\{j : f_j > \frac{m}{k}\}$。

频繁元素问题有广泛的应用。在网络当中找到“elephant flow”、IP 地址等，在搜索引擎中找到频繁查询，可以给这些最频繁的查询做一些优化。在应用当中求频繁元素时有一个假设，即 Zipf 原则：典型的频率分布是高度偏斜的，只有少数频繁元素，大多数元素是非常不频繁的。

（一）频繁元素的精确解

求精确解的方法很简单，可以对每一个单独元素设置一个计数器。当处理一个元素时，增加相应计数器。

例如，求上述数据流中的频繁元素。

32 到来，给 32 设一个计数器，并加 1，得到〈32，1〉；接着 12 到来，给 12 设一个计数器，并加 1，得到〈32，1〉,〈12，1〉；接下来给 14 设一个计数器，得到〈32，1〉,〈12，1〉,〈14，1〉；32 又来了，给 32 的计数器加 1，得到〈32，2〉,〈12，1〉,〈14，1〉。依此类推，最终结果为〈32，3〉,〈12，3〉,〈14，1〉,〈7，2〉,〈6，1〉,〈4，1〉。

这样做确实能得到精确解，但缺点是很明显的，只要数据流里面有一个新元素，在内存当中就要保存这个元素和它的计数器。如果在整个数据流中不同数据的数量非常大，则它所需要的内存量也是非常大的。这意味着没有一个很具体的界限，最坏情况是需要维护 n 个计数器，数据的个数就是计数器的个数。但在现实当中可以提供的计数器个数 k 是远小于 n 的，因此可以退而求其次，求近似解。

（二）频繁元素的 Misra–Gries 算法

Misra–Gries 算法是一个计算频繁元素的非随机化近似算法。求解思路如下：对于接收到的元素 x，如果已经为其分配计数器，则把相应计数器加 1；如果没有相应计数器，但计数器个数少于 k，就为其分配计数器，并设为 1，这意味着内存中还有空间；如果当前计数器的个数为 k，说明内存已经满了，则把所有计数器减 1，然后删除取值为 0 的计数器，这样内存就又有空间了，再依次处理下一个 x。

考虑上面的例子，其中 $n=6$，$k=3$，$m=11$。

（1）接收 32，内存有空间，为其分配计数器，内存状态〈32，1〉。

（2）接收 12，内存有空间，为其分配计数器，内存状态〈32，1〉,〈12，1〉。

（3）接收 14，内存有空间，为其分配计数器，内存状态〈32，1〉,〈12，1〉,〈14，1〉。

（4）接收 32，32 对应计数器加 1，内存状态〈32，2〉,〈12，1〉,〈14，1〉。

（5）接收 7，7 不在内存当中，需要为其分配新的计数器，但是内存没有空间了。这时将所有计数器减 1，然后把值为 0 的计数器删除，这时候 12 和 14 的计数器就没有了（注意，此时不将 7 的计数器加 1），内存状态〈32，1〉。

（6）接收 12，内存又有空间，为其重新分配计数器，内存状态〈32，1〉，〈12，1〉。

（7）接收 32，32 对应计数器加 1，内存状态〈32，2〉，〈12，1〉。

（8）接收 7，为其分配计数器，内存状态〈32，2〉，〈12，1〉，〈7，1〉。

（9）接收 6，这时候内存满了，把所有计数器减 1，然后把值为 0 的计数器删除，内存状态〈32，1〉。

（10）接收 12，内存又有空间，为其再重新分配计数器，内存状态〈32，1〉，〈12，1〉。

（11）接收 4，为其分配计数器，内存状态〈32，1〉，〈12，1〉，〈4，1〉。

这时候，如何根据计数器估计 x 出现的次数？最直接的办法是将内存里最后的数据定为 x 出现的次数，计数器在内存中将 1 返回，没有则返回 0。很显然，这种方法低估了计数问题，32 出现了 3 次，但是最后只返回了 1 次。

该算法的伪代码如算法 4-1 所示。

算法 4-1　求元素频率

```
初始化：A ← ∅;
处理j：
if j ∈ keys(A) then
    A[j] ← A[j]+1
else if | keys(A) | < k − 1 then
    A[j] ← 1
else
    foreach  ∈ keys(A) do
    A[ ] ← A[ ]−1
    if A[ ] = 0 then 从A中移除 ;
输出：对于查询 a，if a ∈ keys(A)，then 输出 f_a = A[a]，else 输出 f_a = 0。
```

定理 4-1：算法 4-1 求得的元素 a、频率估计 f_a 和真实值 f_a 之间的关系满足 $f_a - \frac{m-m'}{k+1} \leqslant f_a \leqslant f_a$，其中 m 是数据流中所有元素出现的次数，m' 是当前所有计数器之和。

证明：由于在计算过程中每个元素对应的计数器都可能减掉一些值，故显然 $f_a \leqslant f_a$。

下面通过分析删除最多的元素分析 f_a 与 f_a 之差的上界。这两者的差距是由 a 所对应计数器的减少引起的，出现一个减少计数器的步骤，相应计数器就要减少一次。因而，问题转化为整个计算过程中 a 对应计数器减少的次数。

注意到在计算过程中，只有内存已经满了的时候，即已经有 k 个计数器的时候，才执行计数器减少步骤，而此时每个计数器减少了 1，意味着共减少了 k。而在出现减少的时候，应该往内存里放的元素并没有放到内存中，也就是说未计入输入元素的此次出现，因此每次计数器减少的步骤相当于减少了 k+1。整个数据流的元素总数是 w，内存中保存的计数总数是 m'，每一轮计数器减少步骤减少了 k+1，那么应该有（$m-m'$）/（k+1）个计数器减少步骤，这也就意味着 f_a 和 f_a 最多相差（$m-m'$）/（k+1），即 $f_a-\dfrac{m-m'}{k+1}\leqslant f_a$。

由上述分析可见，当数据流中元素的总数远大于（$m-m'$）/（k+1）时，可得到频繁项的一个好的估计。而且错误的界限和 k 成反比，因为 k 越大，估计值和真实值相差越小，即内存越大误差越小。

可以利用略图计算错误的界限，在内存中记录 m、m' 和 k，然后把内存里最后一个频繁元素再加上相差的值，就可以得到频繁元素真实值的一个上界，而内存中保存的估计值是频繁元素的一个下界。在频繁元素的真实值范围之内，估计就准确得多。该算法有效的原因源于 Zipf 原则，就是说极少数元素出现的次数非常多，而大多数元素出现的次数非常少。

三、寻找频繁元素的随机算法

下面研究寻找频繁元素的随机算法。Misra-Gries 算法通过扫描数据一次提供足够的信息，然后通过第二次扫描数据解决频繁元素发现问题，即扫描数据第一次过程中 Misra-Gries 算法计算一个数据结构，对于该数据结构可以获得其频率 f_j 的足够准确估计 f_j。

（一）略图法

1. 略图和线性略图

在处理数据流 σ 的过程中，令 MG（σ）表示 Misra-Gries 算法中所需的数据结构。这种数据结构的一个缺点是缺少一种通用的方法从 $MG_1(\sigma)$ 和 $MG_2(\sigma)$ 中计算 MG（σ_1 σ_2），其中“。”代表数据流的连接。很明显，对于这种数据结构上的连接操作，如果一个数据结构支持这种连接操作，则该数据结构称为略图，具体定义如下。

DS（σ）是一种以流的方式处理数据流 σ 的数据结构，这种数据结构称为略图，如果有一个空间有效组合算法 COMB，对于任意两个数据流 σ_1 和 σ_2，计算

$$\mathrm{COMB}\big(\mathrm{DS}(\sigma_1),\mathrm{DS}(\sigma_2)\big)=\mathrm{DS}(\sigma_1\ \ \sigma_2)$$

这些算法能计算输入流的略图。因为这些算法要计算由 σ 决定的频率向量 $\boldsymbol{f}(\sigma)$，它们的略图会自然成为 $\boldsymbol{f}(\sigma)$ 的函数。事实上，它们应当是线性函数，这涉及另外一个定义（注意，对于线性略图的结合算法只是仅仅在相应向量空间上增加略图）。

除了不能产生略图，Misra–Gries 算法还有其他缺点，就是不能延伸到十字转门（甚至严格的十字转门）模型。但是本节的算法能够实现，因为基于线性略图的数据流算法从一般模型到十字转门模型都是通用的。如果在一般模型中，我们向略图增加一个向量 $\boldsymbol{v}_j$，然后十字转门模型中修正的 (j,c) 在略图中增加 $c\boldsymbol{v}_j$，这样可以处理 $c\geqslant 0$ 和 $c<0$ 的不同情况。

2. 计数略图

现在我们描述第一个略图算法，称为“计数略图”，如算法 4–2 所示。我们从基本略图开始讨论，这个略图有一个极小并且是正数的精度参数 ε。

算法 4–2　元素频率计数略图算法

初始化：

1 $C[1,\cdots,k]\leftarrow 0$，其中 $k=3/\varepsilon^2$；

2 从 2– 通用函数族中随机选择哈希函数 $h:[n]\rightarrow[k]$；

3 从 2– 通用函数族中随机选择哈希函数 $g:[n]\rightarrow\{-1,1\}$；

处理（j，c）：

4 $C[h(j)]\leftarrow C[h(j)]+cg(j)$；

输出：

5 对于查询 a，输出 $f_a=g(a)C[h(a)]$。

通过这个算法计算的略图是一个计数器数组 C，这个数组可以视为 f 上的一个向量。若要使两个略图是可结合的，则它们必须基于同样的哈希函数 h 和 g。

使用该算法，依据 $(j,\ c)$ 值不断计算 $h(j)$、$g(j)$ 使用 $C[h(j)]\leftarrow C[h(j)]+cg(j))$ 更新 $C[h(j)]$ 的值。计算过程如下。

（1）初始化：$C[0,1,2]$ 初始化为 $C[0,0,0]$，$g(j)=\begin{cases} g(j)<\dfrac{N}{2}，取值为-1 \\ g(j)\geqslant\dfrac{N}{2}，取值为1 \end{cases}$。

（2）接收〈1, 2〉，计算得 $h(1)=1$，$g(1)=-1$，更新 $C[1]$ 的值为 –2。

（3）接收〈3, 4〉，计算得 $h(3)=0$, $g(3)=1$，更新 $C[0]$ 的值为 4。

（4）接收〈3,–2〉，计算得 $h(3)=0$，$g(3)=1$，更新 $C[0]$ 的值为 2。

（5）接收〈5,–1〉，计算得 $h(5)=2$, $g(5)=-1$，更新 $C[2]$ 的值为 1。

针对每个数据流计算其 $h(j)$、$g(j)$，更新 $C\left[h\left[j\right]\right]$ 的值。对于查询 a 使用最后更新数组 C 进行计算，输出估计值。

3. 计数略图质量分析

对于任意查询 a，算法 4–2 生成的估计满足 $\mathrm{P_r}\left[|f_a-f_a|\geqslant\varepsilon\sqrt{\|f\|_2^2-f_a^2}\right]\leqslant\frac{1}{3}$。

证明固定查询 a，考虑基于查询 a 的输出 $X=f_a$。对于每个 $j\in\left[n\right]$，当 $h\left(j\right)=h(a\ )$ 时，让 Y_j 作为指示器，有

$$Y_j=\begin{cases}1,h(j)=h(a)\\0,h(j)\neq h(a)\end{cases}$$

检查算法的工作原理，我们发现当且仅当 $h(j)=h(a)$，j 对计数器 $C[h(a)]$ 有贡献，并且贡献的总和是随机符号 $g(j)$ 的 f_j 倍。因此

$$X=g(a)\sum_{j=1}^{n}f_jg(j)Y_j=f_a+\sum_{j\in[n]\setminus[a]}f_jg(a)g(j)Y_j$$

因为 g 和 h 是独立的，所以有

$$E[g(j)Y_j]=E[g(j)]E[Y_j]=0\quad E[Y_j]=0$$

因此，通过期望的线性度，有

$$E[X]=f_a+\sum_{j\in[n]\setminus[a]}f_jg(a)E[g(j)Y_j]=f_a$$

因此，输出 $X=f_a$ 是一个对所需频率 f_a 的无偏估计量。

我们仍然需要证明 X 不可能偏离其平均值太多。为此，我们分析其差异。根据 2– 通用哈希函数族的性质，对于每个 $j\in\left[n\right]\setminus\{\mathrm{a}\}$，有

$$E[Y_j^2]=E[Y_j]=\mathrm{P_r}[h(j)=h(a)]=\frac{1}{4}$$

下一步，根据 2– 通用函数族的性质，以及 g 和 i 的独立性，可总结出对于所有 i，$j\in\left[n\right]$，有

$$E[g(i)g(j)Y_iY_j]=E[g(i)]E[g(j)]E[Y_iY_j]=0\quad 0\quad E[Y_iY_j]=0$$

因此可计算得到

$$
\begin{aligned}
\mathrm{Var}[X] &= 0 + g(a)^2 \mathrm{Var}\left[\sum_{j\in[n]\setminus[a]} f_i g(a) Y_j\right] \\
&= E\left[\sum_{j\in[n]\setminus[a]} f_j^2 Y_j^2 + \sum_{\substack{i,j\in[n]\setminus[a]\\ i\neq 1}} f_i f_i g(i) g(j) Y_i Y_j\right] - \left[\sum_{j\in[n]\setminus[a]} f_j E[g(j)Y_j]\right]^2 \\
&= \sum_{j\in[n]\setminus[a]} \frac{f_j^2}{k} + 0 - 0 \\
&= \frac{\|f\|_2^2 - f_a^2}{k}
\end{aligned}
$$

其中，$f=f(\sigma)$ 是由 σ 决定的频率分布。用切比雪夫不等式得到

$$
\begin{aligned}
\Pr[\,|f_a - f_a| \geqslant \varepsilon\sqrt{\|f\|_2^2 - f_a^2}\,] &= \Pr[[X - E[X]] \geqslant \varepsilon\sqrt{\|f\|_2^2 - f_a^2}\,] \\
&\leqslant \frac{\mathrm{Var}[X]}{\varepsilon^2(\|f\|_2^2 - f_a^2)} \\
&= \frac{1}{k\varepsilon^2} = \frac{1}{3}
\end{aligned}
$$

对于 $j\in[n]$，我们定义 $\boldsymbol{f}_{-j}$ 为 $(n-1)$ 维的向量，这个向量通过去掉输入 f 的第 j 维元素得到，有 $\|\boldsymbol{f}_{-j}\|_2^2 = \|f\|_2^2 - f_j^2$。因此，我们可以用下面这个更加深刻的形式重写上面的公式：

$$
\Pr\left[\|f_a - f_a\| \geqslant \varepsilon \|f_{-a}\|_2\right] \leqslant \frac{1}{3}
$$

4. 改进略图

略图即通常所说的"计数略图"，实际上是通过对上述基本略图应用中位数技巧获得的略图，对于给定的足够小的位数，使其错误的概率下降。因此，计数略图可视为二维计数器数组，其中每一个数据流中的元素导致流中若干计数器的更新。完整起见，我们用下述算法（算法 4–3）讨论之。

算法 4–3　改进略图算法

初始化：

1 $C[1,\cdots,t][1,\cdots,k]$，其中 $k=3/\varepsilon^2$ 且 $t=O(\log(1/\delta))$；

2 从 2– 通用哈希函数族中随机选择哈希函数 $h_1,\cdots,h_t$: $[n]\to[k]$；

3 从 2– 通用哈希函数族中随机选择哈希函数 $g_1,\cdots,g_t$: $[n]\to[lk]$；

处理（j，c）：

for $i=1$ to t **do** $C[i][h_i(j) \leftarrow C[i][h_i(j)]+cg(j)$；

输出：

对于查询 a，输出 $f_a=\text{median}_{1\leqslant i\leqslant t}\, g_i(a)C[i][h_i(a)]$。

可以使用一个标准的切尔诺夫界参数证明估计量 f_a 满足

$$\Pr[\,|\,f_a-f_a\,|\geqslant \varepsilon\|f_{-a}\|_2]\leqslant \delta$$

通过适当选择哈希函数族，我们能将哈希方程存储在 $O(t\log n)$ 的空间。在略图中的每个 tk 计数器占据 $O(\log m)$ 的空间。这就给我们一个整体的限制空间 $O(t\log n+tk\log m)$，即

$$O\left(\frac{1}{\varepsilon}\right)\log\frac{1}{\delta}\quad \log(\log m+\log n)$$

（二）计数 – 最小略图

另一种频率 – 评估的解决方案就是所谓的“计数 – 最小略图”。与计数略图相同，这个略图也采用一个精度参数 ε 和一个误差概率 δ，参数包含一个 $t\times k$ 的二维计数数组，用基于哈希函数的方法来更新。t 和 k 的值基于 ε 和 δ 来设置，伪代码如算法 4–4 所示。

算法 4–4　计数 – 最小略图算法

初始化：

$C[1,\cdots,t][1,\cdots,k]\leftarrow 0$，其中 $k=2/\varepsilon$，$t=[\log(1/\delta)]$；

从 2– 通用哈希函数族中选取 t 个哈希函数 h_1，…，h_t：$[n]\rightarrow[k]$；

处理（j，c）：

for $i=1$ to t **do** $C[i][h_i(j) \leftarrow C[i][h_i(j)]+c$；

输出：

在查询 a 中，令 $f_a=\min_{1\leqslant i\leqslant t} C[i][h_i(a)]$。

注意：这个算法相比计数略图简单了很多，另外要注意其占用空间为

$$O\left(\frac{1}{\varepsilon}\log\frac{1}{\delta}\quad (\log m+\log n)\right)$$

这要比计数略图好 $1/\varepsilon$ 倍。计数 – 最小略图的缺点在于它的近似比保证，这也是我们接下来将要分析的。

（三）计数 – 最小略图质量分析

我们关注到每个流中的元素（j，c）满足 $c>0$ 的情况，也就是现金注册模型。

显然，在这种情况下，每个对应元素 a 的计数器 $C[i][h_i(a)]$ 是对 f_a 的过高估计，这样总有

$$f_a \leqslant f_a$$

其中，f_a 是算法输出的 f_a 的评估。

定理 4–2：$\Pr[f_a - f_a \geqslant \varepsilon\|f_{-a}\|_1] \leqslant \delta$。

证明：对于固定的 a，现在我们分析在计数器 $C[i][h_i(a)]$ 中超出真实值的部分。令随机变量 X_i 表示超出真实值的部分。对于 $j \in [n] \setminus \{a\}$，令 $Y_{i,j}$ 作为事件的 $h_i(j) = h_i(a)$ 指示。

注意：当且仅当 $Y_{i,j} = 1$ 且被触发时，j 作用于计数器 $C[i][h_i(a)]$，它使 f_j 被加入这个计数器。这样有

$$X_i = \sum_{j \in [n] \setminus \{a\}} f_i Y_{i,j}$$

由于 h_i 是 2– 通用哈希函数族，因此得到 $E[Y_{i,j}] = 1/k$。这样，通过数学期望的线性可加性可得

$$E[X_i] = \sum_{j \in [n] \setminus \{a\}} \frac{f_i}{k} = \frac{\|f\|_1 - f_a}{k} = \frac{\|f_{-a}\|_1}{k}$$

对于每个 $f_j \geqslant 0$，有 $X_i \geqslant 0$，我们可以通过选择的 k 值应用马尔可夫不等式得到

$$\Pr\left[X_i \geqslant \varepsilon\|f_{-a}\|_1\right] \leqslant \frac{\|f_{-a}\|_1}{k\varepsilon\|f_{-a}\|_1} = \frac{1}{2}$$

上述概率是对一个计数器进行分析的结果。我们有 t 个这样的计数器，且它们相互独立。输出中的 $f_a - f_a$ 是 X_i 中的最小值，其中 $i \in [t]$，这样有

$$\begin{aligned}
\Pr\left[f_a - f_a \geqslant \varepsilon\|f_{-a}\|_1\right] &= \Pr\left[\min\{X_1, \quad ,X_t\} \geqslant \varepsilon\|f_{-a}\|_1\right] \\
&= \Pr\left[\bigwedge_{i=1}^{t} (X_i \geqslant \varepsilon\|f_{-a}\|_1)\right] \\
&= \prod_{i=1}^{t} \Pr\left[X_i \geqslant \varepsilon\|f_{-a}\|_1\right] \\
&\leqslant \frac{1}{2^t}
\end{aligned}$$

通过对 t 的选择，可以让这个概率最大为 δ。

至此，我们证明了最高概率时，有

$$f_a \leqslant f_a \leqslant f_a + \varepsilon\|f_{-a}\|_1$$

其中，左不等式总是成立，右不等式在概率为最大 δ 时失效。

这个评估弱于计数略图，其原因是它的偏差以 $\varepsilon\|f_{-a}\|_1$ 为界，而不是以 $\varepsilon\|f_{-a}\|_2$

为界。对于 $z \in \boldsymbol{R}^n$ 所有矢量有 $\|z\|_1 \geqslant \|z\|_2$。这个不等式在 z 有一个非零项时是紧的，且当 z 中所有值的绝对值都相等时最弱，当流的频率向量更加分散时，与计数－最小略图相比，计数略图的评估质量将会提升。

四、估计频率矩

输入：数据流 $\sigma = a_1, \cdots, a_m, a_j \in [n]$，隐式定义了一个频率向量 $\boldsymbol{f} = \boldsymbol{f}(\sigma) = (f_1, \cdots, f_n)$。显然，$f_1 + \quad + f_n = m$。

输出：流的频率的第 k 是阶矩，表示为 $F_k(\sigma)$ 或者 F_k，定义如下：

$$F_k := \sum_{j=1}^{n} f_j^k = \|f\|_k^k$$

使用“第 k”这个词表明 k 是一个正整数，上面的定义已经使每个 k 都大于 0。我们给出 k=0 时的定义，先稍微改动一下 F_k 的定义，令 $F_k = \sum_{j:f_j>0} f_j^k$，由此得到

$$F_0 = \sum_{j:f_j>0} f_j^0 = |\{j : f_j > 0\}|$$

上式即在 σ 中不同元素的数量（通过 F_k 的原始定义及默认 0^0=0 也可以得到同样的结论）。

（一）频率矩的 AMS 算法

从定义上看，F_2 代表了数据库中的自连接操作 $r \bowtie r_t$，r 是数据库中的关系，f_j 表示连接属性 j 所对应值的频率。可以想象，在这种情形下，r 是一个巨大的关系，连接属性域的规模 n 也非常巨大，数组只能用流的方式来接收（这种方式的开销会比使用随机读取的方式小很多）。我们能够在不考虑关系 r 的情况下计算出自连接大小的合适估计值吗？连接大小的估计是数据库查询优化的关键一步。

下面将要介绍的 F_2 估算问题的解决方案实际上可以用于估算任意等值连接的大小（不仅仅是自连接的）。这种算法可以使用关于 m 和 n 的亚线性空间给出在 $k \geqslant 2$ 时任意 F_k 的 (ε, δ) 近似。尽管它不是这个问题的最佳算法，但它是最容易理解和分析的。

先描述一个可以得到结果的简单估计算法，它是一种无偏估计。最终，我们将并行运行这个基本估计算法的许多独立副本，并且合并结果来获得最终估计，这样就能很好地保证正确性。

这个估计采取下述方式进行。随机地从数据流 σ 中抽取一个元素，选择一个位置 $J \in R[m]$。计算流的长度 m 和我们所选择的元素 a_J 在数据流中从第 J 个元素开始到当前出现的次数 r，即 $r = |\{j \geqslant J : a_j = a_J\}|$，则这个基本估计

为 $m(r^k-(r-1)^k)$。

美中不足的是，事前我们不知道 m，并且在随机选择一个元素的时候我们也需要一点小技巧，伪代码如算法 4-5 所示。

算法 4-5　AMS 算法

初始化：$(m, r, a) \leftarrow (0,0,0)$；

处理 j：

$m \leftarrow m+1$；

以 $\Pr[\beta=1]=1/m$ 选择随机位 β；

if $\beta=1$ **then**

　　$a \leftarrow j$；

　　$r \leftarrow 0$；

if $j=a$ **then**

　　$r \leftarrow r+1$；

输出：$m(r^k-(r-1)^k)$。

这个算法用了 $O(\log m)$ 位来存储 m 和 r，加上 $[\log n]$ 位来存储元素 a，一共使用存储空间 $O(\log m+\log n)$。这个算法可以自然推广到现金注册模式，解决方法留作练习。

（二）基于拔河略图的频率矩估计

现在，我们已经得到了一种亚线性空间算法——AMS 算法，用于估算数据流 σ 第 k 个频率矩 $F_k = f_1^k + \quad + f_n^k$。当 $k \geqslant 2$ 时此算法有效，它的使用空间取决于 n 及 $O(n^{1-1/k})$。这种算法甚至在 k=2 时不是对数多项式的。

1. 基本结构

我们用十字转门模型来描述这种算法，如算法 4-6 所示。

算法 4-6　基于拔河略图 F_2 估计

初始化：

从 2- 通用哈希函数族中随机选择哈希函数 $h:[n]\rightarrow[-1,1]$；

$x \leftarrow 0$；

处理（j，c）：

$X \leftarrow x+ch(j)$

输出：X^2。

这个略图简单来讲就是随机变量 x。它被选中的满足 $h(j)=1$ 的元素 j 拉向正方向，被其他元素拉向负方向，因此称为拔河略图。x 的绝对值不会超过 $f_1+\quad+f_k=m$，所以要用 $O(\log m)$ 位来存储这个略图，也需要为一个合适的 4– 通用哈希函数族使用 $O(\log n)$ 位来存储哈希函数 h。

2. 线性略图及其几何解释

像以前一样，考虑方差之后，我们可以利用上面的基本略图以及中位数改进方法得到一个线性略图。这里给出了一个 (ε,δ) 的计数值，其所需空间如下：

$$\frac{O(1)\quad \mathrm{Var}[X^2]}{\varepsilon^2 E[X^2]^2}\quad \log\frac{1}{\delta}\leqslant\frac{O(1)\quad 2F_2^2}{\varepsilon^2 F_2^2}=O\left(\frac{1}{\varepsilon^2}\log\frac{1}{\delta}\right)$$

这样，我们已经利用一个略图算法使用 $O(\varepsilon^{-2}\log(\delta^{-1})(\log m+\log n))$ 空间计算线性略图来估计 F_2。

下面给出这种方法的一种几何解释。

AMS 拔河略图有一个非常漂亮的几何解释。考虑一个由 t 组成的最终略图，它是基本略图的一个独立副本。令 $\boldsymbol{M}\in\boldsymbol{R}^{t\times n}$ 把频率向量 $\boldsymbol{f}$ 转换成 t 维略图向量 $\boldsymbol{x}$ 的转换矩阵。

注意：M 不是一个不变的矩阵，而是一个有着 ±1 出入的随机矩阵，它是根据哈希函数族隐式描述的一个确定的分布绘制出来的。如果 M_{ij} 表示（i，j）区间内的 M，那么 $M_{ij}=h_i(j)$，这里 h_i 是第 i 个基本略图的哈希函数。

令 $t=6/\varepsilon^2$。我们来看引理切比雪夫步骤之后中位数方法切尔诺夫步骤之前的这一部分，得到

$$P_{tM}\left[\left|\frac{1}{t}\sum_{i=1}^{t}x_i^2-F_2\right|\geqslant\varepsilon F_2\right]\leqslant\frac{1}{3}$$

这样，我们至少有 2/3 的概率得到

$$\left\|\frac{1}{\sqrt{t}}Mf\right\|_2=\frac{1}{\sqrt{t}}\|x\|_2\in\left[\sqrt{1-\varepsilon}\quad\|f\|_2,\sqrt{1+\varepsilon}\|f\|_2\right]\in\left[(1-\varepsilon)\|f\|_2,(1+\varepsilon)\|f\|_2\right]$$

这个式子可以这样理解：（随机）矩阵 $\boldsymbol{M}/\sqrt{t'}$ 代表“降维”，将一个 n 维向量 $\boldsymbol{f}$ 降成 t 维略图 $x(t=O(1/\varepsilon^2))$，同时保证 l_2 范数在 $(1\pm\varepsilon)$ 内。当然，这只能保证至少 2/3 的概率。但显然当保持 $(t=O(1/\varepsilon^2))$ 时，这个问题的正确性概率可以提高到一个小于 1 的任意常数。

在这个几何解释之下，看似非常神奇的 AMS 略图变得自然了许多。我们使用降维的办法保持一个低维状态的频率向量，这个低维状态的频率向量与原频率向

量在 l_2 长度上非常接近，而这正是我们所要得到的，因为第二频率矩 F_2 正好是 l_2 长度的平方。

由于这个略图是线性的，所以我们又有了一种估计两个数据流 σ 和 σ 之间的 l_2 差 $\|f(\sigma)-f(\sigma)\|_2$ 的算法。

第二节　外存算法

传统的随机存取模型是基于数据来自内存的处理器，它有一个标准的计算模型，这个模型有无限的内存，对内存中的数据有统一的访问代价。根据这个简单的模型设计了很多算法，这是计算机行业成功的关键之一。但是对于大数据来说，这个模型会失效。因为生活中内存不可能是无限的，当数据量很大时不能保证所有数据都放在内存当中。

一、存储层次与访问方式

现代计算机有复杂的存储层次，存储量得到了较大的提升，但是较慢的层次进一步远离 CPU。也就是说，现代计算机采用多级存储，越靠近 CPU 的存储层次（包括一级缓存、二级缓存）越快，而远离 CPU 的存储层次（包括 RAM、硬盘甚至三级存储器）存储量大、价格便宜，但是速度慢。其中，存储单元是以块为单位访问的。

磁盘的访问和内存的访问是不一样的。内存可以随机读写，而磁盘不行。对于磁盘来说，要先后取两个位于不同位置的数据，如果这两个数据在磁道上的位置相距很远，那么读卡器需要从 *a* 转到走的距离很远。因此，要尽可能把相邻的数据一起取出来放到内存里，以实现高效 I/O。有这样一句话形象地说明了这一差距：“现代 CPU 和磁盘之间的速度差异类似于在办公桌上使用转笔刀削铅笔和坐飞机到世界另一边的办公桌上用转笔刀削铅笔之间的速度差异。”

磁盘系统通过传输大规模连续的数据块来平摊巨大的访问代价。传输连续的范围一般是 8 ～ 16 kB，因此在外存算法中最重要的是利用块高效存储或访问数据。

（一）可扩展性与外部存储器模型

在传统的“算法设计与分析”课程中讲授的大多数算法都是在 RAM 中完成的，不存在磁盘的访问，而操作系统需要按需访问一个块，而且现代操作系统采用先进的分页和预取策略。但是，如果程序分散地访问磁盘上的数据，那么即使是好操作系统也无法有效地利用数据块存取优势。这就是可扩展性的问题。所以，要专门设计 I/O 有效的算法。

当算法设计得不好时，虚存会不断访问磁盘，频繁地在磁盘里调数据，使整体性能降低。

在具体讲解外存算法之前先讲一下外部存储器模型。外部存储器模型是以块为单位进行 I/O 的，通常分为 N、B、M、T 几个模块，N 表示问题实例数据项个数，B 表示每个磁盘块中数据项个数，M 表示内存能容纳的数据项个数，T 表示输出数据项个数，I/O 表示内存和磁盘之间移动的块数。通常假设 $AC>B_2$，这个假设是很重要的，如果没有这个假设，很多算法会变得相当复杂。

（二）块访问的影响

外存算法和内存算法的本质不同在于外存算法必须以磁盘块作为调度单位，这对算法设计有什么影响呢？我们来看一个简单的问题——遍历链表。其中，数组大小 N=10 个元素，磁盘块大小 B=2 个元素，内存大小 M=4 个元素（能放入 2 个磁盘块）。

当用不同的链表时，访问是不一样的。我们用一个例子来说明。

例 4-1：考虑图 4-1 和图 4-2 中不同结构链表的不同磁盘访问顺序。

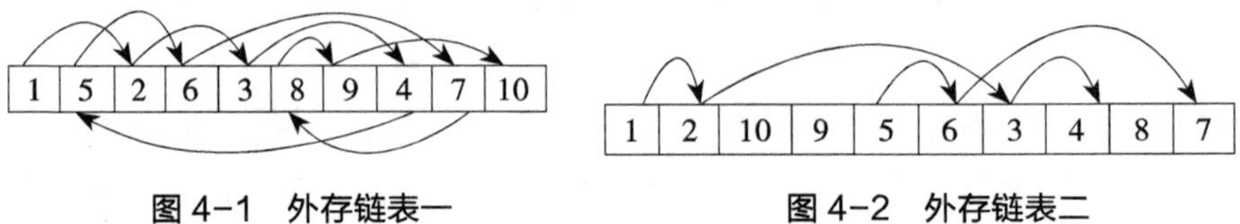

图 4-1　外存链表一　　　图 4-2　外存链表二

遍历外存链表一的磁盘访问顺序如图 4-3 所示。从中可以看到，为了遍历这 10 个元素，要用 10 次 I/O。

（a）先把 1、5 块放进内存

（b）然后把 2、6 块放入内存

（c）再放 3、8 块

（d）接着放 9、4 块

（e）放 9、4 块之后，又访问回 1、5 块

（f）1、5 块已经不在内存了，而在外存，要把 1、5 块重新读进来，然后访问 2、6 块，而 2、6 块这时也不在内存，因此还要将 2、6 块读进内存

（g）以此类推，6 之后是 7，因此要把 7、10 块都读进内存

（h）然后是 3、8 块

（i）接着是 9、4 块

（j）最后还要将 7、10 块读进内存

图 4-3　遍历外存链表一的磁盘访问顺序

遍历外存链表二的磁盘访问顺序如图 4-4 所示。从中可以看出，这种情况下仅需要 5 次磁盘 I/O。

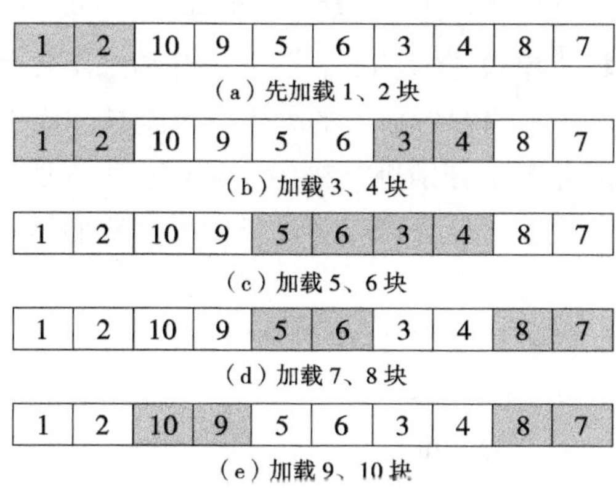
（a）先加载 1、2 块

（b）加载 3、4 块

（c）加载 5、6 块

（d）加载 7、8 块

（e）加载 9、10 块

图 4-4　遍历外存链表二的磁盘访问顺序

从例 4-1 可以看出，遍历两个链表所需的 I/O 次数相差一倍。

此外，N 和 N/B 之间因为磁盘块大小不同而差异较大。例如，设 $N=256\times10^6$，$B=8\ 000$，一个磁盘块的访问时间为 1 ms，则 N 次 I/O 需要 256×10^3 s ≈ 4 267 min ≈ 71 h，而 N/B 次 I/O 需要 256/8 s=32 s。

（三）队列和堆栈

接下来看一下用外存怎样实现队列和堆栈。对于内存来说，维护队列（先进先出的数据结构）是用一个数组或链表来实现的；对于外存来说，因为调度的单位是磁盘块，每次都是以块为单位进行 PUSH 和 POP 操作，因此需要维护的是内存中的 PUSH 块和 POP 块，平均每次的 PUSH 和 POP 操作的代价是 O（$1/B$）次磁盘 I/O。对于堆栈来说，在内存中维护一个 PUSH/POP 块，平均每次 PUSH 和 POP 操作的代价是 O（$1/B$）次磁盘 I/O。

二、外存归并排序算法

排序是一个经典的问题，在内排序中有非常多的算法，如冒泡排序、选择排序、插入排序、快速排序、归并排序等，内排序假定数据放在内存中可以随机访问。外排序的问题是假定数据放在外存中（无法全部存在内存中）不能随机访问，只能以块为单位进行访问，这时候如何处理呢？我们从思想类似内存归并排序的外存归并排序说起。

（一）外存归并排序的基本思想

外存归并排序的基本思想和内存归并排序的基本思想是一样的。内存排序的基本思想是先把数组一分为二，然后把这两个部分分别进行排序，之后把两个排好序的数据进行归并，就得到了最后的结果。内存算法的时间复杂度是 $N\log N$。

外存排序必须以块为单位进行调度，因此一分为二不再是最经济的分法，而是应当把数组先划分成能在内存中放下的大小，也就是形成 M/B 个列表，相当于每一份划分可以放在内存当中分别进行排序，而对于所有划分，分开的每个队列都能在内存当中分成一块，然后在内存中进行归并。我们用一个例子来说明这个问题。

例 4-2：待排序的数组一共有 24 个数。

24　01　23　19　20　05　18　16　04　07　08　09

10　15　17　14　03　02　06　11　12　13　22　21

其中，M=8，N=24，B = 2，这就意味着内存可以放 4 个磁盘块。

排序过程如下：先依次装满内存，并分别依次进行排序。内存可以分成 4 个磁盘块，把前 4 个磁盘块放到内存中进行内存排序。

24 01　23 19 20 05 18　16　04　07　08　09

10 15　17 14 03 02 06　11　12　13　22　21

排序的结果如下：

01 05 16 18 19 20 23 24

再将接下来的 4 个数据块放入内存进行排序，即

01 05　16 18 19 20 23　24　04　07　08　09

10 15　17 14 03 02 06　11　12　13　22　21

排序的结果如下：

04 07 08 09 10 14 15 17

同样，把最后的 4 块数据放在内存中进行排序，结果如下：

02 03 06 11 12 13 21 22

现在已经得到三组排好序的结果：

01 05 16 18 19 20 23 24

04 07 08 09 10 14 15 17

02 03 06 11 12 13 21 22

现在要在内存中对它们进行归并。因为内存中能放 4 个磁盘块，所以对这三组的结果，先把每组的第一块放到内存里，然后留一块作为输出的缓冲区进行输出。

开始内存中的数字：

01	05
04	07
02	03

然后进行归并，最小值是 1，把它放在缓冲区里，并从内存第一组里删掉 1，剩下 5：

	05
04	07
02	03
01	

2 比较小，把 2 放在缓冲区里：

	05
04	07
	03
01	02

此时缓冲区满了，把缓冲区的内容放到外存中，即把 1、2 写入外存：

	05
04	07
	03

然后在把 3 写入缓冲区，这时候内存第三组的缓冲为空：

	05
04	07
03	

此时把外存第三组数据中的 6、11 写入内存第三组的缓冲区：

	05
04	07
06	11
03	

然后把 4 写入缓冲区：

	05
	07
06	11
03	04

这时缓冲区满，把 3、4 写入外存，外存状态如下所示：

01	02	03	04

清空缓冲区：

	05
	07
06	11

接下来把 5 写入缓冲区：

	07
06	11
05	

内存第一组对应缓冲区为空，从外存第一组数据读入 16、18，然后将 6 写入缓冲区，此时状态如下所示：

16	18
	07
	11
05	06

以此类推，可得到最后结果。

外存归并排序的伪代码如算法 4-7 所示，其中函数 appenc（buff，k），将 k 放到缓存 buff 中，如果 buff 满，则将其放到外存。

算法 4-7　外存归并排序算法 Mergesort（A，N）

输入：数组 A，A 包含的块数 N

输入：数组 A，A 包含的块数 N

$n \leftarrow \frac{M}{B} - 1$

for $i \leftarrow 0$ to n **do**

```
        if N/n ≤ M/B then // 如果 A 的分组块数能够完全放入内存
                Sort(A[i]) // 对 A 的第 i 个分组直接进行内存排序
        else
                Mergesort(A[i], N/n)
        Merge(A, N)

Merge(A, N) //N 为数组 A 包含的块数
{
    n ← M/B − 1 // 将 A 分为 n 组
    length ← N/n //A 的每个分组包含的块数
    for i=0 to n do
            Load(A_{i,0}) ; // 将 A 每个分组的第 0 个块载入内存
    count ← 0 ; //count 是已排序并且输出到外存中的块数
    while count ≤ N // 每次找最小和第二小的数据项放入缓冲区并输出外存
    {
            k_1 ← INF // 最小元素
            p_1 ← 0 // 最小元素对应分组下标
            k_2 ← INF // 次小元素
            p_1 ← 0 // 次小元素对应分组下标
            buff ← ∅
           // 找最小元素，输出外存，并且在对应分组装载新元素到内存
            for i ← 0 to n
                    do if A_{i,pos[i]} < k_1
                            then p_1 ← i
                                 k_1 ← A_{i,pos[i]}
            A_{p1,pos[p1]} ← INF
            pos[p1] ← pos[p1]+1 // 更新分组下标
            append(buff, k_1) // 将 k_1 放到 buff 中
            Load(A_{p1,pos[p1]}) // 在对应分组装载新的元素到内存
           // 找次小元素，输出外存，并且在对应分组装载新元素到内存
            for i ← 0 to n
```

```
            do if A_{i,pos[i]} < k_2
                    then p_2 ← i
                         k_2 ← A_{i,pos[i]}
        A_{p2,pos[p2]} ← INF
        Load(A_{p2,pos[p2]})
        pos[p2] ← pos[p2]+1
        append(buff, k_2)
        Load(A_{p1,pos[p1]})
        count ← count+1 // 增加计数器
    }
}
```

（二）外存归并排序的 I/O 复杂度分析

设问题实例数据项个数为 N，每个磁盘块中数据项个数为 B，内存能容纳的数据项个数为 M，首先考虑两个基本参数。扫描一遍数组需要 N/B 次磁盘 I/O。把内存装满需要 M/B 次磁盘 I/O，M/B 也是内存里能装下的磁盘块数。

下面对外存归并排序的 I/O 复杂度进行分析。

定理 4–3：外存归并排序的磁盘 I/O 复杂度是 $O(N/B \times \log_{M/B} N/B)$ 。

证明：归并排序第一阶段先把第一组的 M/B 个磁盘块调入内存并排序，然后把第二组的 M/B 个磁盘块调入内存并排序，直到所有分组调入内存排序完毕。每一组需要 M/B 次 I/O，共 N/M 组，在这一阶段需要 $M/B \times N/M= N/B$ 次磁盘 I/O。第二阶段相当于把每组的第一磁盘块放入内存，每一块都要放入内存一次，需要 N/B 次磁盘 I/O。同样，第三阶段还是需要 N/B 次磁盘 I/O，接下来各轮也都是同样的过程，都是 N/B 次 I/O。故每一轮的复杂度都是 $O(N/B)$ 。

每一轮需要的磁盘 I/O 次数已知，下面计算排序所需的轮数，从而计算出算法的 I/O 复杂度。

第一轮中每次排好序的数组中磁盘 I/O 是 M/B，因为每个磁盘块放在内存中一次。那么，第二轮每一次要归并 $M/B-1$ 数组，因为内存要留一个作为缓冲区，则排好的数组大小是（$M/B-1$）$\times M/B$。在第三轮中，又要归并第二轮中的排好序的数组，则排好的数组大小是（$M/B-1$）×（$M/B-1$）$\times M/B=$（$M/B-1$）$^2 \times M/B$。

以此类推，假设归并第 k 轮结束，则在第 k 轮中排好序的数组大小是 $(M/B-1)^{k-1} \times M/B$。又因为整个数据块的大小是 N/B，所以在第 $k-1$ 轮中排好序的数组大小是 $(M/B-1)^{k-1} \times N/B$。

整理得到

$$(M/B-1)^{k-1}\times M/B=N/B$$
$$(M/B-1)^{k-1}=N/B$$
$$k=\log_{M/B-1}N/B=O(N/B\times\log_{M/B}N/B)$$

这样，每轮的 I/O 数是 $O(N/B)$ ，所需的轮数为 $O(N/B\times\log_{M/B}N/B)$ ，则归并排序的 I/O 复杂度为 $O(N/B)\times O(N/B\times\log_{M/B}N/B)$ ，其中 log 底数中的 M 可以换成 B，$\log N/M$ 可以看成 $\log N/B\times B/M$，而 $\log B/M=1$，是一个低阶项，在复杂度方面可以不考虑，所以最后的结果是 $O(N/B\times N/B\times\log_{M/B}N/B)$ 。

三、外存多路快速排序算法

（一）外存多路快速排序的思想

对于快速排序也有一种外排序方法，这种方法的核心思想和快排是一样的。快排的思想是找一个分点把数据分成两半，把比分点小的放在前面，比分点大的放在后面，然后对这两个部分分别进行快排递归。这个算法平均情况和最好情况的时间复杂度都是 $O(N\log N)$，最坏情况的时间复杂度是 $O(N^2)$。对于这种思想也有一种外排序方法。与归并排序类似，对于外排序方法，数组不是划分成两半，而是根据外存算法的特点划分成多个部分。其思想是，对未排序的列表可以使用小于 M/B 个分割元素，通过扫描一次 I/O 实现划分，然后对划分的每一块再进行递归划分，直到最后的划分能存进内存为止。

（二）外存多路快速排序的算法描述

首先通过一个例子介绍外存多路快速排序的过程。

例 4-3：待排序的数组一共有 24 个数。

24　01　23　19　20　05　18　16　04　07　08　09

10　15　17　14　03　02　06　11　12　13　22　21

设 M=8，N=24，B=2，我们以这组数据为例演示一下快速排序。

假设寻找两个相对均匀的分点。因为内存的大小是 8，所以可以存放 4 个磁盘块，选择其中的一个磁盘块作为输入数据缓冲，3 个磁盘块作为输出磁盘块。

排序的过程如下：选择两个分点 8 和 16，形成三个部分。

	8		16	

第一部分小于 8，第二部分大于 8 小于 16，第三部分大于 16。

先在输入缓冲区读入第一个磁盘块：

24	01

这时，我们把24写到第三个磁盘块，1写到第1个磁盘块，然后清除缓冲区。

01	8		16	24

把19写入内存：

19	01	8		16	24

把23写入第三个磁盘块，这时发现第三个磁盘块已经满了。

19	01	8		16	24 23

这时，我们把24、23写入外存，将内存中的24、23清空。

19	01	8		16	
					24 23

把19写入内存：

	01	8		16	19
					24 23

然后把20、5写入内存：

20 05	01	8		16	19
					24 23

把20写入，这时第三个磁盘块满了。

05	01	8		16	19 20
					24 23

然后把19、20写入外存：

05	01	8		16	
					24 23
					19 20

把 5 写入第一个磁盘块：

	01 05	8		16	
					24 23
					19 20

将 1、5 写入外存：

		8		16	
	01 05				24 23
					19 20

将 18、19 写入内存：

		8		16	18 19
	01 05				24 23
					19 20

按照上面的方法，划分的结果是

01	05	16	9	24	23
04	07	10	15	19	20
08	03	14	11	18	17
02	06	12	13	22	21

最后的结果分成了三块，需要注意的是这三块还是没有排序的。现在这三块都能放进内存了，因此所对应的就是内存排序，排完之后，把它们放入前、中、后位置，结果就出来了。

那么，如果不是 24 个数而是 48 个，也就是说，生成的每一块都是 16 个，放不进内存，该怎么办？答案是再递归地对每一块进行外存排序，直到生成的每一块都能放进内存为止。

外存快速排序的伪代码如算法 4–8 所示。

算法 4-8　外存多路快速排序 Multi_qsort(A, i)

```
选择出 k 个分割点；
将数组 A 的所有元素按照分割点进行分组；
将分组完的块输出到对应外存中；
for A 的每一个分组 A_i do
    if 第 i 个分组中的磁盘块数大于内存可以容纳的块数 then
    Multi_sort(A_i, i);
else
     将第 i 个分组放入内存进行内存排序；
end if;
```

第三节　超越 MapReduce 的并行计算

一、基于迭代处理平台的并行算法

（一）MapReduce 处理迭代和循环的问题

先看一些基本的观察。作为一种非递归描述性语言的通用运行平台，MapReduce 已被证明获得了成功。基于 MapReduce 实现了多种不同的系统，包括 Hive（类 SQL 语言）、Pig 等，这些系统获得了广泛的应用。但 MapReduce 有一个致命问题，即其本身没有办法表示循环和迭代。然而，许多数据分析技术需要迭代计算，其中包括 PageRank（网络连接分析）、HITS（超文本主题检索）、递归关系查询、聚类、神经网络分析、社会网络分析和网络流量分析。这些技术有一个共同的特点：迭代处理数据，直到计算满足收敛或停止条件。正如第三章所讲，MapReduce 框架不支持直接做这些迭代的数据分析应用，需要的迭代和循环是由 MapReduce 以外的代码控制，很多情况下需要多轮的 MapReduce，这样会造成一些问题。下面对这些问题进行讨论。

第一个问题：即使许多数据可以从迭代到迭代保持不变，每次迭代时数据也必须被重新加载和处理，浪费了 I/O、网络带宽和 CPU 资源。

第二个问题：在程序循环过程中，循环输出的结果往往很大，如传递闭包问题，即计算某一个图，从某一个顶点出发计算它能到达的全部顶点，需要结果不发生变化了才停止计算。还有 PageRank 问题，它是以收敛测试作为终止条件的，判断 PageRank 是不是收敛需要所谓的不动点运算，就是这一轮中的计算结果和上一轮相比，如果不变才停止计算。在分布式平台下需要所谓的分布式不动点运算，为了支持这种分布式不动点运算，在每次迭代中需要一个额外的 MapReduce 过程，用于判定结果是否发生变化，从而需要额外一轮的 MapReduce 工作，包括调度任务、从磁盘读数据以及在网络上移动数据。

在执行迭代任务时，需要结果不发生变化才能够停止计算，因而 MapReduce 的轮数不可控，而且如上文所述，每轮迭代都需要一个额外 MapReduce 过程做不动点判定，这造成了性能的降低。

下面通过分析三个迭代计算的例子来详细了解这个问题。

1.PageRank

PageRank 的出发点是衡量一个网页是否重要，其基本思想是看指向这个网页的网页是否重要，即看指向这个网页的排名高不高。开始时所有网页的排名都一样，接下来是一轮轮迭代计算，根据指向一个网页 P 的网页的排名来更新网页 P 的排名，然后网页 P 用自己的排名来更改其指向的其他网页的排名，这样进行一轮一轮的迭代计算，直到收敛为止，网页排名不发生变化就是收敛了。PageRank 是一个非常典型的迭代计算，即不断重复计算，直到不动点为止。

用 MapReduce 实现 PageRank 需要两个操作：第一个操作相当于一个连接操作，为每个节点都找到其后继节点，因为要根据指向的节点确定哪些节点的排名需要进行更新；第二个操作是更新每个节点的排名，因为涉及迭代，所以还需要一个额外的操作进行不动点检测。

用 MapReduce 实现 PageRank，需要为上述每一个操作设计一次 MapReduce。第一次 MapReduce 用于计算连接和单个节点的排名。第二次 MapReduce 对所有接收到的排名做聚集，从中生成每个节点新的排名值。接下来进行不动点计算，判断算法是不是收敛，如果收敛就结束，如果没有收敛就接着进行上述过程的计算。不动点计算是判定结果是否发生变化，也需要一轮 MapReduce。

下面我们看看上述过程存在什么问题。

实际上，在计算过程中每个节点和它的邻居之间的关系在整个循环过程中都不发生变化，这就意味着链接表 L 是循环不变的。但如果用 MapReduce 当前的处理形式，那么每轮都需要重新载入 L，这就造成了 I/O 的浪费。这是第一个问题。因为每次迭代都对应三轮 MapReduce，所以每次迭代不仅要重新载入 L，还需要重排 L，这就引出了额外的 I/O 和额外的计算代价。这是第二个问题。每次迭代中不动点计算作为单独的一轮 MapReduce 任务执行，这就造成了很多资源的浪费，既多用了计算时间，又多用了磁盘。这是第三个问题。

2. 传递闭包计算

看一个传递闭包的例子，找到所有和 Eric 有关系的人，即在社交网络所对应的图中找到 Eric 可以达到的节点。先找到有一朋友的表点，再找到有一朋友表跳的朋友，相当于 Eric 直接的朋友，是 Elisa。接着，找到和 Elisa 有一跳的朋友，相当于到 Eric 有两跳的朋友。那 Eric 的闭包朋友相当于朋友样依次找新朋友，直到不能再扩大，生成最终的朋友集合，这个就是传递闭包。

计算传递闭包问题需要的 MapReduce 过程如下。先对起始点的朋友和原始的朋友关系表做连接，生成起始点的两跳朋友（a 和 b 是朋友，b 和 c 是朋友，那么 a 和 c 是两跳朋友），这步操作的结果是两跳朋友表。然后，两跳的朋友表再和原来的表做连接。若 a 和 c 是两跳朋友，c 和 d 是直接朋友，则 a 和 d 是三跳的朋友关系。以此类推，做到朋友不再增加为止。从上面的叙述可以看出，连接的目的是把 n 跳的朋友和朋友表进行连接，生成 n+1 跳的朋友集合。

接下来相当于再找 Tom、Harry 的朋友，这连接之后要做一个去重操作，这是因为通过 n+1 次连接加入的朋友，有些已经作为朋友被加入了。例如，第 n 次连接之后已经有了三个朋友，但这三个朋友实际上在 n 跳以前都已经加入了。在这种情况下，第 72—1 跳闭包已经计算出了结果，通过去重操作查看是否确实有新元素加入。如果有新元素加入，那么需要接着进行连接；如果没有新元素加入，那么这个过程就完成了。

从上述过程可知，这是一个迭代的过程，每一轮需要两组 MapReduce。下面通过计算过程观察哪里可能有性能改进的空间。考虑朋友关系表，实际上每一轮都需要这张表，它是循环不变量。用 MapReduce 处理，这个循环不变量每一次都要加载和重排，这个过程实际上是浪费的，需要对其进行优化。

3.k-means 算法

下面考虑第三个例子，k-means 算法。这是一个非常经典的聚类算法。先选取若干顶点作为聚类的中心点，每一轮都重新算出每组聚类的中心点，然后把这些顶点按照中心点进行聚类，相当于每个非中心点的顶点聚到跟它最近的中心点的类。下一次再根据更新的中心点重算一遍，然后把所有的顶点重聚类一次，依次进行操作，终止条件是中心点变化小于阈值。每轮迭代需要一次 MapReduce。

上述过程是否存在浪费呢？如果在计算过程中顶点集合 P 是一个不变量，在计算过程中，每一轮都要循环地载入 P，这实际上就造成了浪费。

（二）MapReduce 处理平台的优化

既然 MapReduce 不动点可以处理所有的递归查询，那是不是可以让 MapReduce 从循环角度达到最优，从而设计递归语言的可扩展的实现。即针对 MapReduce 处理平台在处理循环时存在的一些问题，通过增加一些功能来最小化地扩展系统，为递归语言提供有效的普通运行平台。

下面讨论的方案通过缓存来避免 MapReduce 处理过程中的浪费，从而优化 MapReduce 处理系统。这种优化仅是在系统中增加了一个小的组件，仍然保留了系统的其他特性。

缓存系统中可以增加三类缓存：在 Reducer 之前加入输入缓存，在 Reducer 之后加入输出缓存，在 Mapper 之前加入输入缓存。通过缓存避免每轮 MapReduce 对循环不变数据的载入和重排。

下面分别讨论三个缓存在 MapReduce 计算过程中起的作用。

1.RI: Reducer 输入缓存

如果指定了一个中间表是循环不变的，则可以启用 Reducer 输入缓存，也就是在 Reducer 上创建用于缓存数据的本地索引。

注意：Reducer 输入缓存设置在每个 reduce 函数调用之前，缓存中元组通过输入 key 分组和排序。设置这个缓存的目的是不需要 map/shuffle 函数重复处理循环不变的数据，也就是说不需要每次都对这些每一轮没有差别的数据进行 map/shuffle。

在启用 Reducer 输入缓存以后，第一次 Mapper 的输入被缓存在相应 Mapper 的本地磁盘，未来 Reducer 可以直接调用。在 reduce 函数中如果需要与某个 key 相关的输入，可以通过搜索本地缓存来读取。

使用这类缓存的条件有两个：第一，每个 Mapper 对每轮迭代有固定的输出；第二，Mapper 的输出每一轮需要有静态划分的方法。相当于每一轮对每个 Reducer 的输入都一样，才能用这个输入缓存，否则缓存的数据也不能为 Reducer 所用了。

下面来看一下对上述几个例子 Reducer 输入缓存能起什么作用。对于 PageRank 问题，RI 避免每一轮重排网络；对于传递闭包问题，RI 可以用于避免每一轮对图进行重分布；对于 k-means，由于 k-means 每轮 Reducer 的输入不同，因而 RI 对 k-means 没有帮助。

2.RO: Reducer 输出缓存

Reducer 输出缓存提供的功能是分布式访问和使用前轮的输出结果。它用在对不动点求值的步骤上。这个方法需要通过迭代划分的数据是常量，而且要求 Reducer 的输出键在功能上决定 Reducer 的输入键，这样才能够达到缓存下来的 Reducer 输出的数据和 Reducer 新输出的数据进行比较加速的目的。

下面看一下输出缓存起的作用。输出缓存实际上可以用于分布式的不动点求值。因为以前的输出缓存了下来，所以就可以在每一轮直接检查不动点了。因此，对于 PageRank，就允许在 Reducer 中进行分布式不动点判定，从而排除额外一轮的 MapReduce 工作。而传递闭包和 k-means 问题，由于不存在分布式不动点检测，RO 没有实际的帮助。

3.MI: Mapper 输入缓存

Mapper 输入缓存的功能是缓存 Mapper 所需要的数据，从而避免访问非局部数据。MI 使用的条件是 Mapper 输入不发生改变，相当于避免在 Mapper 部分读入和重排数据。在第一轮迭代中，如果一个 Mapper 读取了非本地的数据块，则将其缓存到本地磁盘，在后面的迭代中，无论从 HDFS 还是从本地文件系统，所有 Mapper 都只读取本地磁盘上的数据。

因此，对 PageRank 和传递闭包问题，使用 Mapper 输入缓存和使用 Reducer 输入缓存的功能是类似的。对于 k-means 而言，在第一轮以后的迭代使用 MI 可以避免读入非局部数据，相当于每个点读入局部数据就可以，而读过的数据不需要在每次迭代时反复读入。

Hadoop 经过修改的版本称作 Haloop，其中主要的框架还是传统 MapReduce 框架 Hadoop，仅三个白框是新加的，分别是缓存、索引以及控制循环的模块。

在 Haloop 框架中，只有少数情况下高速缓存必须重新构造：主控节点发生故障；主控节点出现满载，一个 map 或 reduce 任务必须安排在不同的替代节点。Reducer 通过从第一次迭代中 Mapper 的输出复制所需的分区来重建 Reducer 输入缓存。为了重新载入 Mapper 输入缓存或 Reducer 输出缓存，Mapper/Reducer 只需要从分布式文件系统读取相应的数据块，在其中已经存储了缓存数据的副本。对于用户程序，缓存重新加载是完全透明的。

Haloop 基于框架编程，主要是与任务相关的一些编程，包括声明输入变量、定义循环体（这个循环体以轮数为参数）、设置不动点的停止条件以及启动缓存。

二、基于图处理平台的并行算法

许多实际计算机问题涉及大型图，包括对 Web 数据建模的图、论文引用关系建模的图、网络建模的图以及社交网络建模的图。这些图规模都非常大，如 Web 网络上的节点可能数以亿计。关于图算法有很多，如 Google 的 PageRank、寻找两点间最短路径、寻找连通分量以及聚类等。

MapReduce 处理图算法的问题：设计适用于大规模图的算法很自然的一个想法是设计并行图算法。MapReduce 虽然是一个常用的并行框架，但是不是适合图算法呢？用 MapReduce 并行处理大图问题往往需要多次迭代，而 MapReduce 的迭代将影响整体性能。迭代模型的 MapReduce 图计算，输入需要经过一系列的迭代才能计算结果，其中迭代中的一系列计算步骤对应一个超步（superstep），迭代进行到不再变化为止，这样的方法效率不高。考虑到大图的高效处理，从顶点的角度思考问题，把自己想象成一个顶点，考虑每一个步骤该顶点应当从事何种计算以及和其他节点如何通信。这就是 BSP 模型（整体同步并行计算模型），具体到图计算上，称为“并行节点计算”。

（一）并行节点计算

1. 并行节点计算的模型

在上述“并行节点计算”模型中，输入是一个有向图，该有向图的每一个顶点都有一个顶点 ID。每一个顶点都有一些属性，这些属性可以修改，其初始值由用户定义。每一条有向边都和其源顶点关联，并且拥有一些用户定义的属性和值，同时记录了其目的顶点的 ID。

一个典型的计算过程如下：读取输入，初始化该图，当图初始化好之后，运行一系列的超步，每一次超步都从全局的角度独立运行，直到整个计算结束，输出结果。

在每一次超步中，顶点的计算都是并行的，每一次执行用户定义的同一个函数。每个顶点可以修改其自身的状态信息或以它为起点的出边的信息，从前序超步中接收消息，并传送给其后续超步，或者修改整个图的拓扑结构。

算法是否能够结束取决于是否所有的顶点都已经“vote”标识其自身达到“halt”状态。初始状态下，所有顶点都会置于活跃状态，在每一个超步中，在当前每一个活跃顶点中执行相应的计算。顶点通过将其自身的状态设置成“halt”来表示它已经不再活跃。这表示该顶点无须进行进一步的计算，除非被额外触发其他运算；系统将不会在接下来的超步中计算该顶点，除非该顶点收到一个其他超步传送的消息。如果顶点接收到消息，该消息将该顶点重新置为活跃。整个计算在所有顶点都达到“不活跃”状态，并且没有消息传送的时候宣告结束。

顶点计算状态算法的终止条件是所有顶点变为“不活跃”状态，而且在系统中没有信息传递。

2. 并行节点计算的实现

下面以 Pregel 系统为例讨论并行节点计算的实现方法，在其他平台上编程，方法是类似的。

并行节点计算需要 C++API。基于此 API 进行编程，相当于基于 vertex 类定义顶点，然后重载 vertex 类中的 compute 函数和 send 消息函数。每一轮的计算根据输入的消息进行，返回输出的消息，相当于根据算法设计 compute 和 send 的输入。实际上，基于这个模型可以实现很多图上的算法，如最短路径等。

基于这个框架实现图上的计算非常容易，如实现 PageRank 就只需要重载 compute 函数，其代码如下：

```
void compute（Message
Iterator* msgs）{ if
 （superstep（ ）> = 1）
{ double sum= 0;
        for（; ! msgs-> Done（ );msgs-> Next（ )）sum+=
        msgs-> Value（ ）;
        * MutableValue（ ）= 0. 15/NumVertices（ ）+ 0.85 * sum;// 对每一条消息
    ）
    if（superstep（ ）< 30）{          // 迭代次数控制，如果次数达到了则停止
        const int64 n= GetOutEdgelterator（ ）. size（ ）;
        SendMsgToAllNeighbors（GetValue（ ）/n）;
    }
    else {
VoteToHalt（ ）;
```

在每一轮中，每个节点 w 根据接收到的信息更新其 PageRank 信息（MutableValue（)），接下来使用 Send Msg To AU Neighbors（ ）向这个节点的所有邻居发送消息，在此消息中包含了顶点 t；的 PageRank 对其邻居的影响。如果轮数大于 30, 则停止该节点的计算。

Pregel 系统一般使用 master/worker 进程。master 的作用是维护 worker，恢复 worker 产生的错误，提供 Web-UI 监督工作进程工具。worker 一般是处理自己的任务，并与其他 worker 交流。这个系统中持久化的数据以文件的形式存储在分布式存储空间系统（如 GFS、BigTable）中，临时数据存储在磁盘中。

Pregel 系统中通常有多个程序的副本在服务器集群中执行，master 负责划分输入并为每一个 worker 提供输入，每一个 worker 负载多个顶点，master 命令 worker 执行超步，每个 worker 循环通过已标记的顶点，计算每个顶点信息，该信息是异步传输，但都在超步结束前传送。重复以上步骤，直到没有已标记的顶点或信息传输。需要注意的是，超步结束前信息要传送完毕。程序运行停止后，master 会命令每一个 worker 保存图的部分信息。

3. 并行节点计算模型与 MapReduce 的不同之处

并行节点计算模型与 MapReduce 的不同之处是图算法可以被写成一系列的 MapReduce 调用。但是，MapReduce 在每一个阶段都需要一个图的全部状态，因此优化这个计算过程需要整合 MapReduce 链。

基于并行节点计算的算法在执行计算的机器上维护参与计算的顶点和边的信息，用网状结构传输信息。这是它们两个最本质的不同之处，一个相对于局部，另一个相对于全局。

（二）并行节点计算的平台

支持并行节点计算的平台有很多，尽管这些系统的实现各有不同的巧妙，适用的软硬件环境也不同，但在上面设计算法的基本思想是一样的，提供给用户的接口是类似的，也就是说底层不一样，接口是一样的。基于这些系统设计程序的思想也是一样的。

1. Pregel

Pregel 是 Google 开发的并行大图计算框架，是比较早支持并行节点计算模型的框架之一。Pregel 是面向集群架构而设计的，每一个集群都包含上千台机器，这些机器分列在许多机架上，机架之间有非常高的内部通信带宽。集群之间是内部互联的，但地理上是分布式的。

应用程序通常在一个集群管理系统上执行，该管理系统会通过调度作业优化集群资源的使用率，为此有时候可能会终止作业或将作业移到其他机器上。系统中提供了一个名字服务系统，所以各任务间可以通过逻辑名称来标识自己运行在哪台机器上。

Pregel 库将一张图分解成许多分块，每一个分块包含一些顶点和以这些顶点为起点的边。将一个顶点分配到哪个分块取决于顶点 ID，这也表明即使在别的机器上，也可以通过顶点 ID 知道该顶点属于哪个分块，甚至在顶点尚不存在时就可以知道其所属的分块。默认的分块函数通过“顶点 IDmod*N*”产生，*N* 为所有分块总数，但是这个分块函数用户可以覆盖。

在 Pregel 系统中，将一个顶点分配给哪个 worker 机器对分布式不透明，在一些情况下，需要用户自定义顶点分配函数。有些应用程序能很好地支持默认的分配策略，但是定义用户自定义的分配函数可以减少由分配策略带来的开销。例如，一种典型的启发式 Web 图分布算法就可以将来自同一个站点的网页顶点的数据分配到同一台计算节点上进行计算。

在不考虑出错的情况下，一个 Pregel 程序的执行过程可以分为如下步骤：

（1）用户定义的程序分别在集群中的某些计算节点上开始执行，其中有一个程序会作为 master。这时候分配图本身的任何一个部分都还没有到计算节点上运算，而只是做计算节点活动之间的协同。计算节点利用集群管理系统中提供的名字服务来定位 master 进程运行在哪台计算节点上，并发送注册信息到这个 master 进程中。

（2）master 进程决定了把这个图分解成多少个分块，并分配图的一个或多个分块到计算节点上进行运算。一个计算节点上有多个分块的情况下，可以提高分块间的并行度，从而提供更好的负载平衡，提高执行效率。每一个计算节点都需要维护在其上的图的那一部分的状态，对该部分中的顶点执行 compute（ ）函数，并管理从其他机器上传过来的消息。每一个计算节点都知道该图的计算在所有计算节点中的分布。

（3）master 进程将用户输入中的一部分分配到集群的计算节点中，这些输入被看作一系列的记录，每一条记录都包含一些顶点和边。对输入的分割和图无关，通常都是基于输入文件进行分割。如果一个计算节点加载的顶点刚好是这个计算节点所分配到的图的分块，那么对图结构的修改就会立刻生效。否则，该计算节点就会将需要发送到属于其分块但在其他机器上运行的顶点的消息写入队列，并发送消息。当所有的输入都被加载完成后，所有的顶点就都已经处于活跃状态，等待执行 compute（ ）了。

（4）master 给每个计算节点发指令，让其运行一个超步，计算节点轮询在其之上的顶点，每个分块会启动线程来做轮询。计算节点调用每个活跃顶点的 compute（ ）函数，接收从上一次超步来的消息。消息被异步发送，这是为了使计算和通信变得并行化，但是消息的发送会在每一次超步结束前完成。当一个计算节点完成了其所有的计算后，会告诉 master 当前该计算节点上在下一次超步中还有多少活跃节点。只要有顶点处在活跃状态，或者有消息在传输，这个过程就会不断重复。

（5）当所有的顶点都处于停止状态，master 给所有的计算节点发指令，让计算节点保存那一部分的计算结果。

2. Pregelix

Pregelix 是 UCI 基于其并行计算平台 Hyracks 所开发的并行图计算系统，该系统的接口和 Pregel 类似，但是采取了不同的底层实现。该系统对 Pregel 和 Giraph（Hadoop 上实现的 pregel 系统）进行了一系列改进，包括利用成熟的数据库存储管理系统和查询处理技术，以更好地支持基于外存的工作，更好地利用数据、算法以及硬件特性优化一个特定的 Pregel 程序，利用更多现有的并发数据平台简化类 Pregel 系统的实现。

虽然提供了类似的编程接口，但从底层来看，与现有的其他系统相比，Pregelix 更加像数据库。Pregelix 系统在底层将信息和节点看作数据元组，并将节点间的信息传递建模为连接操作。在 Pregelix 系统中，逻辑计划的执行是并发的。一个或多个实现了逻辑计划的物理计划的克隆将会发往 worker 机执行。每个克隆将会执行一个单独的数据分片。

为了加速计算，Pregelix 系统采取 B 树索引和 LSM B 树索引两种结构存储“worker”节点上的图的 Vertex 分片。两种索引方式的选择是依赖工作负载的，而且用户可以自己选择。为了支持基于外存的工作，B 树和 LSM B 树都采用了缓存技术，分页将会利用标准的替换机制（如 LRU）在必要时写回闪存。

3. Trinity Graph Engine

Trinity Graph Engine 是由微软亚洲研究院开发的一个基于内存的分布式大规模图数据处理引擎。通过优化的内存管理和通用的分布式计算引擎，Trinity 支持图的实时数据访问以及高效并行计算。

通过一个声明性的数据和通信建模语言 TSL（Trinity Specification Language）建模不同类型的图数据以及各种不同类型的分布式计算模式，Trinity 可以灵活地应对不同的图数据和各种各样的图计算处理需求。

Trinity 以分布式内存云作为数据存储系统，其内存管理系统能高效地处理海量内存对象。Trinity 系统创建基于键值的存储，该系统以键值对作为系统最基本的数据结构。在系统中，每个 key 都是一个全局唯一的 64 位标志符，value 是任意长度的二进制数据块。为了高效查找键值对，Trinity 使用一个分布式散列机制。为了定位一个给定 key 对应的 value，系统先定位到存储键值对的机器，然后定位键值对的具体内存地址。通过这种散列机制，系统提供了一个全局可寻址内存空间。另外，每个键值对与一个细粒度的自旋锁相关联，该锁用于并发控制以保证多个线程可以安全地访问同一个键值对。

Trinity 系统包括多个组件，通过网络进行通信。可以根据各组件的分工将它们分成服务器、代理服务器和客户端三种类型。服务器在系统中扮演两个角色：存储图数据和对数据进行计算。计算通常涉及从系统其他组件发送消息和接收消息。具体来说，每个服务器存储从其他服务器、代理服务器和客户端接收到的消息。代理服务器只处理消息，并不拥有任何数据，它通常作为服务器和客户端之间的一个中间层。例如，一个代理服务器可以作为一个计算的分发和聚合单元：在把从服务器返回的计算结果聚合后，返回结果给客户端。代理服务器是可选的，也就是说，Trinity 系统并不总是需要一个代理服务器。客户端负责让用户与 Trinity 集群交互，这是 Trinity 系统和终端用户的用户界面层。Trinity 客户端是与 Trinity 库连接的应用程序，它通过 Trinity 库提供的接口与服务器、代理服务器联系。

（三）基于并行节点计算的单源最短路径算法的设计与实现

下面介绍基于并行节点计算的单源最短路径算法的设计和实现。该算法利用并行广度优先搜索的思想设计。

1. 单源最短路径算法的设计

在这个算法中，每个节点不需要关心该分配到哪个机器上处理，这是平台负责的，因此不需要算法设计者考虑。设计者只需关注每一轮每一个节点怎样变化，每一轮每一个节点该给哪些节点传送信息。

该算法根据单源最短路径 Dijkstra 算法的思想设计。顶点上“I；”的权重表示当前这个节点到源的最短路径长度。初始时所有节点都活跃，每个顶点 r 向其每一个邻居 u 发送消息“z;”)，其中 <i（w，z）是 M 到边的权重，“I；”接收到消息 m 之后，则用 m 替换并继续向“X；”的邻居发送信息，否则转换到 halt 状态，不再发送信息。根据 Dijkstra 算法的计算过程，每一轮都有一个点停止计算，以此类推，直到所有节点都转换到 halt 状态，整个算法停止。

2. 单源最短路径算法的实现

根据上文讲的不动点类，这个单源最短路径算法需要从 vertex 基类派生出一个用来专门处理单源最短路径的类，派生时重载了 compute 函数，它根据接收的消息进行一系列的计算，把生成的结果通过 join 操作连接起来。

第四节　众包算法

一、众包概述

（一）什么是众包

了解众包可以从外包说起。外包是将任务发给其他人并由其完成，而非由发布任务的人完成。在外包中，雇员是已知的，众包则是把任务包给一大群不固定的、数量很大的参与者。

众包是把开源的思想应用于软件之外，交给用户的不是一些程序开发任务，往往是人能做得很好、计算机做得不够好的任务。最成功的应用之一就是维基百科以及百度百科，有大量的用户贡献自己的知识，从而形成了一个非常大且质量相当高的知识库，从这里就可以看到众包的力量。

众包的定义是协调一个群体来做微工作，从而解决软件或者单个人难以解决的问题。这里的“群体”是指互联网上的一大群人，“微工作”是指比较小的工作。每个人做一点贡献，把群体的贡献凑到一起完成一个大的使命。

众包涉及很多问题，最核心的问题是需要通过一系列指导协调群体的行为，从而完成目标。一大群人的行为是难以控制的，特别是想让一大群人完成一个共同的目标，更是一个难以解决的问题，如何达到这个目标需要一系列机制和方法。

当然，众包的概念比较宽泛，如维基百科是众包；过去有个利用公众计算机资源通过屏幕保护程序寻找外星人的任务，从某种意义上来说这也算是众包。

此外，还有个概念叫人本计算。众包和人本计算既有交集又有不同。人本计算中给每个人的任务既可以是大任务也可以是微任务，众包的任务则是微任务，而且众包包给的往往是提出任务的人所不知道的众多工人。众包在很大程度上利用了人本计算，但不等于人本计算。

（二）众包的应用

众包在工业界获得了广泛的关注，很多公司都使用众包做着各种各样的事情。

1. 验证码

众包的一个经典例子是验证码。很多网站用验证码区分访问网站的是人还是程序，可以让人来帮助进行文本识别。因为对文本来说，特别是一些古书上面的英文，其字体往往很特殊，用计算机进行文字识别很困难，由人识别则容易得到正确的结果。其处理思想是将文本识别任务藏在验证码中，验证码分为两个部分（有时两部分的字体是不一样的）：一部分是真的验证码；另一部分是用于文本识别的众包任务。当用户输入验证码时，就将文本识别的任务一起完成了。

2. 机器翻译

众包的另一个实例是机器翻译。机器翻译是人工智能中一个比较难的问题，用人工进行翻译比较慢，而且成本很高。但和机器相比，人工翻译的优点很明显，如果翻译的语言是母语，专家和非专家得到的结果的相似度是很高的；对翻译结果质量的评估，专家和非专家的观点也相差很小。因此，可以把机器翻译的任务众包出去，让人和机器配合完成翻译任务。

3. 图像搜索

图像搜索和图像识别对计算机来说是很难的任务，而人做这样的事情就比较容易。比如，识别一幅图片是不是颐和园，如果由计算机识别会很难，因为颐和园中的风景很多，但是对去过颐和园的人来说就不太难。因此，可以通过众包完成图像搜索中的标注任务，从而达到提高图像识别精确程度的目的。

4. 人脸识别

由人识别人脸一般来说非常容易，但如果让计算机做这样的任务，就变得很困难。尽管现在人脸识别技术已经非常先进，但很多情况下仍然不是那么容易。例如，对于同一个人年轻时和年老时的照片，因为年龄的差别，加上光线不一样、拍摄角度不一样，这种自动识别往往难度很大。但是，如果用众包平台让人完成这个任务就容易许多。

5. 图片分类

图片分类区分图片描述的内容，其通常根据分类树进行判断。让计算机识别图中描述的汽车，能准确识别出这是一辆汽车就已经很好了，至于识别车的牌子和型号等信息则很困难。但如果由人识别就变得很容易，特别是对车迷来说，他可能仅看到图片就能知道车的牌子、型号等。

计算机不具备关于这些特征的知识，但人具有相关知识，捕捉这些特征就很容易。因此，对于这样一幅图片可以建立一个众包任务。先确定这个图片是否为交通工具，如果是，则再确定是否为轿车，然后确定车的品牌，接下来依次确定型号等属性。这样就可以对车的各种信息进行准确识别。

6. 广告

广告也可以众包。例如，给一组关键词和一些相关的广告，用一些技术判断这些广告关键词和广告是否相关以及相关程度，可以由人确定关键词和广告的相关程度，从而增大它们的匹配程度。

7. 识别风格相似的画

随着计算机视觉技术的发展，识别两幅画颜色分布是否一致、描述的内容是否一致等比较容易，但要让计算机判断在艺术风格上是否一致，还是相当难的一件事情。人做出这种判断则相对比较容易，如果不是面对刻意模仿的作品，人可以很容易地判断两幅画的风格是否一样，因为画家都有明显的风格特征。例如，两幅凡·高的作品尽管题材、颜色等特征完全不相同，但人很容易看出都是凡·高的画作，而让计算机识别这些画作的特征是很困难的任务，因而这个任务适合人来完成。

8. 数据库中的众包

在数据库中也可使用众包。数据库中经常有这样一个现象：同一个人有不同的名字。在进行连接的时候，同一个人应该连接到一起，否则就可能出错，如在人员信息表和工资表中同一个人出现不同名字，如果基于人的名字对这两个表进行连接，就会漏掉一些人的工资信息。如果按照数据库正常的连接操作，一个人的名字按照相等或者相似可能连不到一起。为了实现有效的连接，需要识别同一个人的不同名字。

对于人来说，这种识别比较简单；对于计算机来说，这种识别相对困难，这个问题叫作“实体识别”。例如，识别“H.Z.Wang”和“王宏志”是否描述的是同一个人，如果由计算机判断就很困难，如果让人判断则很容易。因为人可以通过多种途径进行判断，如看其他字段的一些信息，包括发表的论文、所在学校、E-mail 地址等。

因此，可以发挥众包的作用，进行基于众包的实体识别。CrowdDB 系统就是把众包技术结合到数据库中开发的一个系统。

二、众包的要素和关键技术

（一）众包的流程

先有一个请求者，请求者负责提出任务，接下来由工人完成任务，这里的“工人”是指做任务的人。

在请求者提交任务和工人完成任务之间有一个负责任务管理的平台。请求者向平台提交任务，平台把任务发布出去，工人则在平台上查找自己感兴趣的任务，完成任务以后把答案返回，由平台把答案收集起来返回给请求者。这个平台从表面上看可能就是一个发布、接收和返回任务的过程。但实际上平台做的任务很多，包括把合适的任务分配给合适的人、对返回结果进行质量控制等。这些工人不一定都是“好人”：有的人确实在认真完成任务；有些人是恶意地破坏平台，经常给一些错误答案；还有一些人不知道答案，却想获得报酬而随便给一些答案。如何通过平台来提高质量是很重要的问题；如何把多个用户的答案综合成一个，将高质量的答案返回给请求者，也是平台的一个重要任务。

众包里的任务单位叫作 HIT，本书把它称为智能任务。这是一个基本的众包单位，它是指工人完成的一个任务中的一次回答。例如，判断两个图像是否一样，工人给出是或否的回答，这就是一个 HIT。请求者通过 Web 服务的 API（应用程序编程接口）创建任务，工人登录网站完成任务，最后由请求者评价任务完成提交 HIT 拒绝或批准的质量，完成对这些 HIT 结果的打分，分数越高，代表对这些 HIT 的满意度越高。目前，有数以万计的来自上百个国家的工人完成了数以百万计的 HIT 任务，而且这个数字每天都在增加。

从 HIT 的角度来看，请求者和工人之间有这样一个关系：请求者负责建立任务、测试任务、发布智能任务；工人则查找自己感兴趣的任务，然后接受并完成这些任务，最后提交，由请求者确定这些任务的结果是批准还是拒绝。

（二）众包的报酬

工人完成这些众包任务是有回报的。回报的种类也很多，最典型的就是金钱，即在众包平台上完成任务可以赚钱。当然，也可以是其他一些精神上的回报。例如，觉得完成任务很有趣，或者手机上恰好装着众包平台，在无聊的时候通过完成任务打发时间。有些人通过众包进行社交，他们觉得很多人一起做同一件事非常有趣。还有些人是为了赚取好评，他们完成任务就是为了让别人觉得自己在某方面很厉害。基于这种思想的众包平台，一个典型的例子就是百度知道。在百度知道中，回答提问可以有报酬，但是即使没有报酬也会有人来做，这是因为在上面可以获得其他人对自己的尊重。如果众包设计得比较巧妙，还可以完成一个不得不做任务的副产品，如验证码的例子，其实就是输入验证码的一个副产品。还有创建自我服务的资源，体现了人人为我、我为人人的想法，如维基百科，实际上是由众多网友一起创建，同时为所有网友服务的资源。上述这些回报往往是一起起作用的，经常是几个回报一起来激励完成一个众包任务。

如果给的回报是金钱，这就涉及一个 HIT 值多少回报的问题。这其实是一个很微妙的平衡问题，太少了不吸引人，太多了又会吸引一些“垃圾发送者”——这些人就是为了挣钱，其实并不知道答案，而且付出太多钱往往会适得其反。那么，究竟该付多少钱才合理呢？这值得探讨。有一点是确定的，钱不一定能提高质量，但能增加参与者。

（三）众包中的关键技术

众包当中有很多问题需要解决。例如，如何选择众包平台，如果没有合适的众包平台，是否需要自主开发一个。众包中还有人机交互的问题，包括如何付款，如何设置激励机制，如何设计众包完成任务的界面，如何招聘挽留工人，等等。也有质量控制的问题，包括判断工人的有效性和可靠性，如何确认工人返回的结果是否正确，如何确定恶意破坏者和垃圾结果，如何对用户给的标签达成共识等，以及如何有效地管理任务和工人。另一个问题是可以把人脑当成 CPU，叫作 HPU，如何有效地结合人的处理单元和机器的处理单元，即 HPU 和 CPU，共同完成任务。下面讨论其中的几个问题。

1. 人机交互

在人机交互中获取用户输入是非常重要的，如果用户感觉回答界面不是很友好，那么完成的结果的质量也可能会不好。那么，如何确定用户界面是否合适呢？软件工程提供了一系列的方法，包括调查、快速原型法、可用性测试、认知走查等。这些都是提高工人完成任务时输入体验的方法。此外，还有工人选择任务时的人机交互问题。例如，用户检索的任务在三页以后，该任务被选择的概率就很低了。读者可能会有体会，在搜索引擎里搜索某个事物时，一般只会看前几页的搜索结果，太靠后的搜索结果不会被选择。所以，众包平台中可能出现这种状况：许多排序靠后的任务很长时间都不会完成。因此，如何把任务有效地展示和分配给合适的工人是一个重要的问题。

设计不良的任务发现界面会伤害平台中的每一位参与者。请求者的任务工人看不到，而工人又找不到相应的任务，如何设计良好的界面使他们能够匹配是一个需要解决的问题。读者可以到一些网站上观察其解决方法，有些方案类似购物中的匹配方法，在众包中，可以把任务看成商品，把工人看成买家。

2. 质量控制

工人回答的质量是极为重要的组成部分。如果回答质量高，显然有利于得到好的结果；如果回答质量低，则会影响结果的质量。需要注意的是，工人回答质量不高不一定是工人的责任，也有可能是请求者的责任。因为从请求者的角度看，是工人完成的任务的质量不好；但是从工人的角度来看，也许是请求者发布的任务很糟糕，如设置的问题工人无法明确回答。因此，应当把质量控制问题看成一个整体，而不是只将其视为工人的责任。

控制答案质量一个最简单的方法是通过支持率进行判断。例如，五个回答中，三个工人的回答是 A，另两个工人的回答是 B，那么就可以判断 A 是正确答案。在支持率判断的过程中，经常会发现有些工人的答案永远都是少数。发现了这些工人，就可以关注他们，他们可能是垃圾发送者，也有可能是这个问题的答案只有这些人可以回答。不论是哪种，通过多数人表决都可以发现。

另一个方法是增加准入过程，即增加工人的资格考试。但是资格考试是有代价的，也存在一些问题。例如，考试延缓了处理的过程，而且在一些情况下很难测出相关性。

从这个角度看，在 MOOC（大规模在线开放课程）上互评作业就是一个众包任务。在互评作业之前，往往先做一个小测验，测试参加任务的工人是否明白如何互评，这其实既是一种资格考试，又是一种质量控制的方法。实际上，一些 MOOC 平台提供了很好的资格考试的解决方案，创建一个和解决问题相关的问题，在互评作业之前，就可以了解互评作业的过程，而用户在开始评估之前就熟悉了整个过程，那么就能达到很好的作业互评效果。

资格测试的优点是利用好的工具控制质量，而且可以及时调整及格标准，设置任务需要的标准和决定由哪些工人完成。它的缺点是设计和实施需要额外的成本，而且可能会解雇工人，耽误完成时间，对于主观任务而言，测试也难以核实。因此，需要尝试创建一些和任务相关的问题，通过回答这些问题，让工人在开始任务之前熟悉任务。

无论通过资格考试还是投票，发现“坏的工人”该如何处理呢？资格考试中发现“坏的工人”可以不让他加入相应任务。如果发现工人还在完成任务，但他的结果不是很好，这时候该怎么办呢？有人认为结果好坏都应给工人报酬，也有人认为这样是在鼓励欺诈，损害了评级系统，所以不应该给他们报酬。一个可能的解决方法是，工人只要完成任务便得到基本的报酬，如果完成得好，就能再得到奖励，这比完全拒绝支付报酬的效果要好。另一种方法是，禁止“垃圾发送者”做未来的工作，这相当于先假设工人都是“好人”，但是如果发现“坏人”，这些“坏人”将失去未来的工作机会。

3. 任务分配

众包系统中的任务分配有两种方法：一种是推；另一种是拉。推方法是系统采取完全控制，指定任务分配给谁，相当于系统给工人分配任务；拉方法是系统提供一个平台，工人自己给自己分配任务。

如果采用推的方法，或者是在拉的时候为工人提供一些选项，这就涉及一个用户推荐的问题。当然，推荐也是一个比较大的问题，可能的方法有迭代推荐，捕捉用户兴趣，估计用户质量和工作要求的质量是否匹配。此外，需要做成本—质量上的权衡，质量越好的工人工资就应越高，完成任务的代价就越大。

三、众包算法应用分析

上文讲述了一些算法以外的话题，如众包的定义、用途和要素。读者可能会因此觉得众包算法很简单，只要有一个众包平台，将任务直接包出去，直接挑好结果给用户就可以。但众包算法其实并不简单，里面还有很多需要考虑的问题。首先，众包是要支付报酬的，设计的算法中最直接的一个优化目标就是付出最小的代价；其次，在设计众包算法时如何选出适用于众包的任务和合适的众包方式，让人们爱做众包出去的任务。

（一）实体识别的定义与问题

实体识别是指识别不同的名字是否指代现实中的同一实体。最典型的就是商品，如同样是一个 16 GB 有 WI-FI 的白色 iPad2，可能不同卖家对其的描述完全不一样。同样的实体，其描述方法也可能完全不一样。这种现象在中国的购物网站上同样存在，如在商品名称上加上“如假包赔”“货到付款”以及广告词等，词顺序也不完全一样。在现实中情况变得更复杂。如何识别两个名字是否描述的是同一个商品？如何把这些描述进行聚类，使同一个类的描述都是现实生活中的同一个实体？这是实体识别要解决的问题。

目前，一种方法是采用计算机实体识别技术，另一种方法是不使用计算机，而通过人进行判断。

机器实现的主要方法是基于相似性。先提出一个相似性函数，如基于 Jaccard 相似性。Jaccard 相似性用于衡量两个集合的相似性，定义为 $|A \cap B|/|A \cup B|$。那么，对于商品集合的例子，可以把每一个商品描述看成一个词的集合，这样，两个商品名是否描述同一商品的问题就转化成了两个集合 Jaccard 相似性大小的问题。如果相似性大于某个阈值，我们就能判定两个名字描述的是同一个商品；如果小于等于某个阈值，它们就可能描述的不是同一个商品。这里面就有一个问题，如何确定阈值？可以设计一个机器学习的方法（如 SVM 等），通过一些正例和反例学习阈值。另一种方式是由人判断两个名字描述的是否为同一个实体。一个比较典型的例子就是上文提到的 CrowdDB 系统。

人和机器的方式各有利弊。从人的角度看，众包平台上 HIT 的数量可能较大，对于实体识别来说，用众包的方法让人判断两个描述是否是现实中的同一个实体，那么这些描述可能以成对的方式交给工人判断，如果有 n 个物品，那么待判断描述对的数量级就是 $O(n^2)$。如果有 10 000 个物品，每次任务是 0.01 元，那么这些任务花的钱可能是百万元级别的。

当然，还可以基于簇分类判断，这种方式不是成对地判断，而是每次给工人一组物品，让他们判断这组物品的类别。可以选择前两个元组属于第一类，第三个商品属于第二类，最后一个属于第三类。如果每组任务有 k 个，任务的数量就是 n^2/k^2。如果 k=20，每个任务的价格是 0.01 元，所需要的代价就减少了，约需要 2 000 元。

人和机器的利弊都是显而易见的。机器的好处是价格低、速度快，人的好处则是给出的结果的质量相对来说比较高。因此，可以考虑是否存在把机器和人结合在一起的方式，让代价、时间、质量这三者达到较好的平衡，这就是一个理想结果了。

（二）基于众包的实体识别

下面就讨论这种结合人和机器的方法。机器可以很轻易地识别相差很多的对，如果两个物品的名字的相似性很小，则它们不大可能描述同一个实体。因此，在混合人机工作的流程中，先通过机器做一个相似性连接，去掉相似性小于 0.2 的对。

HIT 的生成有两个策略：基于对的方式和基于簇的方式。

基于对的方式可以生成界面。这种形式是给用户一些任务对，由用户判断每一对是否描述同一个实体。基于对的 HIT 的生成是比较容易的。在一个界面上依次列出需要判断的记录对就可以，如果一个界面中能放两个任务，那就把第一对和第二对带判断的记录放到一屏里，把第三对和第四对带判断的记录放到一屏里，剩下的记录对依次这样在界面中展示。

通过基于簇的方式，用户则要在一个簇里判断每个记录属于哪个实体。基于簇的方式存在以下问题：第一，用户界面大小是受限的。因为为用户提供的任务过多，用户就很难区分描述所对应的实体，完成的效果就差一些。第二，每簇中记录的相似性应该较高，这样才能让用户达到有效区分的目的。如果一簇中的记录完全不像，用户就难以完成任务。第三，不能丢掉结果，这指的是可能匹配的记录对一定要出现在某个簇中。如果这个可能匹配的对在任何一个簇中都没有出现，就漏掉了可能描述同一实体的两个名字，这样会造成结果的错误。

（三）基于簇方法的 HIT 生成算法

根据上述讨论，基于簇方法的 HIT 生成问题可以建模成如下形式：

给定一个记录对集合 P 和簇大小阈值 K，其中 P 包含所有候选匹配，基于簇的 HIT 生成问题的优化目标是生成最小数目基于簇的 HIT：H_1，H_2，…，H_h，满足以下两个约束：

（1）对于任何 $\in[1, A]$，$|H|\leqslant k$，其中$|H|$表示 H 中的记录数。

（2）对于任何（r_i，r_j），存在 H（$\in[1,h]$），使 $r_i\in H$ 和 $r_j\in H$。

这是一个针对众包的优化问题，下面讨论该问题的求解方法。

这个解法的思想是把这些可能匹配的点对建模成一个图。r_1 和 r_2 相似性大于某个阈值，则将 r_1 和 r_2 这两个点连一条边。这样，根据它们可能指代同一实体就构成一个图。图中的每个点代表一个名字，可能指向同一实体就存在一条边。因此，在这个图中，连通分量有两种：一种是小的连通分量，如 r_8 和 r_9，这样的分量单独作为一个簇给用户显得有些小；另一种是大的连通分量，需要将其划分成多个簇给用户。

这样，分簇问题就变成了图划分问题。相应地，在这个问题里可以把这个图划分成三个簇：r_1、r_2、r_7 是第一簇；r_3、r_4、r_5、r_6 是第二簇；r_2、r_3、r_8、r_9 是第三簇。在这些簇中，如果簇中的点对应地生成子图覆盖了所有的边，则称它是一个可行解。因为覆盖所有边就保证只要两个点 r_1 和 r_2 出现在 P 中，它们就至少在一个 HIT 里出现这个条件，所以覆盖所有边就是可行解。现在问题变成如何划分图里的点，使图里面的每一条边都被这些点所对应的生成子图所覆盖，而且既要保证每一个划分里的点数不大于 K，又要使总的划分数最小。可以证明这是一个 NP 难问题，可以把最小划分覆盖问题归约到这个问题。

针对这个问题，有一种“双层法”的解决方案。考虑到记录对应的点建成的图中连通分量是有大有小的，连通分量的点数如果小于 K 可以不考虑，如果大于 K，显然要把它们拆开，如果不拆开就无法放进一个 HIT 里。因此，第一步是把大的连通分量分成小块，在这一步用贪心策略，将关联度高的点尽可能地分到一簇，从而将大的连通分量划分成高度连接的小连通分量。

选择一个度最大的点。挑选度最大的点的原因是与它相连的点的数量多，因此可能包含的边更多。然后，把这个度最大的点放到簇里。下面对与它相连的点进行标注。标注分成两个部分：一个表示这个点和簇内的点连接的边数；另一个表示和簇外的点连接的边数。这就表明了这个点和这个簇的关联程度。每个点 v 对应的括号中的第一个数表示 v 和簇里面的点连接的边数，第二个数表示 v 和簇外面的点连接的边数。接下来，优先选择和簇里面连接度高的点。因为连接度越高，簇的内聚度就越高。如果连接度一样，则选和簇外连接度低的点。和簇外连接度低表示它和这个簇相对连接更紧密。

下面将划分后的若干小簇合并成规模不大于 K 的簇，使簇的总数最小。这是一个经典的一维空间的下料问题。这个问题有很多解法，采取的是一个分支界限的方法。最终分配到同一个簇里的这些簇组合成一个 HIT，返回给用户。

第五章　大数据架构与分析的实现工具

第一节　Hadoop 发展与局限

一、Hadoop 概述

Hadoop 是 Apache 软件基金会旗下的一个开源分布式计算平台。它的核心部分由 Hadoop 分布式文件系统 HDFS（Hadoop Distributed File System）和 MapReduce（Google MapReduce 的开源实现）组成，为用户提供了系统底层细节透明的分布式基础架构。其中，HDFS 的高容错性、高伸缩性、高可用性等优点允许用户将 Hadoop 部署在廉价的硬件上，形成分布式系统。MapReduce 分布式编程模型允许用户在不了解分布式系统底层细节的情况下开发并行应用程序。所以，用户可以利用 Hadoop 轻松地组织计算机资源，搭建自己的分布式计算平台，并且可以充分利用集群的计算和存储能力，完成海量数据的处理。

Hadoop 被公认是一套行业大数据标准开源软件，在分布式环境下提供了海量数据的处理能力。国内外很多大公司都在利用 Hadoop 处理公司业务，也有很多公司围绕 Hadoop 做工具开发、开源软件和技术服务。一方面，2013 年，大型 IT 公司，如 EMC、Microsoft、Intel、Teradata、Cisco 都明显增加了 Hadoop 方面的投入，Teradata 还公开展示了一个一体机；另一方面，创业型 Hadoop 公司层出不穷，如 Sqrrl、Wandisco、GridGain、InMobi 等，都推出了开源的或者商用的软件。

目前，很多公司开始提供基于 Hadoop 的商业软件、支持、服务以及培训。Cloudera 是一家为企业提供软件服务的公司，该公司在 2008 年开始提供基于 Hadoop 的软件和服务。Hortonworks 是由 Yahoo 和 Benchmark Capital 于 2011 年 7 月联合创建的一家企业管理软件公司，专注于 Apache Hadoop 的开发和支持，支持跨计算机集群分布式处理大型数据集，主要产品为 Hortonworks 数据平台（一款开源的基于 Apache Hadoop 的数据分析系统），该公司雇用了众多 Hadoop 项目的核心人员以提供相应的支持和培训。GoGrid 是一家云计算基础设施公司，2012 年该公司与 Cloudera 合作，加速了企业采纳基于 Hadoop 应用的步伐。Dataguise 公司是一家数据安全公司，2012 年该公司推出了一款针对 Hadoop 的数据保护和风险评估软件。

二、Hadoop 的发展简史

Hadoop 是 Doug Cutting 开发的使用广泛的文本搜索库。Hadoop 起源于 Apache Nutch 一个开源的网络搜索引擎，本身也是 Lucene 项目的一部分。Hadoop 这个名字不是一个缩写，它是一个虚构的名字。该项目的创建者 Doug Cutting 如此解释 Hadoop 的得名："这个名字是我孩子给一头吃饱了的棕黄色大象起的名字。我的命名标准就是简短，容易发音和拼写，没有太多的意义，并且不会被用于别处。小孩子是这方面的高手。Google 就是由小孩命名的。" Hadoop 及其子项目和后继模块所使用的名字往往也与其功能不相关，经常用一头大象和其他动物主题（如 Pig、Hive）。然而各个较小的组成部分的命名体现了更多的描述性，更通俗易懂，因为它意味着可以大致从其名字猜测其功能，如 JobTracker 的任务就是跟踪 MapReduce 作业。

从头开始构建一个网络搜索引擎是一个雄心勃勃的目标，不只是要编写一个复杂的、能够抓取和索引网站的软件，还需要面临没有专业运行团队支持运行它的挑战，因为它有那么多独立部件。同样昂贵的还有硬件设施：据 Mike Cafarella 和 Doug Cutting 估计，一个支持 10 亿页的索引需要价值约为 50 万美元的硬件投入，每月运行费用还需要 3 万美元。不过，他们相信这是一个有价值的目标，因为这会最终使搜索引擎算法普及化。

Nutch 项目开始于 2002 年，一个可工作的抓取工具和搜索系统很快浮出水面。但他们意识到，他们的架构将无法扩展到拥有数十亿网页的网络。2003 年发表的一篇描述 Google 分布式文件系统（Google File System，GFS）的论文为他们提供了及时的帮助，文中称 Google 正在使用此文件系统。GFS 或类似的文件系统可以满足他们在网络抓取和索引过程中产生的大量的文件存储需求。具体而言，GFS 会省掉管理所花的时间，如管理存储节点。2004 年，他们开始写一个开放源码的应用，即 Nutch 的分布式文件系统（NDFS）。

2004 年，Google 发表了论文，向全世界介绍了 MapReduce。2005 年初，Nutch 的开发者在 Nutch 上有了一个可工作的 MapReduce 应用，到年中，所有主要的 Nutch 算法被移植到 MapReduce 和 NDFS 上运行。

Nutch 中的 NDFS 和 MapReduce 实现的应用远不止在搜索领域，2006 年 2 月，它们从 Nutch 转移出来，成为一个独立的 Lucene 子项目，称为 Hadoop。大约在同一时间，Doug Cutting 加入雅虎（Yahoo），Yahoo 提供了一个专门的团队和资源将 Hadoop 发展成一个可在网络上运行的系统。2008 年 2 月，Yahoo 宣布其搜索引擎产品部署在一个拥有 1 万个内核的 Hadoop 集群上。

2008 年 1 月，Hadoop 已成为 Apache 顶级项目，证明它是成功的，是一个多样化、活跃的社区。通过这次机会，Hadoop 成功地被雅虎之外的很多公司应用，如 Last.ftn、Facebook 和《纽约时报》。

《纽约时报》使用亚马逊的 EC2 云计算将 4 TB 的报纸扫描文档压缩，转换为用于 Web 的 pdf 文件。这个过程历时不到 24 h，使用 100 台机器运行，如果不结合亚马逊的按小时付费的模式（允许《纽约时报》在很短的一段时间内访问大量机器）和 Hadoop 易于使用的并行程序设计模型，该项目很可能不会这么快开始启动。

2008 年 4 月，Hadoop 打破世界纪录，成为最快排序 1 TB 数据的系统。运行在一个 910 节点的群集，Hadoop 在 209 s 内排序了 1 TB 的数据（还不到 3.5 min），击败了前一年的 297 s 的冠军。同年 11 月，Google 在报告中声称，它的 MapReduce 实现 1 TB 数据的排序只用了 68 s。2009 年 5 月，有报道宣称 Yahoo 的团队使用 Hadoop 对 1 TB 的数据进行排序只花了 62 s。

三、Hadoop 的功能和作用

21 世纪，我们已经迈入了大数据时代，众所周知，现代社会的信息量增长速度极快，这些信息里又积累着大量的数据，其中包括个人数据和工业数据。Facebook 在 2012 年公开的一组数据显示，Facebook 系统每天要处理 25 亿条消息、500 TB 以上的数据，用户单击 Like 按钮的次数达到 27 亿次，上传 3 亿张照片，每半个小时扫描的数据大约为 105 TB。预计到 2020 年，每年产生的数字信息将会有超过 1/3 的内容驻留在云平台中或借助云平台处理。我们需要对这些数据进行分析和处理，以获取更多有价值的信息。那么我们如何高效地存储和管理这些数据，如何分析这些数据呢？ Hadoop 作为开源分布式大数据处理平台的价值在这个时候就体现出来了，它在处理这类问题时，采用了分布式存储方式，提高了读写速度，并扩大了存储容量。采用 MapReduce 来整合分布式文件系统上的数据，可保证分析和处理数据的高效。与此同时，Hadoop 还采用存储冗余数据的方式保证了数据的安全性。

Hadoop 中 HDFS 的高容错特性以及它是基于 Java 语言开发的，使 Hadoop 可以部署在低廉的计算机集群中，同时不限于某个操作系统。Hadoop 中 HDFS 的数据管理能力、MapReduce 处理任务时的高效率以及它的开源特性使其在同类的分布式系统中大放异彩，并在众多行业和科研领域中被广泛采用。

Hadoop 是一个能够让用户轻松架构和使用的分布式计算平台。用户可以轻松地在 Hadoop 上开发和运行处理海量数据的应用程序。它主要有以下几个优点。

（1）高可靠性：Hadoop 按位存储和处理数据的能力值得人们信赖。

（2）高扩展性：Hadoop 是在可用的计算机集簇间分配数据并完成计算任务的，这些集簇可以方便地扩展到数以千计的节点中。

（3）高效性：与生俱来的并行化处理方式使 Hadoop 能够在节点之间动态地移动数据，并保证各个节点的动态平衡，还能方便地扩展集群，增大机器规模，因此其处理速度非常快。

（4）高容错性：Hadoop 能够自动保存数据的多个副本，并且能够自动将失败的任务重新分配。

（5）低成本：组成 Hadoop 平台的机器都是廉价的服务器，甚至是个人电脑，成本非常低。

四、Hadoop 的分布式文件系统优化技术

（一）GlusterFS 连接 Hadoop 的存储接口实现

1. GlusterFS 的扩展机制 Translator

Translator 是 GlusterFS 提供的一种强大的功能扩展机制，这一设计思想借鉴了微内核操作系统。GlusterFS 中所有功能都通过 Translator 实现，运行时以动态库的方式进行加载。

GlusterFS 中主要有以下几种 Translator。

（1）Mount：采用 FUSE 接口实现。

（2）Encryption：数据加密的简单实现。

（3）Performance：read-ahead、io-threads、write-behind、stat-prefetch 等优化方式。

（4）Storage：文件系统采用 POSIX 标准接口。

（5）Mgmt：弹性卷管理。

（6）Debug：跟踪内部函数和系统调用。

（7）Cluster：存储集群分布方式，目前有 AFR、DHT、Stripe 三种。

（8）Features：访问控制、锁、配额、静默、只读等。

其中的 Cluster Translator 是 GlusterFS 集群存储的核心，它包含了 AFR、DHT 和 Stripe 三种数据卷配置类型。

AFR（预中报制）相当于 RAID 1，一份文件备份到多个不同的节点上以满足需要高度可用性的使用环境。AFR 的所有子卷都用同一个名字空间，在查找文件时从第一个节点开始搜索，直到找到该文件或者最后一个节点为止。AFR 会将任务调度到所有的节点来实现负载均衡，这样读数据时的性能很高。写数据时先给所有的文件加锁，默认第一个服务器为锁服务器，也可以指定多个锁服务器。接着 AFR 以日志事件的方式对所有服务器进行写操作，数据写入成功后删除日志并解锁。AFR 自动修复文件来保证数据的一致性，选择好的数据副本时采用的是修改日志文件的方式。

DHT（分布式哈希表）采用哈希算法分布数据，将名字空间分布在所有节点上，系统通过弹性哈希算法查找文件。DHT 在遍历文件目录时效率比较低，需要搜索所有的存储节点。同一文件只会被调度到唯一的存储节点，一旦文件被定位后，读写操作比较简单。DHT 不具备容错能力，高可用性的实现还需要借助 AFR。

Stripe 相当于 RAID 0，文件先被划分成固定长度的数据分片，然后以轮转方式存储在所有节点。Stripe 查找文件时需要询问所有节点，此时效率很低。读写数据时可以在多个节点之间并发执行，这时性能很高。Stripe 通常与 AFR 组合构成 RAID 10，同时获得高性能和高可用性，缺点是存储利用率低于 50%。

2. GlusterFS 连接 Hadoop 接口的设计实现

要实现 GlusterFS 和 Hadoop 的存储集成，让 GlusterFS 代替 HDFS 成为 Hadoop 云计算平台的底层分布式文件系统，需要利用 GlusterFS 的 Translator 来实现一个接口，这个接口称为 GtoH 接口，该接口可以实现 GlusterFS 与 Hadoop 的良好的连接，从而让 GlusterFS 成为 Hadoop 的分布式文件系统。

GtoH 接口设计实现流程：首先在 Hadoop 的源码中建立一个 org.apache.Hadoop.fs.glusterfs 的库，在该库中定义 glusterfs 类并实现方法；然后启动 GlusterFS 的 Translator，向 Hadoop 发送请求，拿到所需存储权限，使用 FUSE 方式挂载 GlusterFS 到 Hadoop 上。前面的准备工作做好后，定义并创建符合 GlusterFS 数据格式的数据流来传输数据。

FUSE 挂载部分实现程序代码：

```
public boolean FUSEMount (String volname, String
```

```
server, String mount)
    throws IOException, InterruptedException{
                boolean ret= true;
                int retV al= 0 ;
                Process p= null;
                String s= null;
                String mountCmd=null;
    mountCmd="mount  -glusterfs"+server+":"+"/"+volname+"
"+mount;
                try{
                     p=Runtime.getRuntime().exec(mountCmd);
                        retVal=p.waitFor();
                        if(retVal!=0)
                        ret=false;}
    catch (IOException e){
    System.out.println("Problem   mounting   FUSE    mount
on: "+mount);
    e.printStackTrace();
                System.exit(-1);}
                        returnret;
```

（二）基于 InfiniBand 的 RDMA 网络传输技术

1. InfiniBand 介绍

InfiniBand 是一种开放标准的高速网络互联技术，采用 InfiniBand 技术的产品成为目前主流的高性能计算机互联设备。InfiniBand 是一种新型的总线结构，它解决了服务器和存储系统的网络传输瓶颈问题，是一种将网络设备和存储设备连接在一起的交换式的 I/O 技术。目前采用 InfiniBand 技术的网卡单端口带宽最大为 20 Gbps，交换机单端口带宽最大为 60 Gbps，交换机芯片可以达到 480 Gbps 的带宽。

InfiniBand 的特点：

（1）高速度。第一代 DDR（双倍速率同步动态随机存储器）技术支持吞吐量为 5 Gbps、20 Gbps 或 60 Gbps，第二代 QDR（四倍数据倍率）技术，带宽最高可达 120 Gbps。

（2）远程直接内存存取功能。该功能可让一台服务器使用其他服务器的部分内存。

2. InfiniBand RDMA 与 GlusterFS 技术结合

InfiniBand 是一种新型的网络化的总线，它既具有很好的网络性能，又兼备总线的高带宽和低时延。对 RDMA 协议的支持使它可以高速地访问其他存储服务器上的数据，而这点是光纤和万兆网络无法做到的。

RDMA 是一种新型技术，网络中的计算机通过主存交换数据，而无须使用任何一台计算机的 CPU、高速缓存。RDMA 大大提高了吞吐量和性能，因为它释放了系统资源。RDMA 提高了数据传输率，实现了一个网卡的传送协议，该协议支持零次复制。零次复制是指直接从一台机器的主存读取数据，再直接写入另一台机器的主存中。RDMA 已经被证明在高速网络数据中心中是有用的。

GlusterFS 系统在设计时加入了对 InfiniBand RDMA 网络传输的支持，采用 GlusterFS 的客户端可以通过简单的命令直接使用 InfiniBand RDMA 方式高速、低延迟地传输数据。

GlusterFS 使用 RDMA 协议的方法是在操作系统上创建协议卷时使用语句“transportTcp.rdma”。

GlustreFS 创建 4 个使用 RDMA 协议卷的命令：

```
gluster volume create v1 replica 4 transport Tcp.rdma
219.246.5.131:/gfsdata1/219.246._5.8_5:/gfsdata2
gluster volume create v2 replica 4 transport Tcp.rdma
219.246.5.132:/gfsdata3/219.246._5.86:/gfsdata4
gluster volume create v3 replica 4 transport Tcp.rdma
219.246.5.133:/gfsdata5/219.246._5.87:/gfsdata6
gluster volume create v4 replica 4 transport Tcp.rdma
219.246.5.134:/gfsdata7/219.246._5.88:/gfsdata8
```

上面代码中的 IP（如 219.246.5.131 等）为创建的 GlusterFS 服务器 IP，可根据自身需要设置。

通过上面介绍的方法在创建的存储卷上就能实现 InfiniBand 使用 RDMA 协议

传输数据。采用 InfiniBand RDMA 技术传输相比 TCP/IP 技术，平均网络传输速率高出 2 ～ 5 倍。该技术对改进原始 Hadoop 平台中大量数据传输时网络带宽不足的缺点效果十分明显。

（三）自动优化的数据缓存算法（GAC）

1. 数据缓存算法

数据缓存就是将数据暂存于内存缓存区中的一种技术。缓存的方法有数据分块、数据预取、缓存替换等。缓存算法可以分为基于访问时间的算法、基于访问频率的算法以及访问时间与频率兼顾的算法等几种。

（1）基于访问时间的算法

此类算法按缓存项的被访问时间来组织缓存队列并决定替换对象，LRU(Least Recently Used，最近最少使用) 算法就是其中的一种。该算法维护一个缓存项队列，每个缓存项按最后被访问时间排序。缓存空间不够时丢掉最后一次被访问时间离现在最久的项，再将新项放入队列。

（2）基于访问频率的算法

此类算法根据缓存项的被访问频率来组织缓存队列，LFU (Least Frequently Used) 就是其中的一种算法。LRU 按照所有缓存块的被访问频率进行排序，当缓存空间满时把访问频率最低的一项替换掉。

（3）访问时间与频率兼顾的算法

此类算法大多通过一个可调节参数使缓存算法在访问时间与频率间取得一定平衡，这类缓存算法在数据访问模式发生变化时仍有较好性能，如 LRFU。

2. 数据预读算法分析

数据预读可以改善系统 I/O 的两项主要性能指标：一个是磁盘 I/O 延迟，异步预读将所需的数据提前准备就绪，这样就降低了程序访问时的磁盘 I/O 延迟；另一个是 I/O 吞吐量，因为较大的预读粒度可以提高磁盘的 I/O 吞吐量。

一个典型的磁盘 I/O 包含两个基本操作时间 T_a、T_d，分别是平均访问时间 (average access time) 和数据传输时间 (data transfer time)。其中，T_d 是硬盘的有效利用时间。记 R 为磁盘的持续数据传输率 (sustained transfer rate)，S 为 I/O 大小，则近似有 $T_d=S/R$，磁盘有效利用率 $U=T_d/(T_a+T_d)=S/(RT_d+S)$，I/O 吞吐量 $B=RU=RS/(T_a+S)$。显然，I/O 尺寸越大，数据传输时间所占的比重就越大，磁盘有效利用率也就越高。若取典型值 R=80 MB/s，T_a=8 ms，则可根据上述公式画出

T_a、T_d、U 三者与 S 的关系。

一般的应用程序使用较小的读缓冲区，如 4 kB、32 kB 等。在内存映射文件这一高效的 I/O 方式中，文件访问的粒度仅为一个页面（一般是 4 kB）。读 I/O 粒度比较小时会产生大量的磁盘寻道操作，降低了磁盘利用率。使用磁盘的最佳方式是大粒度的顺序访问。

在图 5-1 中，1 MB 的 I/O 的磁盘有效利用率是 4 kB 的 100 倍。预读可以将高层应用的小粒度读请求转化为底层设备的大粒度预读请求来提升系统的 I/O 吞吐量。

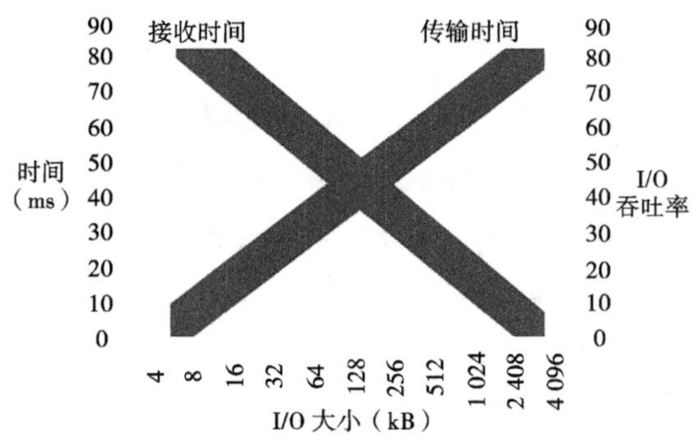

图 5-1　大的 I/O 粒度有助于提高磁盘的有效利用率

随着近年来科技的发展，预读算法有了新的需求和挑战。磁盘寻道的相对代价越来越大。磁盘的持续传输率有了极大的提高，但是访问延迟降低很少，主要是因为物理机械的设计限制很难再有改进，因此预读作为一种能有效减少寻道次数的技术越来越重要。还有一种思路是将避免寻道作为一个主要设计目标。传统预读算法的核心目标是保证高预读命中率，因此仅对严格的顺序读进行预读。以前计算机内存小、网络带宽低时这样做是合适的，但如今内存和带宽不再紧张的情况下预读不命中的代价大为降低。因此，需要采用更贪婪的预读策略对一些非严格的顺序读也进行预读。

3. GlusterFS 当前数据缓存算法 LRU/LFU

（1）LRU

LRU 没有考虑被访问频率等因素，在某些访问模式下无法获得理想命中率。比如，在视频点播存储系统中，数据一般都是顺序访问，数据访问过后一般不会被再次访问。所以，LRU 不适合在云视频存储系统中使用。

(2) LFU

LFU 的缺点是只考虑各项的被访问频率信息，这样一来，如果某数据缓存项之前有着极高的访问频率，但是最近访问频率比较低，当缓存空间不足时该项就很难被从缓存中替换出来，使命中率下降。

所以，LRU 算法和 LFU 算法都无法提高 GlusterFS 面对复杂任务时数据缓存的效率。

4. 数据缓存算法 GAC

针对 GlusterFS 中当前缓存算法 LRU、LFU 的不足，算法 GAC 可以将数据缓存进行自动优化。

算法流程：GAC 算法分为判断部分和执行部分。判断部分嵌入当前程序存取请求的进程中，对当前程序存取数据的特点进行判断；执行部分接受判断部分的判断结果，根据结果决定采用 LRU、LFU 或者其他缓存算法。

图 5-2 中的算法框架支持 LRU 和 LFU 两种缓存算法，如果用户在实际应用中需要其他的缓存算法，只需要添加相应的判断和执行模块即可。

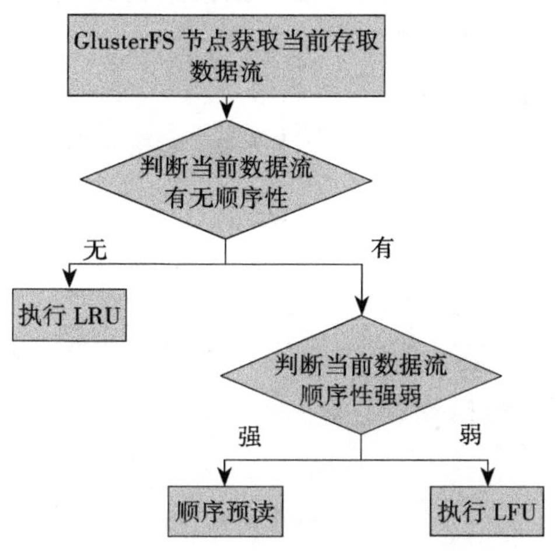

图 5-2 GAC 算法流程图

判断模块：判断函数对当前程序读取操作进行顺序性有无及顺序性强弱判断。

执行模块：根据判断结果选择执行相应的缓存算法。

判断函数：

(1) 该函数首先对当前程序的读取操作进行顺序性判断

传统算法对顺序文件访问模式的认定要求有时间和空间两个方面。它对顺序性的基本定义如下。

定义 1：假设对一个打开的文件进行描述，在它上面进行的一组时间上连续的读请求序列为 $Q_{m,n}$={(pos$_i$, count$_i$)li=m, m+1,⋯,n;n>m;m ⩾ 0}。如果其中任意的两个相邻读请求都满足条件 pos$_{i+1}$−pos$_i$=county$_i$,i=m,m+1,⋯ ,n+1，则称 $Q_{m,n}$ 为一个时空连续的队列。

定义 2：如果 $Q_{m,n}$ 是一个时空连续的读序列，而 $Q_{m-1,n}$ 和 $Q_{m,\ n+1}$ 都不是（前提是它们都存在），则称 $Q_{m,n}$ 为一个最大时空连续读序列。

定义 3：记第 i 个读请求 R_i=(pos$_i$，count$_i$) ,i ⩾ 0，如果 count$_i$>max_readahead，则称 R_i 为一个超大读请求，其中 max_ readahead 为当前操作系统最多预读页面个数。

（2）对顺序性强弱的界定

根据定义 3，当前读请求 R_i 符合一个超大读请求时，认为顺序性强，记 SEQ_ HIGH=1；否则为顺序性弱，则 SEQ_ HIGH=0；不满足定义 1 条件的情况认为无顺序性，记为 RAND=1。

（3）强顺序性时的预读算法

确定一个合适的预读大小在进行顺序预读时是相当重要的。预读粒度太小，既浪费时间，也没有明显的性能提升效果；预读粒度太大，应用程序会载入太多不需要的页面，对资源是一种浪费。

这里借鉴了 Linux 最新内核中的预读算法：Linux 内核中文件系统预读使用一个快速的窗口扩张过程。

首次预读计算式：

$$\text{readahead size=read size*2} \tag{5.1}$$

预读窗口的初始大小是读大小的两倍 {f3}1，也可以设置为四倍。较大的预读粒度（如 64 kB）可以稍稍提升 I/O 效率。

后续预读计算式：

$$\text{readahead\_size*=2} \tag{5.2}$$

后续的预读窗口会逐次倍增，直到预读窗口达到 Linux 系统的最大预读值，Linux 的缺省值一般是 256 kB。

随着几年来高速存储设备（如 SCSI、SSD 等）的出现，Linux 缺省的 256 kB 预读粒度已经远远不能满足系统 I/O 的需要。本书通过计算一个公式来确定合适的预读粒度。

预读粒度计算式：

$$\text{readahead\_size=cache\_size/read\_ size*thread\_number*gluster\_type} \tag{5.3}$$

其中，readahead-size 是预读大小，cache_ size 是硬盘缓存大小，read_ size 是当前读大小，thread_ number 是当前程序线程数，gluster_type 是当前 GlusterFS 的卷配置方式，根据 GlusterFS 的三种不同的配置方式，对应有三个不同的参数值：

AFR 时，gluster_type=N/2；

DHT 时，gluster_type=1；

Stripe 时，gluster_type=N。

其中，N 为集群中节点数。

GlusterFS 在条带配置时，预读大小一般设置得比较大，这是因为条带化时文件的块大小固定且均匀分布在所有节点上，这时对所有节点的读取都是并发而且顺序的。此时预读粒度越大，越能有效提升系统的 I/O 吞吐量。分布式配置时每个节点的数据量都不一样，因此预读粒度最小。AFR 时，每个节点都有相同的数据块备份，考虑到备份的过程对系统资源的消耗，预读粒度设为条带的一半。

（四）基于网络流量的自适应数据压缩机制

1. 数据压缩

数据压缩会对系统性能产生影响，这是因为它在数据写入前要对其编码，读取数据前还要对其解码，但是数据压缩可以有效降低数据的存储容量要求。已经压缩处理的数据再次压缩基本没有效果，反而会降低系统性能。数据压缩常伴随数据加密，因此压缩和加密需要合适的执行顺序，因为加密会对数据进行转置和变换，会增加字节冗余数据发现的难度，所以数据压缩应先于数据加密执行，解压缩时则正好相反。

数据压缩的不足之处是会产生一定的性能损失。在实际应用中需要综合考虑存储的容量、性能、成本等因素，提高数据压缩率，还要保证系统性能不会大幅降低，成本不要太高。一般实时的在线数据存储业务不适合采用数据压缩，而以数据备份、存档为主的离线存储业务非常适合采用数据压缩技术。

尝试根据 Hadoop 平台中网络流量情况，实现一个自适应的数据压缩机制，使各节点能根据网络流量的大小自行判断并决定是否进行数据压缩，提升了网络的利用率，从而提升了整个 Hadoop 平台的文件系统性能。

2. 实现方案

基于网络流量的自适应数据压缩机制实现方案：假设目前节点 A_1 的最大网络

带宽为 F_1，该节点收到数据量为 D_1，假设该数据已被分为 N 份，如果传送每块数据需要额外的网络开销为 E_1，E_2，…，E_N，则我们知道传输此数据到该节点的总网络开销为 $S_1 = D_1+N \times E$，假设我们采用一种数据压缩算法能节省每块数据的网络开销为 J_1，J_2，…，J_N，则我们总共能节省的开销为 $K_1=(E_1 - J_1)+ (E_1-J_2) +\cdots+(E_N - J_N)$。假设整个网络中有 M 个节点，考虑如果 GlusterFS 采用 AFR+DHT(类似 RAID 0+1) 的配置方式，所有数据都会存有一个备份，那么 M 个基点最坏情况都在一个节点 A_1 备份的话，则目前 A_1 上有 $D_1+D_2+\cdots+D_M$ 份数据，知道平均各节点接收数据为 $\frac{D_1 + D_2 + \quad + D_M}{M}$，则 $S_1 \frac{D_1 + D_2 + \quad + D_M}{M}$ 为 A_1 节点目前至少需要的网络带宽 O_1，此时如果：

（1）$O_1-K_1<F_1$，并且 $O_1>F_1$，说明采用数据压缩后节省的流量可以让 A_1 得到需要的网络带宽 O_1，而不压缩则不行时，我们让 GlusterFS 执行数据压缩。

（2）$O_1-K_1>F_1$，说明即使数据压缩也无法满足目前带宽时，我们就不进行数据压缩，把数据压缩的时间留给系统来安排该节点数据的排队处理。

（3）$O_1<F_1$，不压缩网络带宽也足够时，不进行数据压缩，把数据压缩的时间留给系统去安排其他的任务。这样让系统根据网络流量情况自行判断是否进行数据压缩，节省了系统的时空开销，提升了 Hadoop 中分布式文件系统的性能。

3. 实现流程

该方案实现流程如图 5-3 所示。

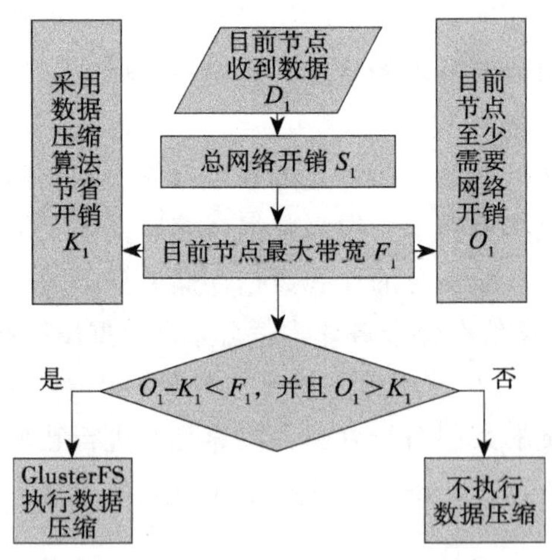

图 5-3　自适应数据压缩算法机制流程

（五）集成采用 GlusterFS 存储、IB 传输的优化 Hadoop 云计算平台

普通版本的 Hadoop 平台由 Common、Map/Reduce、HDFS 三大模块组成，将其中的 HDFS 模块移除，通过自行设计实现的 GtoH 接口将 GlusterFS 作为 Hadoop 的分布式文件系统，在网络传输上创新地采用了 InfiniBand 链路结合 RDMA 协议的网络传输技术，并且有针对性地设计了 GlusterFS 的自动优化型数据缓存算法和基于网络流量的自适应数据压缩算法机制，实现了一个在底层分布式文件系统、数据传输网络、数据缓存算法和数据压缩选择机制四个方面都经过优化的新型的 Hadoop 平台。图 5-4 所示为设计的新型 Hadoop 平台结构。

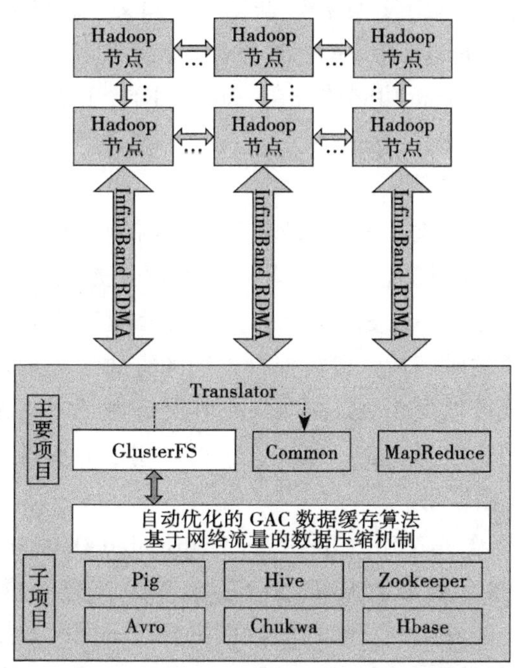

图 5-4 设计的新型 Hadoop 平台结构

第二节 Spark 的出现及优势

一、Spark 概述

Spark 是 UC Berkeley AMP Lab 开源的类 Hadoop MapReduce 的通用并行计算

框架，主要用来加快数据分析的运行和读写速度。Spark 是基于 MapReduce 算法实现的分布式计算，它拥有 Hadoop MapReduce 的所有优点，其任务的中间结果还可以保存在内存中，不用再读写 HDFS，从而实现快速查询，速度比基于磁盘的系统更快。因此，Spark 在处理迭代算法（如机器学习、图挖掘算法）和交互式数据挖掘算法等方面具有更大的优势。

Shark 在 Spark 框架的基础上提供和 Hive 一样的 HiveQL 的命令接口。它与 Apache Hive 完全兼容，支持低延时、通过内存计算交互式查询，使用户在不改变查询语句和数据的情况下执行 Hive 查询，并且处理速度比 Hive 快百倍。由于与 Hive 兼容，Shark 可以处理所有支持 Hadoop 存储 API 系统的数据，包括 HDFS、Amazon S3 等。同时，它也支持多种数据格式，如文本、JSON、XML 和二进制序列文件等。Shark 可以通过 UDF 用户自定义函数实现特定的数据分析学习算法，使 SQL 数据查询和运算分析功能结合在一起。目前，已经终止了对 Shark 项目的开发，在 Spark 1.0 中提出了 Spark SQL。Spark SQL 包含 Shark 的所有特性，在此基础上，减少了 Hive 的依赖。

与 Google 的 Pregel 类似，Bagel 是基于 Spark 的轻量级的图计算框架的实现。它可以利用 Spark 进行图计算，是一个非常有用的小项目。

Spark Streaming 是构建在 Spark 上的实时流处理计算框架。它将流数据以秒为单位分成一段一段的时间片，以类似批处理的方式去处理每一个时间片的流式数据。该种处理方式可以使 Spark Streaming 在处理数据时兼顾批量处理和实时数据处理的逻辑与算法，因此 Spark Streaming 可以用于一些需要处理历史数据和实时数据联合分析的应用场景。

Spark 的核心概念是 RDD（Resilient Distributed Dataset，弹性分布式数据集）。Spark 所操作的所有数据集都是包装成 RDD 来进行操作的。RDD 表示已经分区、不可改变的能够被并行操作的数据集合，不同的数据集格式对应不同的 RDD 实现。RDD 必须是可序列化的。与 MapReduce 相比，每次 RDD 数据集的操作结束以后都可以存储至内存，下一个操作可以直接从内存中输入，从而节省了大量的磁盘 I/O 操作。RDD 有两个重要的特征：一是弹性，在计算过程中，当遇到内存不足时，它可以与硬盘进行数据交换，虽然在某种程度上降低性能，但可以保证计算的顺利进行；二是分布式，它可以分布在多台机器上进行并行计算。

Spark 使用 Scala 语言实现，为 Scala 和 Java 提供了 API，用户还可使用 Scala 命令行查询大数据集。Spark 引入了基于内存的集群计算，它允许应用在内存中保存工作集，以便高效地重复利用，它支持多种数据处理应用，同时保存了 MapReduce 的重要特性，如高容错性、数据本地化和大规模处理等。

RDD 也表现为一个 Scala 对象，可以由一个文件来创建，它们分布在一个集群内，是不可变的对象切分集；通过并行处理（Map、filter、join）固定数据（Base RDD）创建模型，生成 Transformed RDD；在发生故障时可使用 RDD 系统信息自动重建；可以控制存储级别，以便再利用。

Spark 最初设计在 Apache Mesos 和 Yam 两个资源管理框架上运行。Spark 的本地运行模式和独立运行模式可方便调试。

Spark 底层的数据存储可以支持多种框架，如 HDFS、Amazon S3、HBase 等。Spark 将这些数据集封闭成 RDD 进行操作。例如，Spark 可以兼容处理 HDFS 数据文件，其将 HDFS 数据文件包装成可以识别的 RDD 来完成数据抽取和处理。

与 Hadoop 相比，Spark 具有较多的优势。首先，Spark 将处理的中间数据存放至内存中，对于迭代运算效率更高。Spark 中有 RDD 抽象概念，它更适合于迭代运算比较多的 ML 和 DM 运算。其次，Spark 与 Hadoop 相比更通用，Spark 支持两种类型的操作：一种是 Transformation（转换）操作，包括 Map、filter、sample、groupByKey、reduceByKey、union、join、cogroup、mapValues、sort、partionBy 等多种数据集操作类型；另一种是 Actions（动作）操作，包括 count、collect、Reduce、lookup、save 等多种类型，而 Hadoop 只提供了 Map 和 Reduce 两种操作。再次，Spark 具有更好的容错性。在分布式数据集计算时可以通过两种方式的 chechpoint 来实现容错，一种是 checkpoint data，另一种是 logging the updates，并且采用哪种方式用户可以自己控制。最后，Spark 具有更高的可用性，它提供丰富的 Scala、Java、Python 的 API 和交互式的 Shell。

Spark 可以与 Hadoop 相结合，支持直接读写 HDFS 数据，同时支持 Spark on Yam，可以与 MapReduce 在同一集群中运行，共享存储资源和计算。Shark 还可以实现与 Hive 的完全兼容。

Spark 的应用相当广泛，它适用于需要多次操作特定数据集的应用场合，并且次数越多，数据量越大，就越有效。而由于 RDD 的特性，Spark 不适用于异步细粒度更新状态的应用，如 Web 服务的存储、增量的爬虫和索引等。

二、Spark SQL

Spark SQL 是支持在 Spark 中使用 SQL、Hive SQL、Scaca 的关系型查询表达式。它的核心组件是一个新增的 RDD 类型——SchemaRDD，它用一个 Schema 来描述行里的所有列的数据类型，它就像是关系型数据库里的一张表。它可以从原有的 RDD 创建，也可以是 Parquet 文件，最重要的是它支持用 HiveQL 从 Hive 中读取数据。

Spark SQL 对 SQL 语句的处理与关系型数据库对 SQL 语句的处理方法类似，在 Spark SQL 中，两个重要的概念是 Tree 和 Rule。处理的过程：先将 SQL 语句进行解析，形成一个 Tree，后面的绑定、优化等过程都是对语法树进行的操作，操作的方法是采用 Rule，通过模式匹配，对不同类型的节点采用不同的操作。在整个 SQL 语句的处理过程中，语法树和 Rule 相互配合，完成了解析、绑定（在 Spark SQL 中称为 Analysis）、优化、物理计划等过程，最终生成可以执行的物理计划。

在 Spark SQL 执行过程中，逻辑计划、物理算子等都可以使用 Tree 来表示。使用 TreeNode 来实现 Tree 的具体操作过程。Spark 定义了 catalyst.trees 日志，通过该日志能够形象地表示出树的结构。TreeNode 可以使用 Scala 的集合操作方法（如 foreahc、Map、flatMap、collect 等）进行操作。

TreeNode 可以分成三种类型：UnaryNode（一元节点），其只有一个子节点，如 Limit、Filter 等操作；BinaryNode（二元节点），其有左右子节点的二叉节点，如 Jion、Union 等操作；LeafNode（叶子节点），其没有子节点，主要是用户命令类操作，如 SetCommand。

在 Spark SQL 的分析器、优化器和 Spark Plan 等各个组件中都会用到 Rule。Rule 是一个抽象类，具体的 Rule 实现是通过 RuleExecutor 完成的。Rule 通过定义 batch 和 batchs，可以简便、模块化地对 Tree 进行转换操作，Rule 通过定义 Once 和 FixedPoint，可以对 Tree 进行一次操作或多次操作。

在处理由解析器（SQLParse）生成的 Logic Plan Tree 时，在 Analyzer 中就定义了多种 Rule 应用到 Logic Plan Tree 上。

Spark SQL 的核心是把已有的 RDD 带上 Schema 信息，然后注册成类似 SQL 中的 Table，对其进行 SQL 查询。这主要分两部分，一是生成 SchemaRDD，二是执行查询。

对于 Spark SQL 来说，数据方面，RDD 可以来自任何已有的 RDD，也可以来自支持的第三方格式，如 json file、parquet file。SQLContext 会把带 case class 的 RDD 隐式转化为 SchemaRDD。

ExsitingRDD 单例中会反射出 case class 的 attributes，并把 RDD 的数据转化成 Catalyst 的 GenericRow（Row 和 GenericRow 是 Catalyst 中的行表示模型），最后返回 RDD[Row]，即一个 SchemaRDD。这里的具体转化逻辑可以参考 ExsitingRDD 的 productToRowRDD 和 convertToCatalyst 方法。

之后可以进行 SchemaRDD 提供的注册 Table 操作、针对 Schema 复写的部分 RDD 转化操作、DSL 操作、SaveAs 操作等。

SQLContext 执行查询的流程如下：

（1）SQL 语句经过 SQLParse 解析成 Unresolved LogicalPlan。

（2）使用 Analyzer 结合数据字典（catalog）进行绑定，生成 Resolved LogicalPlan。

（3）使用 Optimizer 对 Resolved LogicalPlan 进行优化，生成 Optimized LogicalPlan。

（4）使用 SparkPlan 将 LogicalPlan 转换成 PhysicalPlan。

（5）使用 prepareForExecution() 将 PhysicalPlan 转换成可执行物理计划。

（6）使用 execute() 执行可执行物理计划。

（7）生成 SchemaRDD，SQLContext 时，对 SQL 的一个解析和执行流程。

Spark SQL 总体上由四个模块组成：core、Catalyst、Hive、Hive-ThriftServer。

（1）core 处理数据的输入输出，从不同的数据源获取数据（RDD、Parquet、json 等），将查询结果输出成 SchemaRDD。

（2）Catalyst 处理查询语句的整个处理过程包括解析、绑定、优化、物理计划等，与其说是优化器，不如说是查询引擎。

（3）Hive 对 Hive 数据进行处理。

（4）Hive-ThriftServer 提供 CLI 和 JDBC/ODBC 接口。

在这四个模块中，Catalyst 处于核心的部分，其性能优劣影响整体的性能。由于其发展时间尚短，还有很多不足的地方，但其插件式的设计为未来的发展留下了很大的空间。

三、Spark Streaming

Spark Streaming 是建立在 Spark 上的应用框架，属于 Spark 的核心 API（应用程序接口），它支持高吞吐量，支持容错的实时流数据处理，利用 Spark 的底层框架作为其执行基础，并在其上构建了 DStream 的行为抽象。它可以接受来自 Kafka、Flume、Twitter、ZeroMQ 和 TCP Socket 的数据源，利用 DStream 所提供的 API，用户可以在数据流上实时进行 count、join、aggregate 等操作，还可以直接使用内置的机器学习算法、图算法包来处理数据。作为构建于 Spark 之上的应用框架，其继承了 Spark 的编程风格。

Spark Streaming 能够运行在 100 个以上的节点上，同时达到秒级的延迟，具有容错性和高效性，集成了 Spark 的批处理和交互式查询，为实现复杂的算法提供了简单接口。

（一）Spark Streaming 概述

1. 计算流程

Spark Streaming 利用批处理引擎 Spark，将流式计算以时间片为单位切分成一系列短小的批处理作业。其将输入的数据流以时间片（秒级）为单位进行拆分，然后以类似批处理的方式处理每个时间片的数据，每一块数据都转换成 Spark 的 RDD，然后使用 RDD 来操作处理每一块数据，每一块都会生成一个 Spark 处理，最终结果也返回多块。

Spark Streaming 中将对 DStream 的操作转换为 DStream Graph，对于每个时间片，DStream Graph 都会产生一个 RDD Graph, 对于每个输出操作（如 print、foreach 等），Spark Streaming 都会创建一个 Spark Action; 对于每个 Spark Action, Spark Streaming 都会产生一个相应的 Spark Job，并交给任务管理器。任务管理器中维护着一个任务队列，Spark Job 存储在这个队列中，任务管理器把 Spark Job 提交给 Spark Scheduler，Spark Scheduler 负责调度任务到相应的 Spark Executor 上执行。整个流式计算根据业务的需求可以对中间的结果进行叠加，或者存储到外部设备。

2. 容错性

容错性对流式计算来说至关重要。Spark Streaming 的一大优势便是容错性。RDD 具有容错机制。每一个 RDD 都是一个不可变的分布式可重算的数据集，它记录着确定性的操作继承关系，所以只要输入的数据是可容错的，则任意一个 RDD 的分区出错或不可用，都可以利用原始输入数据通过转换操作重新算出。

3. 实时性

Spark Streaming 将流式计算分成多个 Spark Job，每一个时间片的数据处理都会经过 Spark DAG 图分解和 Spark 任务队列的调度过程。目前，Spark Streaming 最小的时间片选取为 0.5 ～ 2 s，而 Storm 目前的最小延迟是 100 ms 左右，因此 Spark Streaming 能够满足所有准实时的计算场景，但对一些实时性要求非常高的场景还不能满足。

4. 可扩展性

Spark 目前在 EC2 上已能够线性扩展到 100 个节点（每个节点 4 Core)，可以数秒的延迟处理 6 GB/s 的数据量（60 Mrecords/s)，其吞吐量也比流行的 Storm 高 2 ～ 5 倍。

Spark Streaming 通过丰富的 API 和基于内存的调整计算引擎让用户可以把流处理、批处理和交互查询结合起来，它适用于将历史数据和实时数据结合起来分析的应用场合。

（二）Spark Streaming 编程模式

Spark Streaming 的编程与 Spark 的编程非常类似。对于 Spark, 编程是对 RDD 的操作，对于 Spark Streaming，编程是对 DStream 的操作。下面举例说明对 DStream 的操作。

1. Spark Streaming 初始化

在进行 DStream 操作之前，需要对 Spark Streaming 进行初始化。同 Spark 初始需要创 建 SparkContext 对象一样，使用 Spark Streaming 需要创建 StreamingContext 对象。创建 StreamingContext 对象所需的参数与 SparkContext 基本一致，包括三个参数，比较重要的是第一个和第三个。第一个参数指定 Spark Streaming 运行的集群地址；第三个参数定义 Spark Streaming 运行时的时间窗口大小，即处理数据的时间间隔；第二个参数指定名称（如 WordConut)。如下所示：

```
val ssc=new StreamingContext(sparkconf,
“WordCount”,Seconds(1));
```

2. 创建 InputDStream

目前，Spark Streaming 支持较多的输入接口，主要分为磁盘输入和网络流输入两种。例如，以批量处理的大小作为时间间隔来监控 HDFS 的某个目录，将目录中内容的变化作为 Spark Streaming 的输入，即磁盘输入的一种，而通过数据采集工具 Kafka、Flume、Twitter 和 TCP Socket 得到的数据作为输入，即网络流的方式。Spark Streaming 需要指明数据源，如下所示：

```
val lines=ssc.socketTextStream(serverIP,serverPort);
```

3. 操作 DStream

从数据源得到 DStream 后，可以在其基础上进行各种操作。Spark Streaming 的操作与 Spark RDD 极为相似，通过转换操作将一个或多个 DStream 转换成新的 DStream。常用的操作有 Map、filter、flatmap、jion 和需要进行 shuffle 操作的 groupByKey/reduceByKey 等。在 WordCount 例子中，首先需要将 DStream 进行 Split 操作，如下所示：

```
val words=lines.flatMap(.split(“”));
```

然后对相同的单词进行数量统计，最终得到的即为每一个批处理的中间结果。如下所示：

```
val pairs = words.map(word => (word, 1));
val wordCounts = pairs.reduceByKey( + );
```

Spark Streaming 有特定的窗口操作，其涉及两个参数：滑动窗口的宽度和频率。这两个参数必须为每个时间片的倍数。例如，假设滑动窗口的宽度为 5 s，频率为 1 s，则会对过去 5 s 中每一秒的 WordCount 都进行统计，再进行叠加得出 5 s 中的单词统计。如下所示：

```
val wordCounts = words.map(x => (x, 1)).reduceByKeyAndWindow(+1, Seconds(Ss), seconds( 1))
```

结果统计后，将 Spark Streaming 的结果进行输出，打印至屏幕和输入文件，如下所示：

```
wordCount.print();
```

将 WordCount 的 DStream WordCounts 输入 HDFS 文件。如下所示：

wordCounts = saveAsHadoopFiles(“WordCount”);

4. *启动退出* Spark Streaming

之前所做的所有步骤只是创建了执行流程，程序没有真正连接上数据源，也没有对数据进行任何操作，只是设定好了所有的执行计划，当 ssc.start() 启动后，Spark Streaming 才开始监听，收取数据，程序才真正进行所有预期的操作，如下所示：

```
Ssc.start():
```

程序在计算完毕后退出：

```
ssc.awaitTermination();
```

第三节　HDFS

互联网应用每时每刻都在产生数据。经过长期积累，这些数据文件总量非常庞大，存储这些数据需要投入巨大的硬件资源。如果能够利用已有空闲磁盘组成集群来存储这些数据，则可以不再需要大规模采集服务器存储数据或购买容量庞大的磁盘，减少了硬件成本，这种方法正是使用分布式存储思想来解决这个问题的。

HDFS 是一个主 / 从（Master/Slave）体系结构。HDFS 集群有一个 NameNode 和一些 DataNode。NameNode 管理文件系统的元数据，DataNode 存储实际的数据。客户端通过同 NameNode 和 DataNode 的交互访问文件系统。客户端联系 NameNode 以获取文件的元数据，而真正的文件 I/O 操作是直接和 DataNode 进行交互的。

一、HDFS 的特点

下面从硬件故障、流式的数据访问、简单一致性模型、移动计算比移动数据更经济、轻便地访问异构的软硬件平台、名字节点和数据节点以及文件命名空间七个方面讨论 HDFS 的特点。

（一）硬件故障

硬件故障是常态，而不是异常。整个 HDFS（Hadoop Distributed File System，Hadoop 分布式文件系统）由数百或数千个存储着文件数据片段的服务器组成。实际上它里面有非常巨大、复杂的组成部分，每一个组成部分都会频繁地出现故障，这就意味着 HDFS 中的一些组成部分总是失效的，因此故障的检测和自动快速恢复是 HDFS 的一个核心的结构目标。

（二）流式的数据访问

运行在 HDFS 上的应用程序必须流式地访问它们的数据集，其不是典型地运行在常规的文件系统上的常规程序。HDFS 是被设计成适合批量处理的，而不是用户交互式的。重点在于数据的吞吐量，而不是数据访问的反应时间，POSIX（Portable Operating System Interface，可移植操作系统接口）不需要强制性的需求应用，去掉 POSIX 的很多关键性地方的语义可以获得更好的数据吞吐率。大数据集运行在 HDFS 上的程序有大量的数据集，这意味着典型的 HDFS 文件是 GB 到 TB 的大小，所以 HDFS 能够很好地支持大文件。其应该提供很高的聚合数据带宽，应该每个集群支持数百个节点，每个节点支持数千万个文件。

（三）简单一致性模型

大部分 HDFS 程序对文件操作的需要是一次写入、多次读取的。一个文件一旦创建、写入、关闭，就不需要再修改了。这个假定简单化了数据一致的问题和高吞吐量的数据访问。MapReduce 程序或者网络程序都非常完美地适合这个模型。

（四）移动计算比移动数据更经济

靠近要被计算的数据所存储的位置来进行计算是最理想的状态，尤其是在数据集非常巨大的时候。这消除了网络的拥堵，提高了系统的整体吞吐量。这个假定就是使计算离数据更近比将文件移动到程序运行的位置更好。HDFS 提供了接口，让程序将自己移动到离数据存储的位置更近。

（五）轻便地访问异构的软硬件平台

HDFS 应该设计成这样一种方式，就是简单轻便地从一个平台到另外一个平台，这将推动需要大数据集的应用更广泛地采用 HDFS 作为平台。

（六）名字节点和数据节点

HDFS 是一个主从结构的体系，每一个 HDFS 集群包含一个名字节点，它用来管理文件的命名空间和调节客户端访问文件的主服务器，还包含数据节点，用来管理存储。HDFS 暴露文件命名空间，允许用户数据存储成文件。HDFS 的内部机制是将一个文件分割成一个或多个块，这些块存储在一组数据节点中。名字节点操作文件命名空间的文件或目录，如打开、关闭、重命名等，同时确定块与数据节点的映射。数据节点负责来自文件系统客户的读写请求，还要执行块的创建、删除和来自名字节点的块复制指示等操作。名字节点和数据节点都是软件运行在普通的机器上，机器都为 Linux。HDFS 是用 Java 编写的，任何支持 Java 的机器都可以运行名字节点或数据节点，利用 Java 语言的超轻便型，很容易将 HDFS 部署到大范围的机器上。典型的部署将有一个专门的机器来运行名字节点软件，机群中的其他机器运行一个数据节点实例。体系结构排斥在一个机器上运行多个数据节点的实例，但是实际的部署不会出现这种情况。集群中只有一个名字节点极大地简单化了系统的体系。名字节点是仲裁者和所有 HDFS 的元数据的仓库。系统设计成用户的实际数据不经过名字节点。

（七）文件命名空间

HDFS 支持传统的文件组织继承。一个用户或一个程序可以创建目录，存储文件到很多目录中。文件系统的名字空间层次和其他的文件系统相似，可以创建、移动文件，将文件从一个目录移动到另一个目录或重命名。HDFS 现在还没有实现用户的配额和访问控制等操作，还不支持硬链接和软链接。然而，HDFS 结构不排斥在将来实现这些功能。名字节点维护文件系统的命名空间，任何文件命名空间的改变或属性变更都被名字节点记录。应用程序可以指定文件的复制数，文件的复制被称为文件的复制因子，这些信息由名字空间来负责存储。

二、HDFS 的设计需求

分布式文件系统的设计需求大概有透明性、并发控制、文件复制功能、硬件和操作系统的异构性、容错性以及安全等。

（一）透明性

透明性如果按照开放分布式处理的标准分类，有 8 种：访问的透明性、位置的透明性、并发的透明性、复制的透明性、故障的透明性、移动的透明性、性能的透明性、伸缩的透明性。

对于分布式文件系统，最重要的是能达到以下几个透明性要求。

1. 访问的透明性

用户能通过相同的操作访问本地文件和远程文件资源。HDFS 可以做到这一点，如果 HDFS 被设置成本地文件系统，而非分布式，那么读写分布式 HDFS 的程序不需要修改即可读写本地文件，要做修改的是配置文件。可见，HDFS 提供的访问的透明性是不完全的，毕竟它构建在 Java 上，不能像 NFS 或者 AFS 那样去修改 UNIX 内核，同时将本地文件和远程文件以一致的方式处理。

2. 位置的透明性

使用单一的文件命名空间，在不改变路径名的前提下，文件或者文件集合可以被重定位。HDFS 集群只有一个 NameNode 来负责文件系统命名空间的管理，文件的数据块可以重新分布复制，数据块可以增加或者减少副本，副本可以跨机架存储，这一切对客户端都是透明的。

3. 移动的透明性

这一点与位置的透明性类似，HDFS 中的文件经常由于节点的失效、增加或者复制因子的改变或重新均衡等进行着复制或者移动，而客户端和客户端程序并不需要改变什么，NameNode 的事务日志文件记录着这些变更。

4. 性能的透明性和伸缩的透明性

HDFS 的目的是构建大规模廉价机器上的分布方式系统集群，可伸缩性毋庸置疑，性能可以参考其衡量基准。

HDFS 通过一个高效的分布式算法将数据的访问和存储分布在大量的服务器中，在用户访问时，HDFS 将会计算使用网络最近的和访问量最小的服务器为用户提供访问，这是传统存储架构的一个颠覆性发展。

（二）并发控制

客户端对文件的读写不应该影响其他客户端对同一个文件的读写。要想实现近似原生文件系统的单个文件复制语义，分布式文件系统需要做出复杂的交互。例如，采用时间戳，或者类似回调承诺（回调有两种状态，即有效或者取消。客户端通过检查回调承诺的状态来判断服务器上的文件是否被更新过）。HDFS 并没有这样做，它的机制非常简单，任何时间都只允许一个写的客户端，文件经创建并写入之后不再改变，它的模型是 write-one-read-many，一次写，多次读。这与它的应用场合是一致的，HDFS 的文件大小通常是 MB 级至 TB 级的。这些数据不会经常被修改，而是会经常被顺序读并处理，随机读很少，因此 HDFS 非常适合 MapReduce 框架或者 Web Crawler 应用。HDFS 文件的大小也决定了它的客户端不能像其他分布式文件系统那样可以缓存常用到的几百个文件。

（三）文件复制功能

一个文件可以表示为其内容在不同位置的多个备份。这样做带来了两个好处：一是访问同一个文件时可以从多个服务器中获取，从而改善服务的伸缩性；二是提高了容错能力，某个副本损坏了，仍然可以从其他服务器节点获取该文件。HDFS 文件的数据块为了容错都将被备份，根据配置的复制因子，默认是 3。副本的存放策略也很有讲究，一个放在本地机架的节点，一个放在同一机架的另一节点，还有一个放在其他机架上。这样可以最大限度地防止因故障导致的副本丢失。不仅如此，HDFS 读文件的时候也将优先选择从同一机架乃至同一数据中心的节点上读取数据块。

（四）硬件和操作系统的异构性

由于构建在 Java 平台上，HDFS 的跨平台能力毋庸置疑，得益于 Java 平台已经封装好的文件 I/O 系统，HDFS 可以在不同的操作系统和计算机上实现同样的客户端和服务端程序。

（五）容错性

在分布式文件系统中，尽量保证文件服务在客户端或者服务端出现问题的时候能正常使用是非常重要的。HDFS 的容错性大概可以分为两方面：文件系统的容错性和 Hadoop 本身的容错性。文件系统的容错性主要通过以下几点体现出来。

（1）在 NameNode 和 DataNode 之间维持心跳检测。当网络故障之类的原因导致 DataNode 发出的心跳包没有被 NameNode 正常收到的时候，NameNode 就不会将任何新的 I/O 操作派发给那个 DataNode，该 DataNode 上的数据被认为是无效的，因此 NameNode 会检测是否有文件数据块的副本数目小于设置值，如果小于就自动开始复制新的副本并分发到其他 DataNode 节点。

（2）检测文件数据块的完整性。HDFS 会记录每个新创建的文件的所有数据块的校验和，当以后检索这些文件的时候，从某个节点获取数据块，会首先确认校验和是否一致，如果不一致，会从其他 DataNode 节点上获取该数据块的副本。

（3）集群的负载均衡。节点的失效或者增加可能导致数据分布的不均匀，当某个 DataNode 节点的空闲空间大于一个临界值的时候，HDFS 会自动从其他 DataNode 迁移数据过来。

（4）NameNode 上的 FsImage 和 EditLog 日志文件是 HDFS 的核心数据结构，如果这些文件损坏了，HDFS 将失效。因而，NameNode 可以配置成支持维护多个 FsImage 和 EditLog 的副本。任何对 FsImage 或者 EditLog 的修改，都将同步到它们的副本上。NameNode 总是选取最近的完整的 FsImage 和 EditLog 来使用。NameNode 在 HDFS 中是单点存在的，如果 NameNode 所在的机器错误，就需要进行手动设置。

（5）文件的删除。删除并不是立即从 NameNode 中移除命名空间，而是将其放在 /trash 目录下，且其随时可恢复，直到超过设置时间才被正式移除。

再说 Hadoop 本身的容错性。Hadoop 支持升级和返回，当升级 Hadoop 软件时出现故障或者不兼容现象时，可以通过恢复到旧的 Hadoop 版本解决。

最后一个即为安全性问题，HDFS 的安全性是比较弱的，只有简单的与 UNIX 文件系统类似的文件许可控制，未来版本会增加类似 NFS 的 Kerberos 验证系统。

总体来说，HDFS 作为通用的分布式文件系统并不适合，它在并发控制、缓存一致性以及小文件读写的效率上是比较弱的。但是它有自己明确的设计目标，那就是支持大的数据文件（MB 级至 TB 级），并且这些文件以顺序读为主，以提高文件读写吞吐量为目标，并且与 MapReduce 框架紧密结合。

三、HDFS 体系结构

HDFS 是一个主从结构体，如图 5-5 所示。

从最终用户的角度来看，其就像传统的文件系统一样，可通过目录路径对文件执行 CRUD（Create、Read、Update 和 Delete）操作，但由于分布式存储的性质，HDFS 集群拥有一个 NameNode 和一些 DataNode。NameNode 管理文件系统的元数据，DataNode 存储实际的数据。客户端通过同 NameNode 和 DataNode 的交互访问文件系统，客户端联系 NameNode 以获取文件的元数据，而真正的文件 I/O 操作是直接和 DataNode 进行交互的。

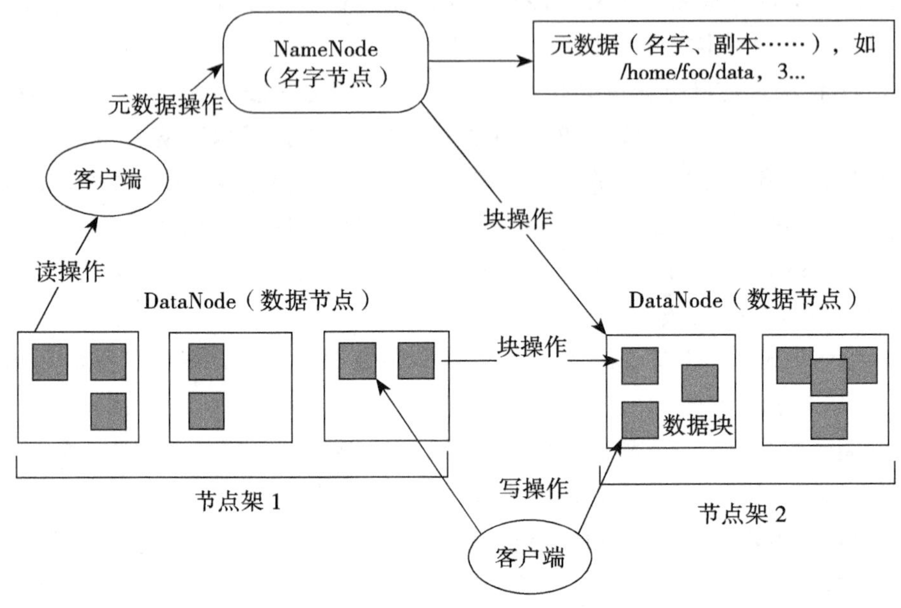

图 5-5 DHFS 的结构示意图

四、HDFS 的可靠性措施

HDFS 的主要设计目标之一就是在发生故障的情况下也能保证数据存储的可靠性。HDFS 具备了较为完善的冗余备份和故障恢复机制，可以在集群中可靠地存储海量文件。

（一）冗余备份

HDFS 将每个文件存储成一系列的数据块，默认块大小为 64 MB（可自定义配置）。为了容错，文件的所有数据块都会有副本（副本数量即复制因子，可自定义配置）。HDFS 的文件都是一次性写入的，并且严格限制为任何时候都只有一个写用户。DataNode 使用本地文件系统来存储 HDFS 的数据，但是它对 HDFS 的文件一无所知，只是用一个个文件存储 HDFS 的每个数据块。当 DataNode 启动的时候，会遍历本地文件系统，产生一份 HDFS 数据块和本地文件对应关系的列表，并把这个报告发给 NameNode，这就是块报告（blockreport）。块报告包括

DataNode 上所有块的列表。

（二）数据复制

HDFS 可以可靠地在集群中跨机器存储大量的文件，其以块序列的形式存储文件。文件中除了最后一个块，其他块都是相同的大小。文件的块为了保证容错而被复制。块的大小和复制因子是以文件为单位进行配置的。HDFS 中的文件在任何时候只有一个写操作。程序可以特别指定某个文件复制的次数。

文件的复制数可以在文件创建的时候指定或者在以后指定。名字节点根据块复制状态做出所有决定，其周期性地接收集群中数据节点的心跳和块报告。能收到心跳表示这个数据节点是正常的。一个块报告包括该数据节点上所有块的列表。

复制块存放位置的选择严重影响 HDFS 的可靠性和性能。复制存放位置的优化是 HDFS 区别于其他的分布式文件系统的特征，需要精心调节和大量经验。机架敏感的复制块存放策略是为了提高数据的可靠性、可用性和网络带宽的利用率。当前这一策略的实现是在这个方向上比较原始的方式。短期的目标是要在生产环境下去验证这个策略，为将来测试和研究更佳策略奠定基础。

HDFS 运行在跨越很多机架的集群之上。两个不同机架上的节点是通过交换机实现通信的，在大多数情况下，相同机架上机器间的网络带宽优于在不同机架上的机器。在开始的时候，每一个数据节点自检其所属的机架 ID，然后在向名字节点注册的时候告知其机架的 ID。HDFS 提供接口以便很容易地检测机架标示的模块。一个简单但不是最优的方式就是将复制块放置在不同的机架上，这样就可以保证机架出现故障时不丢失数据，还能在读数据时充分地利用不同机架的带宽。这种方式均匀地将复制块分散在集群中，这就简单地实现了组件故障时的负载均衡。然而，这种方式增加了写的成本，因为写的时候需要传输文件块到很多机架。在大多数复制因子为 3 的情况下，HDFS 复制块放置策略是将第一个复制块放在本地节点，将第二个复制块放到本地机架上的另外一个节点，将第三个复制块放到不同机架上的节点。这种方式减少了机架内的写流量，提高了写的性能。这种方式没有影响数据的可靠性和可用性，但是减少了读操作的网络聚合带宽，因为文件块在两个不同的机架上，而不是三个。文件的复制块不是均匀地分布在机架中的，1/3 在同一个节点上，1/3 在同一个机架上，另外 1/3 则均匀地分布在其他的机架上。

（三）复制块的选择

HDFS 尝试返回给一个读操作来自离其最近的复制块。假如在读节点的同一个机架上就有这个复制块，就直接读，如果 HDFS 集群是跨越多个数据中心的，那么本地数据中心的复制块优先于远程的复制块。

（四）安全模式

在启动的时候，名字节点进入一种特殊的状态——安全模式。安全模式中不允许发生文件块的复制。名字节点接收来自数据节点的心跳和块报告。一个块报告包括数据节点所拥有的数据块的列表。每一个块有一个特定的最小复制数。当名字节点检查到这个块已经大于最小的复制数时即被认为是安全地复制了，当达到配置的块安全复制比例时（加上额外的 30 s），名字节点就退出安全模式。其将检测数据块的列表，将小于特定复制数的块复制到其他的数据节点。

（五）文件系统的元数据的持久化

HDFS 的命名空间是由名字节点来存储的。名字节点用事务日志（EditLog）来持久化每一个对文件系统元数据的改变，如在 HDFS 中创建一个新的文件，名字节点将会插入一条记录到 EditLog 中来标示这个改变。类似地，改变文件的复制因子也会向 EditLog 中插入一条记录。名字节点在本地文件系统中用一个文件来存储这个 EditLog。整个文件系统命名空间、文件块的映射和文件系统的配置都被存在一个 FsImage 的文件中，FsImage 也被存放在名字节点的本地文件系统中。

名字节点在内存中有一个完整的文件系统命名空间和文件块的映射镜像。这个元数据被设计得很紧凑，这样 4 GB 内存的名字节点就能很轻松地处理非常大的文件数和目录。当名字节点启动时，其将从磁盘中读取 FsImage 和 EditLog 文件，将 EditLog 中的所有事务应用到 FsImage 的仿内存空间，然后将新的 FsImage 刷新到本地磁盘中，这样可以截去旧的 EditLog，因为事务日志文件已经被处理并已经持久化，这个过程叫检查点。检查点在名字节点启动的时候发生。

数据节点将 HDFS 数据存储到本地的文件系统中。数据节点没有关于 HDFS 文件的信息，它以单独的文件将每一个 HDFS 文件的数据块存储到本地文件系统中。数据节点不会将所有的数据块文件存放到同一个目录中，而是启发式地检查每一个目录的最优文件，并在适当的时候创建子目录。在本地同一个目录下创建所有的数据块文件不是最优的，因为本地文件系统可能不支持单个目录下数目巨大的文件的高效操作。当数据节点启动的时候，它将扫描它的本地文件系统，根据本地的文件产生一个所有 HDFS 数据块的列表并报告给名字节点，这个报告被称为块报告。

（六）磁盘故障、心跳和重新复制

一个数据节点周期性地发送一个心跳包到名字节点。网络断开会造成一个数据节点子集和名字节点失去联系。名字节点判断故障情况的根据是有没有心跳信息。名字节点将这些数据节点标记为失效，就不再将新的 I/O 请求转发到这些数据节点上，而这些数据节点上的数据将对 HDFS 不再可用。这将导致一些块的复制因子降低到指定的值。名字节点检查所有需要复制的块，并开始复制它们到其他的数据节点上。重新复制在某些情况下是不可或缺的。

（七）集群的重新均衡

HDFS 体系结构是兼容数据的重新平衡方案的。在数据节点的可用空间降低到一个极限时，数据可能自动从一个数据节点移动到另外一个数据节点。如果一个客户端突然对一个特殊的文件发生高请求，也会引发额外的复制，这时将集群中的其他数据重新均衡。这种类型的重新均衡方案还没有实现。

（八）数据正确性

从数据节点上取一个文件块有可能出现损坏的情况，这种情况发生的原因包括存储设备性能差、差劲的网络、软件的缺陷等。HDFS 客户端实现了校验码检查 HDFS 的文件内容。当一个客户端创建一个 HDFS 文件时，其为每一个文件块计算一个校验码并将校验码存储在同一个 HDFS 名字空间中的一个单独的隐藏文件中。当客户端找回这个文件内容时，其再根据这个校验码来验证从数据节点接收到的数据。如果不对，客户端可以从另外一个有该块复制的数据节点取这个块。

（九）元数据磁盘实效

FsImage 和 EditLog 是 HDFS 的中心数据结构，这些文件的损坏会导致整个集群不能工作。因此，名字节点可以配置成多个 FsImage 和 EditLog 的副本。不管任何时候对 FsImage 和 EditLog 的更新都会同步地更新每一个副本。同步更新多个 EditLog 可能降低了名字节点的可支持名字空间的每秒交易数。但是这个降低是可接受的，因为 HDFS 程序都是对数据要求强烈，而不是对元数据的要求强烈。名字节点重新启动时，选择最新的一致的 FsImage 和 EditLog。当前，还不支持自动重启和切换到另外的名字节点。

（十）快照

快照支持在一个特定时间存储一个数据副本，快照的一个用途是可以将失效的集群回滚到之前的一个正常时间点上。HDFS 目前还不支持快照。

（十一）数据组织

HDFS 的设计是支持大文件数据块的，程序也和 HDFS 一样处理大数据集。这些程序写数据仅一次，读数据一次或多次，需要一个比较好的数据流读取速度。典型的 HDFS 数据块大小是 64 MB，一个 HDFS 文件最多可以被切分成 128 个块，每一个块分布在不同的数据节点上。

1. 分段运输

一个客户端创建一个文件的请求并不会立即转发到名字节点上。事实上，HDFS 客户端将文件数据缓存在本地的临时文件中，应用程序的写操作明显地被转移到这个临时的本地文件中。当本地文件堆积到一个 HDFS 块大小的时候，客户端才会联系名字节点。名字节点插入文件名到文件系统层次中，然后构造一个数据块。名字节点回应客户端的请求包括数据节点 ID（可能多个）和目标数据块。客户端再将本地的临时文件刷新到指定的数据节点数据块中。当文件关闭时，还有一些没有刷新的本地临时文件被传递到数据节点。客户端就通知名字节点，这个文件已经关闭。名字节点将文件的创建操作添加到持久化存储中。假如名字节点在文件关闭之前失效，文件就丢失了。

上面的方式在仔细地考虑了运行在 HDFS 上的目标程序之后被采用。这些应用程序需要流式地写文件。如果客户端直接写入远程文件系统而没有本地的缓冲，则会对网速和网络吞吐量产生很大的影响。早期的分布式文件系统，如 AFS，也用客户端的缓冲来提高性能，POSIX 接口的限制也被放宽以达到更高的数据上传速率。

2. 流水线操作

当客户端写数据到 HDFS 文件中，像上面所讲的，数据首先写到本地文件中，假设 HDFS 文件的复制因子是 3，客户端从名字节点获得一个数据节点的列表。这个列表包含存放数据块副本的数据节点。当客户端刷新数据块到第一个数据节点时，第一个数据节点开始将数据分为两部分：一部分写到本地库中；另一部分传输到第二个数据节点中。第二个数据节点实施与第一个数据节点相同的操作，以此类推。一个数据节点可以接收来自前一个数据节点的数据，同时可以将数据流水式传递给下一个数据节点，所以数据是流水式地从一个数据节点传递到下一个数据节点的。图 5-6 是在复制因子为 3 的情况下各数据块的分布情况。

数据节点（文件名、副本数目、数据块 ID……）

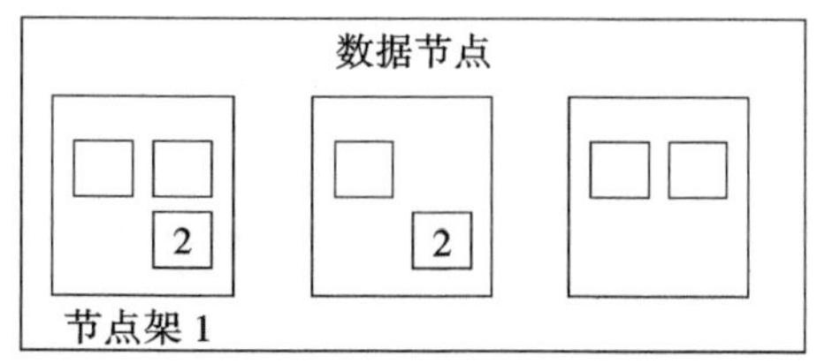

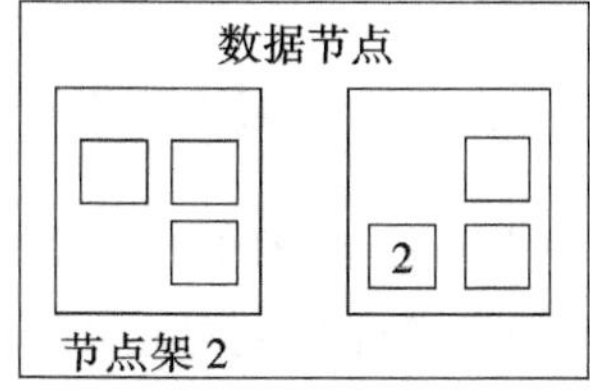

图 5-6　复制因子为 3 的情况下各数据块的分布情况

3. 空间回收

当一个文件被用户或程序删除时，其并不是立即从 HDFS 中消失。HDFS 将它重新命名后转存到 /trash 目录下，这个文件只要还在 /trash 目录下保留就可以重新快速恢复。文件在 /trash 里存放的时间是可配置的。存储时间超时后，名字节点就将它从名字空间中删除，这将导致这个文件关联的文件块被释放。这个时间间隔可以被估计，即从用户删除文件到 HDFS 的空闲空间增加。用户可以在删除一个文件之后，在其还在 /trash 目录下的情况下，恢复这个文件。例如，如果一个用户希望恢复已经删除的文件，可以浏览 /trash 目录，重新获得这个文件。/trash 目录保存最新版本的删除文件。/trash 目录也像其他目录一样，只有一个特殊的功能，就是 HDFS 应用一个特定的规则自动地删除这个目录里的文件，当前默认的规则是删除在此目录中存放超过 6 h 的文件。将来这个规则由一个定义好的接口来配置。

4. 减少复制因子

当文件的复制因子减少了，名字节点将会删除多余的副本，下一次心跳包的回复就会传递这个信息给数据节点。数据节点移除相应的块，相应的空闲空间将显示在集群中。要注意的就是，在 SetReplication 函数调用后和集群空闲空间更新之间会有一段时间的延迟。

五、HDFS 的数据均衡

HDFS 在实现可靠存储的同时，实现了负载均衡。例如，在复制数据块时，其采用分散部署的策略，当复制因子为 3 时，在本地机架的一个数据节点上放置一个副本，在本地机架的另一个数据节点上放置另一个副本，在不同机架的数据节点上再放置一个副本，从而提高数据块的读写均衡，并且保证了数据的可靠性。此外，当系统中数据节点宕机导致复制因子过低及出现访问文件热点时，系统会自动进行数据复制，以保证系统的可靠性和数据均衡。除此之外，HDFS 在读写数据时，采用客户端直接从数据节点存储数据的方式，避免了单独访问名字节点造成的性能“瓶颈”，从而做到了数据的均衡处理。

六、HDFS 存取机制

图 5–7 描述了 HDFS 在读文件过程中，客户端、NameNode 和 DataNode 间是怎样交互的。整体流程总结如下。

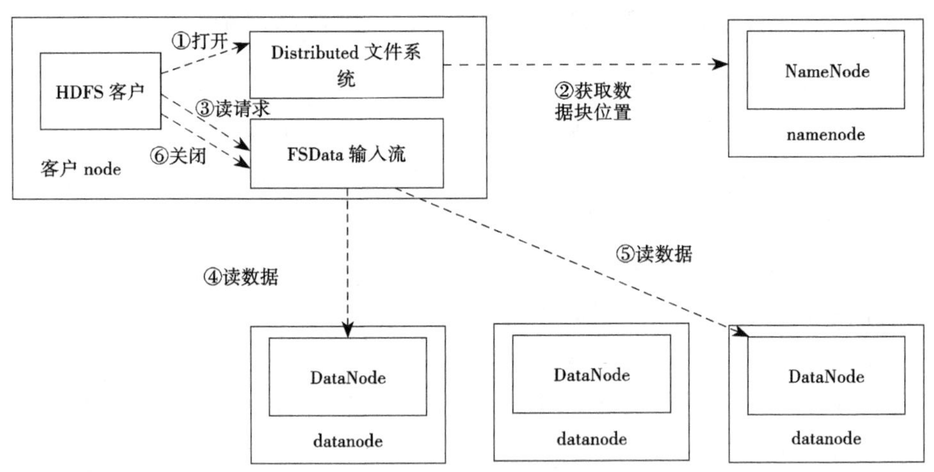

图 5–7　HDFS 读文件过程

（1）客户调用 get（ ）方法得到 HDFS 文件系统的一个实例（Distributed 文件系统类型），然后调用该实例的 open（ ）方法。

（2）Distributed 文件系统实例通过 RPC（远程过程调用）远程调用 NameNode 确定文件数据块的位置信息。对于每一个数据块，NameNode 返回数据块所在的 DataNode（包括副本）的地址。Distributed 文件系统实例向客户返回 FSData 输入流类型的实例，用来读数据。FSData 输入流中封装了 FSData 输入流类型，用于管理 NameNode 和 DataNode 的输入 / 输出操作。

（3）客户调用 FSData 输入流实例的 read（ ）方法。

（4）FSData 输入流实例保存了数据块所在的 DataNode 的地址信息。FSData 输入流实例连接第一个数据块的 DataNode，读取数据块的内容，并传回给客户。

（5）当第一个数据块读完，FSData 输入流实例关掉这个 DataNode 的链接，然后开始读第二个数据块。

（6）当客户的读操作结束后，调用 FSData 输入流实例的 Close（ ）方法。

在读的过程中，如果客户和一个 DataNode 通信时出错，它会连接副本所在的 DataNode。这种客户直接连接 DataNode 读取数据的设计方法使 HDFS 可以同时响应很多客户的并发操作。

图 5-8 为 HDFS 创建文件和写文件的过程，涉及 HDFS 创建文件、写文件及关闭文件等操作，整体流程总结如下。

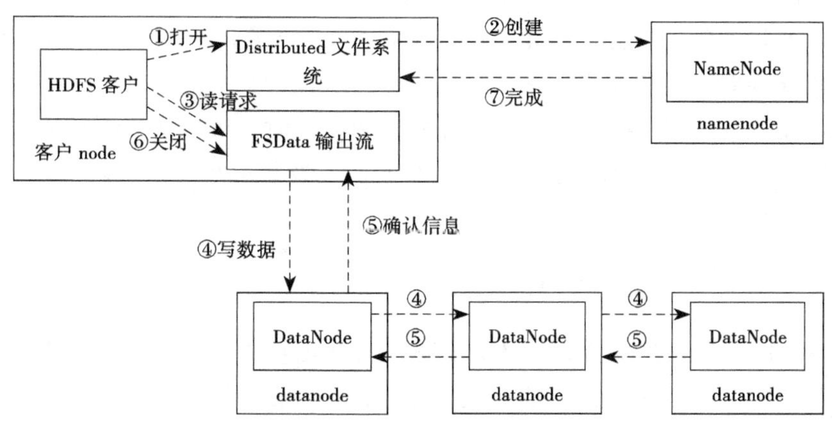

图 5-8　HDFS 创建文件和写文件的过程

（1）客户通过调用 Distributed 文件系统对象的 create（ ）方法来创建文件。

（2）Distributed 文件系统对象通过 RPC 调用 NameNode，在文件系统的命名空间中为客户创建 FSData 输出流对象。FSData 输出流对象封装了 FSData 输出流对象来处理与 DataNode 和 NameNode 间的通信。

（3）当客户写数据时，FSData 输出流对象把数据分成很多包（packet）。FSData 输出流对象询问 NameNode 挑选存储这个数据块及其副本的 DataNode 列表，包含在该列表内的 DataNode 组成了一个管道。图 5-8 中管道由 3 个 DataNode 组成（默认参数为 3），这 3 个 DataNode 的选择运用了一定的副本放置策略。

（4）FSData 输出流对象把数据块写进管道的第一个 DataNode 中，然后管道将数据块转发给第二个 DataNode，这样一直转发到最后一个 DataNode。

（5）只有当管道中所有的 DataNode 都返回写入成功，这个数据块才算写成功，发送应答给 FSData 输出流对象，开始下一个数据块的写操作。

（6）当客户完成所有对数据块内容的写操作后，调用 FSData 输出流对象的 close（ ）方法关闭文件。

（7）FSData 输出流对象通知 NameNode 写文件结束。

七、HDFS 的缺点

HDFS 作为一个优秀的分布式文件系统有很多优点。然而，金无足赤，HDFS 当然也不例外。就目前而言，它在以下几方面表现不佳。

（一）访问延时

HDFS 不太适合于那些要求低延时（数十毫秒）访问的应用程序，HDFS 用于处理大吞吐量数据，这是以一定延时为代价的。HDFS 由单 Master 设计，所有对文件的请求都要经过它，当请求多时，必然会有延时。当前，对于那些有低延时要求的应用程序，HBase 会是一个更好的选择。同时，可以使用缓存或多 Master 设计以降低客户端的数据请求压力并减少延时。要想减少延时，还可以对 HDFS 内部进行修改，并权衡大吞吐量与低延时的关系。

（二）对大量小文件的处理

因为 NameNode 把文件系统的元数据放置在内存中，所以文件系统能容纳的文件数目是由 NameNode 的内存大小来决定的。一般来说，每一个文件、文件夹和数据块需要 150 B 左右的空间。所以，如果有 100 万个文件，每一个占据一个数据块，即至少需要 300 MB 内存。就当前来说，数百万的文件还是可行的，文件数目扩展到数十亿对于当前的硬件水平来说就无法实现了。还有一个问题，即因为 Map 任务的数量是由 Splits 决定的，所以用 MapReduce 处理大量的小文件时，就会产生过多的 Map 任务，线程管理开销将会增加作业时间。例如，处理 100 000 MB 的文件，如果每个 Split 为 20 MB，就会有 5 000 个 Map 任务，会有很大的线程开销；如果每个 Split 为 200 MB，则只有 500 个 Map 任务，每个 Map 任务将会有更多的事情做，而线程的管理开销也将减小很多。

为了让 HDFS 能够处理好小文件，可使用如下方法。

（1）利用 SequenceFile、MapFile、Har 等方式归档小文件。这种方法的原理就是把小文件归档起来管理，HBase 即基于此。对于这种方法，如果想找回原来的小文件内容，那就必须知道这些小文件与归档文件的映射关系。

（2）横向扩展。一个 Hadoop 集群能管理的小文件有限，那就把几个 Hadoop 集群拖在一个虚拟服务器后面，形成一个大的 Hadoop 集群。Google 也是这么做的。

（3）多 Master 设计。这个作用显而易见。正在研发中的 GFS Ⅱ也要改为分布式多 Master 设计，还支持 Master 的 Failover，而且数据块大小改为 1MB，有意要调优处理小文件。

（三）多用户写，任意文件修改

目前Hadoop只支持单用户写，不支持并发多用户写。可以使用Append操作在文件的末尾添加数据，但不支持在文件的任意位置进行修改。这些特性可能会在将来的版本中加入，但是这些特性的加入将会降低Hadoop的效率。

八、HDFS存储海量数据

随着时代的发展，高清视频的应用日益广泛，与此同时，高清视频监控项目规模在不断扩大，因此高清视频的存储越来越受到人们的关注。对于视频监控而言，图像清晰度无疑是最关键的特性。图像越清晰，细节便越明显，观看体验越好，各种智能应用业务的准确度也越高。然而，高清的视频数据是GB级别的。与此同时，如潮水般涌现的海量视频数据不仅对存储容量有很高的要求，还对读写性能、可靠性等有很高要求。因此，选择什么样的存储系统，往往成为影响视频读写速度的关键。

（一）模拟视频流

在缺少摄像头的情况下可以使用VLC播放器模拟出H264的实时视频流。

1. 构建组播服务器

（1）运行VLC程序后选择“媒体—串流”。

（2）通过“添加”选择需要的播放文件（以wmv文件为例），单击“串流”按钮。

（3）流输出有三项需要设置，即来源、目标和选项。来源已指定，单击“下一个”按钮。

（4）勾选“在本地显示”，并选择“RTP/MPEG Transport Stream”输出，单击“添加”按钮。

（5）如果建立IPv6组播服务器，可输入组播地址ff15::1，并指定端口为“5005”，单击“下一个”按钮。如果需要建立IPv4组播服务器，则可在地址栏输入“239.1.1.1”（239.0.0.0/8为本地管理组播地址）。

（6）将TTL设置为10，单击“串流”即可发送组播视频，同时在本地播放（视频打开时间较慢，需要等待半分钟左右）。

（7）使用WireShark抓包查看。

2. 构建组播客户端

（1）运行程序后选择“媒体—打开网络串流”。

（2）如果为 IPv6 组播环境，可输入 URL（rtp://@[ff15::1]:5005），单击“播放”即可观看组播视频。如果为 IPv4 组播环境，可输入 rtp://239.1.1.1:5005。

注意：测试前请关闭 PC 防火墙，以免影响组播报文的发送和接收。

（二）存储海量视频数据

存储海量视频数据的思路：通过 Hadoop 提供的 API 接口，将接收到的视频流文件从本地上传到 HDFS 中。在此过程中，接收到的视频文件将源源不断地被存储到一个指定的本机文件夹中，因此这个本地文件夹的文件是在动态增加的。此时，将这个动态变化的文件夹当成一个“缓冲区”，然后以流的形式将“缓冲区”的文件和 HDFS 进行对接，之后通过调用 FSDataOutputStream.write（buffer,0,bytesRead）以流的方式将本地文件上传到 HDFS 中。当本地文件上传成功后，再调用 File.delete（）批量删除“缓冲区”中的已上传文件。此过程将一直延续，直到所有文件都上传到 HDFS，清空本地文件夹后才结束。

九、HDFS 管理操作技术

HDFS 管理包括权限管理、配额管理和文件归档管理，下面介绍一下这些管理操作技术。

（一）权限管理

Hadoop 分布式文件系统实现了一个和 POSIX 系统类似的文件与目录的权限模式。每个文件和目录有一个所有者（owner）和一个组（group）。文件或目录对其所有者、同组的其他用户以及所有其他用户分别有着不同的权限。对文件而言，当读取这个文件时需要有 r 权限，当写入或者追加到文件时需要有 w 权限。对目录而言，当列出目录内容时需要有 r 权限，当新建或删除子文件或子目录时需要有 w 权限，当访问目录的子节点时需要有 x 权限。不同于 POSIX 模型，为了简单起见，此处没有目录的 sticky、setuid 或 setgid 位。总体上说，文件或目录的权限即为它的模式（mode）。HDFS 采用了 UNIX 表示和显示模式的习惯，包括使用八进制数来表示权限。当新建一个文件或目录时，它的所有者即客户进程的用户，它的所属组为父目录的组（BSD 的规定）。

每个访问 HDFS 的用户进程的标识分为两部分，分别为用户名和组名列表。每次用户进程访问一个文件或目录 nuoline，HDFS 都要对其进行权限检查。

如果用户即 nuoline 的所有者，则检查所有者的访问权限；如果 nuoline 关联的组在组名列表中出现，则检查组用户的访问权限；否则检查 nuoline 其他用户的访问权限。如果权限检查失败，则客户的操作也会失败。

1. 用户身份

在目前版本中，客户端用户身份是通过宿主操作系统给出的，对类 UNIX 系统来说：

（1）用户名等于 whoami。

（2）组列表等于 bash – c groups。

将来会增加其他的方式（如 Kerberos、LDAP 等）来确定用户身份。期望用前面提到的第一种方式来防止一个用户假冒另一个用户是不现实的。这种用户身份识别机制结合权限模型允许一个协作团体以一种有组织的形式共享文件系统中的资源。

不管怎样，用户身份机制对 HDFS 本身来说只是外部特性，HDFS 并不提供创建用户身份、创建组或处理用户凭证等功能。

2. 系统的实现

每次文件或目录操作都传递完整的路径名给 NameNode，每一个操作都会对此路径做权限检查。客户框架会隐式地将用户身份与 NameNode 的关联起来，从而减少现有客户端 API 的需求。经常会有这种情况，当对一个文件的某一操作成功后，同样的操作却失败，这是因为文件或路径上的某些目录已经不复存在了。例如，客户端首先开始读一个文件，它向 NameNode 发出一个请求以获取文件第一个数据块的位置。但接下来获取其他数据块的第二个请求可能会失败。另外，删除一个文件并不会撤销客户端已经获得的对文件数据块的访问权限。而权限管理能使得客户端对一个文件的访问许可在两次请求之间被收回。权限的改变并不会撤销当前客户端对文件数据块的访问许可。

MapReduce 框架通过传递字符串指派用户身份，没有做其他特别的安全方面的考虑。文件或目录的所有者和组属性是以字符串的形式保存的，而不是像传统的 UNIX 方式那样转换为用户和组的数字 ID。

3. 超级用户

超级用户即运行 NameNode 进程的用户。宽泛地讲，如果启动了 NameNode，启动者即为超级用户。超级用户可以做任何事情，因为超级用户能够通过所有的权限检查。没有永久记号保留谁过去为超级用户。当 NameNode 开始运行时，进程自动判断谁现在为超级用户。HDFS 的超级用户不一定非得为 NameNode 主机上的超级用户，也不需要所有集群的超级用户都为一个。同样，在个人工作站上运行 HDFS 的实验者，无须任何配置即可方便地成为其部署实例的超级用户。

另外，管理员可以用配置参数指定一组特定的用户。如果做了设定，这个组的成员也会成为超级用户。

4. Web 服务器

Web 服务器的身份为一个可配置参数。NameNode 并没有真实用户的概念，但是 Web 服务器表现得就像它具有管理员选定的用户的身份（用户名和组）一样。除非这个选定的身份是超级用户，否则名字空间中的一部分对 Web 服务器来说不可见。

5. 在线升级

如果集群在 0.15 版本的数据集（FsImage）上启动，所有的文件和目录都有所有者 O、组 G 和模式 M，此处 O 和 G 分别为超级用户的用户标识和组名，M 为一个配置参数。

6. 配置参数

dfs.permissions=true

如果为 true，则打开前文所述的权限系统。如果为 false，权限检查即为关闭的，但是其他的行为没有改变。这个配置参数的改变并不改变文件或目录的模式、所有者和组等信息。

不管权限模式是开还是关，chmod、chgrp 和 chown 总是会检查权限。这些命令只有在权限检查背景下才有用，所以不会有兼容性问题。这样就能让管理员在打开常规的权限检查之前可以可靠地设置文件的所有者和权限。

dfs.web.ugi=webuser，webgroup

Web 服务器使用的用户名。如果将这个参数设置为超级用户的名称，则所有 Web 客户就可以看到所有的信息。如果将这个参数设置为一个不使用的用户，则 Web 客户就只能访问到 other 权限可访问的资源了。额外的组可以加在后面，形成一个用逗号分隔的列表。

dfs.permissions.supergroup=supergroup

超级用户的组名。

dfs.upgrade.permission=777

升级时的初始模式。文件永远不会被设置 x 权限。在配置文件中，可以使用十进制数 511。

dfs.umask=002

umask 参数在创建文件和目录时使用。在配置文件中，可以使用十进制数 18。

（二）配额管理

HDFS 允许管理员为每个目录设置配额。新建立的目录没有配额。最大的配额为 Long.Max_Value。配额为 1 可以强制目录保持为空。

目录配额为对目录树上该目录下的文件及目录总数做硬性限制。如果创建文件或目录时超过了配额，该操作会失败。重命名不会改变该目录的配额；如果重命名操作违反配额限制，该操作将会失败。如果尝试设置一个配额而现有文件数量已经超出了这个新配额，则设置失败。

配额和 FsImage 保持一致。当启动时，如果 FsImage 违反了某个配额限制，则启动失败并生成错误报告。设置或删除一个配额会创建相应的日志记录。

下面的新命令或新选项用于支持配额，前两个为管理员命令。

dfsadmin-setquota<N><directory>...<directory>

把每个目录配额设为 N，这个命令会在每个目录上尝试，如果 N 不是一个正的长整型数，目录或文件名不存在，或者目录超过配额限，则会产生错误报告。

dfsadmin-clrquota<directory>...<director>

为每个目录删除配额。这个命令会在每个目录上尝试，如果目录不存在或为文件，则会产生错误报告。如果目录原来没有设置配额不会报错。

fs-count-q<directory>...<directory>

使用 -q 选项，会报告每个目录设置的配置以及剩余配额。如果目录没有设置配额，会报告 none 和 inf。

（三）文件归档管理

1. 何为 Hadoop Archive

Hadoop Archive 为特殊的档案格式。一个 Hadoop Archive 对应一个文件系统目录。Hadoop Archive 的扩展名为 *.har。Hadoop Archive 包含元数据（形式为 _index 和 _masterindx）和数据（part-*）文件。_index 文件包含了档案中的文件的文件名和位置信息。

2. 怎样创建 Archive

创建 Archive 的格式为

hadoop archive -archiveName name<src>*<dest>

-archiveName 用来指定要创建的 Archive 的文件名，如 foo.har。Archive 的名字的扩展名应该为 *.har。输入文件系统的路径名，路径名的格式和平时的表达方式一样。创建的 Archive 会保存到目标目录下。

注意：创建 Archive 为一个 MapReduce job，应该在 MapReduce 集群上运行这个命令。

3. 怎样查看 Archive 中的文件

Archive 作为文件系统层暴露给外界，所以所有的 fs shell 命令都能在 Archive 上运行，但是要使用不同的 URI。另外，Archive 是不可改变的，所以重命名、删除和创建都会返回错误。Hadoop Archives 的 URI 为

har://scheme-hostname:port/archivepath/fileinarchive

如果没提供 scheme-hostname，其会使用默认的文件系统。这种情况下 URI 的格式为

har://archivepath/nieinarchive

下面是一些范例。

（1）Archive 的输入为 /dir。这个 /dir 目录包含文件 filea 和 fileb，把 /dir 归档到 /user/hadoop/foo.bar 的命令为

hadoop archive -archiveName foo.nar/dir/user/hadoop

（2）获得创建 Archive 中的文件列表，使用如下命令：

hadoop dfs -lsr har:///user/hadoop/foo.har

（3）查看 Archive 中的 filea 文件的命令如下：

hadoop dfs -cat har:///user/hadoop/foo.har/dir/filea

十、HDFS 云盘的设计

云存储有着成本低、量身定制、按需分配、方便管理、可扩展性强的优点。下面介绍一个以 HDFS 为底层存储的云盘的设计与实现，用于个人数据的存储。

（一）HDFS 云盘系统背景与开发环境

1. HDFS 云盘系统背景

云盘的实质就是一个网络硬盘，只不过在存储服务端采用了可拓展的云进行存储和管理。国外已经有很多公司开发出了类似云盘的产品，如 Dropbox 和 Evernote；在国内有金山快盘、腾讯的微云、有道云笔记等。这些产品不仅提供了网页版的存储服务，还提供了方便客户使用的客户端。

云盘系统是一个以 HDFS 分布式文件系统为底层存储的 B/S 模式的个人存储系统，用户只要在一台能够上网且装有浏览器的 PC 机上或移动终端上，就可以享受云盘系统所提供的存储服务。

当用户登录到系统中时，用户与系统进行的最基本的操作应该包含以下方面。

（1）浏览自己的文件列表，就像我们打开磁盘的一个分区一样，能看到里面既有文件夹又有文件。

（2）当自己的文件列表里含有文件夹时，单击文件夹就可以显示该文件夹的文件列表，就跟本地文件夹的浏览方式一样。

（3）因为云盘的存储目录是多层次的，因此当用户的工作目录位于深层次的时候，可以返回上一级目录。

（4）上传文件到我们的云盘系统，并且可以同时上传多个文件。

（5）删除文件。在文件列表里，每一行的前端或末尾都有一个选择框，用户可以选中一个或同时选中多个，单击删除按钮后，可删除云盘系统中选中的文件。

（6）创建文件夹。单击“创建文件夹”后，当前目录的文件列表里就会添加一个文件夹。

（7）用户应该可以查看到云盘的使用情况，如已使用的空间等。

2. HDFS 云盘系统开发环境

根据系统的整体设计，系统开发时采用了以下开发工具。

（1）硬件：PC 机一台（CPU 2.0 G 以上，内存 2 GB 以上）。

（2）操作系统：Windows 10、Ubuntu Server。

（3）开发工具：JDK、Eclipse、MySQL。

（4）开发语言：Java、Jsp、Html 等。

（5）Web 框架：Struts2、Spring、Hibernate2。

（6）应用软件：VMware8（虚拟机）、Sardine（WebDAV 客户端）、Hadoop-0.20.2、

Hdfs_WebDAV。

为了方便系统的开发，在 HDFS 文件系统的搭建上采用了 Hadoop 的分布式安装法，将 HDFS 部署在一台物理机上，通过启动不同的进程来模拟集群中的各个节点。用户在单台物理机上用进程分别模拟了一个 NameNode、一个 DataNode 和一个 Secondary NameNode。在部署 Hadoop 之前，用户先在 Windows 10 系统下用 VMware 创建一个 Linux 虚拟机，因为 Hadoop 是部署在 Linux 环境下的。

（二）云盘的设计

云盘系统主要由前端和 HDFS 分布式文件系统两大部分构成，其中前端由 Web 应用程序和数据库两部分组成。云盘设计总体架构如图 5-9 所示。

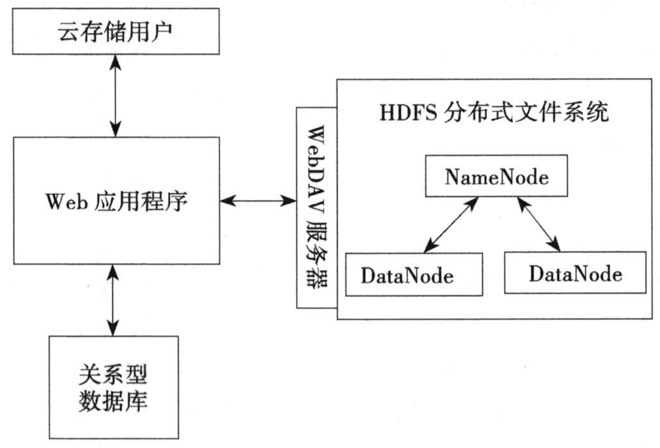

图 5-9　云盘设计总体架构

1. 数据库设计

云盘系统框架中包含了一个关系型数据库——MySQL，Web 应用程序主要利用该数据库查询用户的信息和与用户相关联的一些文件信息。

整个数据库只含有非常简单的三张表，这三张表分别为用户表、目录表和文件表。其中，用户表里存放着用户的账户、密码和身份等信息，目录表和文件表分别存放着与该用户相关联的目录和文件的一些基本的元数据信息，这三张表的详细设计如下。

（1）用户表：用户名（主键）、密码、姓名、邮箱、电话、QQ 号。

（2）目录表：目录 ID、用户名、路径、父路径、目录名、生成时间。

（3）文件表：文件 ID、用户名、文件名、路径、大小、上传时间。

2. Web 应用程序的设计

Web 应用程序需要编程开发，它在系统架构中相当于系统控制中心，控制着用户与 HDFS 的交互。该部分负责系统业务的形成以及与用户的交互。Web 应用程序采用 J2EE 轻型框架的组合 SSH 框架，实现 MVC 的设计模式。Web 应用程序的设计架构如图 5-10 所示。

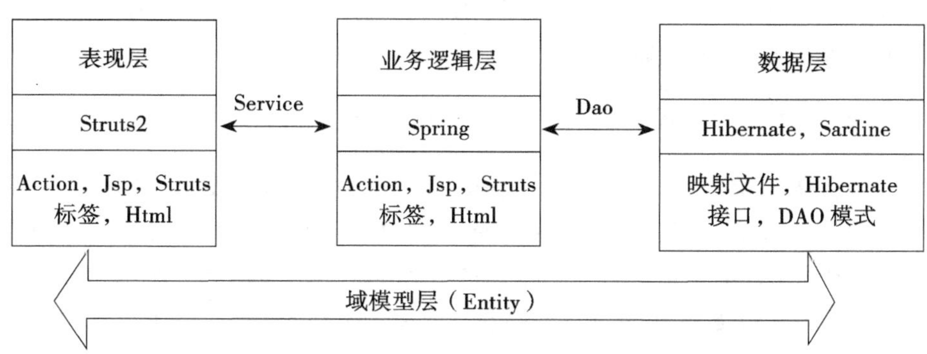

图 5-10　Web 应用程序的设计架构

WebDAV 服务端是 HDFS 文件系统的访问代理，通过这个服务端，Web 应用程序就可以通过 WebDAV 协议访问云盘的 HDFS 文件系统。

（三）云盘网页端的实现

在上述设计的基础上，下面将以分层的形式给出每个层的具体实现。

1. 数据层的实现

云盘系统由 MySQL 和 HDFS 文件系统两个数据源组成。

（1）在 MySQL 数据库，用户使用了 Hibernate 框架实现它的持久化操作。从 MySQL 数据操作中抽出的四个域模型分别为 Directory、DirInfo、File 和 User。

（2）Web 应用程序与 HDFS 文件系统是通过 Hdfs-WebDAV 这个访问代理进行交互的，Hdfs-WebDAV 相当于 WebDAV 的服务端，所以 Web 应用程序必须要有 WebDAV 客户端。用户采用了非常简单易用的 Sardine 客户端，利用 Sardine 客户端进行的操作包含读写 HDFS 文件系统中的文件流、删除 HDFS 文件系统指定的 URL 文件等基本操作。

2. 表现层的实现

表现层即用户与Web应用系统的交互界面，负责管理和响应用户的请求，并提供一个控制器，调用相应的业务逻辑，根据不同的处理结果给用户对应的响应。Web页面主要采用了Jsp、Javascript、CSS等常用的技术，网页标签尽量使用了Struts标签，如<s:form/>、<textfield/>、<s:password/>、<submit/>等，这些标签都提供了强大的功能，简化了系统的开发，减少了代码的开发量。在登录页面和注册页面上，我们也采用了Struts框架自带的验证工具，分别创建了两个验证文件，实现了这两个页面填写内容的验证。

3. 业务逻辑层的实现

在业务逻辑层中，用户借助了Spring框架，通过Sping IOC、AOP和面向接口的编程，降低了系统中各个业务组件的耦合度，增强了系统的扩展性。因为Spring提倡的是面向接口的，它对事物的管理也是针对接口的，所以业务逻辑层也采用了同DAO（数据访问对象）层的设计模，先设计了系统的业务接口，然后通过Spring注入的DAO来具体实现这些业务。

完成所有设计后，试运行系统，当用户单击返回上一级目录时，就会出现根目录界面；单击“上传”按钮，就可以同时上传多个文件到云盘中；单击“下载”按钮，可以将选中的文件下载到本地机中；单击“新建”按钮，可以在云盘系统中创建一个新的文件夹；单击“删除”按钮，可以删除选中的文件。经测试，这些操作都能顺利完成，因此云盘系统基本上达到了设计者的设计要求。

第四节　Storm流计算系统

一、Storm简介

Storm是Twitter（推特）的一个分布式、容错的实时计算系统，如今已经正式开源。Storm可以方便地在一个计算机集群中编写与扩展复杂的实时计算。Storm定义了一批实时计算的原语，如同Hadoop大大简化了并行批量数据处理，Storm的这些原语大大简化了并行实时数据处理。按照Storm作者的话，Storm之于实时处理，就好比Hadoop之于批处理。Storm保证每条消息都会得到处理，而且它在一个小集群中，每秒可以处理数以百万计的消息，可以使用任意编程语言来开发。

Storm 的一些关键特性如下。

（1）适用场景广泛：Storm 可以用来处理消息和更新数据库（消息流处理），对一个数据量进行持续查询并返回客户端（持续计算），对一个耗资源的查询做实时并行化的处理（分布式方法调用）。Storm 的这些基础原语可以满足大量的场景。

（2）可伸缩性高：Storm 的可伸缩性可以让 Storm 每秒处理的消息量很大。为了扩展一个实时计算任务，所需要做的就是增加机器并且提高这个计算任务的并行度设置（parallelism setting）。

（3）保证无数据丢失：实时系统必须保证所有的数据被成功地处理。那些会丢失数据的系统的适用场景非常有限，而 Storm 保证每一条消息都会被处理，这一点和 S4 相比有巨大的反差。

（4）异常健壮：Storm 集群非常容易管理，这是 Storm 的设计目标之一。

（5）容错性好：如果在消息处理的过程中出了一些异常，Storm 会重新安排这个出问题的处理逻辑。Storm 保证一个处理逻辑永远运行，除非显式杀掉这个处理逻辑。

（6）语言无关性：健壮性和可伸缩性不应该局限于一个平台。Storm 的 Topology 和消息处理组件可以用任何语言来定义，这一点使任何人都可以使用 Storm。

二、Storm 关键术语

Storm 在设计实现中抽象出了很多概念，如 Storm 数据流图，也包含了 Storm 的几个关键概念。其中的关键术语包括 Topology、Spout、Bolt、Task、Stream Grouping。

（一）Stream——消息流

消息流是 Storm 最核心的一个抽象。一个消息流是一个没有边界的 Tuple 序列，而这些 Tuple 会被并行地创建和处理。对消息流的定义主要是对消息流的 Tuple 的定义，我们会给 Tuple 的每个字段起一个名字，并且不同 Tuple 的对应字段的类型必须一样。也就是说，两个 Tuple 的第一个字段的类型必须一样，第二个字段的类型必须一样，但是第一个字段和第二个字段可以有不同的类型。

（二）Tuple——消息单元、元组

它是消息传递的基本单元。本来应该是一个 key-value 的 Map，但是由于各个组件间传递的 Tuple 的字段名称已经事先定义好，所以只要按序把 Tuple 填入各

个 value 就行了，所以 Tuple 就是一个 value list。

（三）Spout——源数据流

它也可以被称为消息源，Spout 是 Storm 一个 Topology 的数据生产者。一般来说，消息源会从一个外部源读取数据并且向 Topology 中发出消息：Tuple。消息源可以是可靠的，也可以是不可靠的。如果这个 Tuple 没有被 Storm 成功地处理，一个可靠的消息源可以重新发射一个 Tuple。但是一个不可靠的消息源 Spout 一旦发出，一个 Tuple 就不能重发。消息源可以发射多条消息流 Stream。Spout 会不断主动接收 Storm 框架的调用，其最重要的方法是 nextTuple。

（四）Bolt——消息处理者

所有的消息处理逻辑都被封装在 Bolt 中。Bolt 可以做很多事情：过滤、聚合、查询数据库等。Bolt 可以简单地做消息流传递。复杂的消息流处理往往需要很多步骤，需要经过很多 Bolt。例如，算出一堆图片里被转发最多的图片就至少需要两步：第一步，算出每张图片的转发数量；第二步，找出转发最多的前 10 张图片。Bolt 可以发射多条消息流。

Bolt 是被动的，主要提供的方法是 execute，它以一个 Tuple 为输入，Bolt 使用 OutputCollector 发射 Tuple，Bolt 必须要为它处理的每一个 Tuple 调用 OutputCollector 的 ack 方法，以通知 Storm 这个 Tuple 被处理完成了，从而通知这个 Tuple 的发射者 Spout。一般的流程是 Bolt 处理一个输入 Tuple，发射 0 个或者多个 Tuple，然后调用 ack 通知 Storm 自己已经处理过这个 Tuple 了。Storm 提供一个 IBasicBolt，会自动调用 ack。

（五）Stream Grouping——消息分发策略

Stream Grouping 用来定义一个 Stream 应该如何分配给 Bolt 上的多个 Task。Storm 有 6 种类型的 Stream Grouping。

Shuffle Grouping：随机分组，随机派发 Stream 中的 Tuple，保证每个 Bolt 接收到的 Tuple 数目相同。

Fields Grouping：按字段分组，如按 userid 分组，具有同样 userid 的 Tuple 会被分到相同的 Bolt，而不同的 userid 则会被分配到不同的 Bolt。

All Grouping：广播发送，对于每一个 Tuple，所有的 Bolt 都会收到。

Global Grouping：全局分组，这个 Tuple 被分配到 Storm 中的一个 Bolt 的其中一个 Task。再具体一点就是分配给 ED 值最低的那个 Task。

Non Grouping：不分组，Stream 不关心到底谁会收到它的 Tuple。目前这种分组和 Shuffle Grouping 是一样的效果，有一点不同的是 Storm 会把这个 Bolt 放到其订阅者的线程里执行。

Direct Grouping：直接分组，这是一种比较特别的分组方法，用这种分组方法意味着消息的发送者指定由消息接收者的哪个 Task 处理这条消息。

三、Storm 架构设计

Storm 主要由 Nimbus、ZooKeeper 和 Supervisor 这三大组件组成。Nimbus 和 Supervisor 都是快速失败（fail-fast）、无状态的，这样它们就变得十分健壮，两者的协调工作是由 ZooKeeper 完成的。ZooKeeper 用于管理集群中的不同组件，任务状态和心跳信息等都保存在 ZooKeeper 上，提交的代码资源都在本地机器的硬盘上。

与 Hadoop 一样，Storm 也是 Master-Slave 架构，集群由一个主节点和多个工作节点组成。主节点运行 Nimbus 守护进程，每个工作节点都运行了一个 Supervisor 守护进程，用于监听工作，开始并终止工作进程。

下面详细介绍一下各个组件的功能。

（1）Nimbus：发布分发代码，分配任务，监控状态。

（2）Supervisor：监听宿主节点，接受 Nimbus 分配的任务，根据需要启动 / 关闭工作进程 Worker。

（3）ZooKeeper：Storm 重点依赖的外部资源。Nimbus、Supervisor 和 Worker 都把心跳保存在 ZooKeeper 上。Nimbus 也是根据 ZooKeeper 上的心跳和任务运行状况，进行调度和任务分配的。

（4）Worker：运行具体处理组件逻辑的进程。

（5）Task：Worker 中每一个 Spout/Bolt 的线程被称为一个 Task。在 Storm 0.8 之后，Task 不再与物理线程对应，同一个 Spout/Bolt 的 Task 可能会共享一个物理线程，该线程被称为 Executor。

Topology 的运行流程大致如下。

（1）定义 Topology，由客户端提交 Topology 到 Nimbus，代码会存放到 Nimbus 节点的 inbox 目录下，之后，会把当前 Storm 运行的配置生成一个 stormconf.ser 文件，放到 Nimbus 节点的 Stormdist 目录中，此目录中还有序列化之后的 Topology 代码文件。

（2）设定 Topology 所关联的 Spout 和 Bolt 时，可以同时设置当前 Spout 和 Bolt 的 Executor 数目与 Task 数目，默认情况下，一个 Topology 的 Task 的总和与 Executor 的总和是一致的。之后，系统根据 Worker 的数目，尽量平均地分配这些

Task 的执行。Worker 在哪个 Supervisor 节点上运行是由 Storm 本身决定的。

（3）任务分好后，Nimbus 将任务的信息提交到 ZooKeeper 集群中，同时在 ZooKeeper 集群中会有 workerbeats 节点，这里存储了当前 Topology 的所有 Worker 进程的心跳信息。

（4）Supervisor 获取所分配的任务，启动任务；Supervisor 节点会不断地轮询 ZooKeeper 集群，在 ZooKeeper 的 assignments 节点中保存了所有 Topology 的任务分配信息、代码存储目录、任务之间的关联关系等，Supervisor 通过轮询此节点的内容领取自己的任务，启动 Worker 进程运行。

（5）Worker 节点中的 Task 执行具体的任务逻辑，并且给 ZooKeeper 发送实时心跳状态信息。

一个 Topology 运行之后，就会不断地通过 Spout 来发送 Stream 流，通过 Bolt 不断地处理接收到的 Stream 流，Stream 流是无界的。最后一步会不间断地执行，除非手动结束 Topology。

第五节 MapReduce

一、分布式文件系统

分布式文件系统（Distributed File System）是指文件系统管理的物理存储资源不一定直接连接在本地节点上，而是通过计算机网络与节点相连。分布式文件系统的设计基于客户 / 服务器模式。一个典型的网络可能包括多个供多用户访问的服务器。另外，对等特性允许一些系统扮演客户机和服务器的双重角色。例如，用户可以“发表”一个允许其他客户机访问的目录，一旦被访问，这个目录对客户机来说就像使用本地驱动器一样。

（一）分布式文件系统简介

1. 网络文件系统

网络文件系统（NFS）最早由 Sun 微系统公司作为 TCP/IP 网上的文件共享系统开发。Sun 公司现在大约有超过 310 万个系统在运行 NFS，大到大型计算机，小至 PC，其中至少有 80% 的系统是非 Sun 平台。

NFS 是一个分布式的客户 / 服务器文件系统。NFS 的实质在于用户间计算机的共享。用户可以连接到共享计算机并像访问本地硬盘一样访问共享计算机上的文件。管理员可以建立远程系统上文件的访问，以至于用户感觉不到他们是在访问远程文件。

NFS 是一个到处可用和广泛实现的开放式系统。

（1）NFS 最初的设计目标

①允许用户像访问本地文件一样访问其他系统上的文件。

②提供对无盘工作站的支持以降低网络开销。

③简化应用程序对远程文件的访问，使其不需要因访问这些文件而调用特殊的过程。

④使用一次一个服务请求以使系统能从已崩溃的服务器或工作站上恢复，采用安全措施保护文件免遭偷窃与破坏。

⑤使 NFS 协议可移植以便它们能在许多不同计算机上实现，包括低档的 PC。大型计算机、小型计算机和文件服务器运行 NFS 时，都为多个用户提供了一个文件存储区。

工作站只需要运行 TCP/IP 协议访问这些系统和位于 NFS 存储区内的文件。工作站上的 NFS 通常由 TCP/IP 软件支持。对 DOS 用户，一个远程 NFS 文件存储区看起来是另一个磁盘驱动器盘符。对 Macintosh 用户来说，远程 NFS 文件存储区即为一个图标。

（2）NFS 部分功能

①服务器目录共享。服务器广播或通知正在共享的目录，一个共享目录通常叫作出版或出口目录。有关共享目录和谁可访问它们的信息放在一个文件中，由操作系统启动时读取。

②客户机访问。在共享目录上建立一种链接和访问文件的过程叫作装联（mounting），用户将网络当作一条通信链路来访问远程文件系统。

虚拟文件系统（VFS）是 NFS 的一个重要组成部分，它是应用程序与低层文件系统间的接口。

2. Andrew 文件系统

Andrew 文件系统（AFS）结构与 NFS 相似，由卡耐基・梅隆大学信息技术中心（ITC）开发，现由前 ITC 职员组成的 Transarc 公司负责开发和销售。AFS 较 NFS 功能有所增强。

（1）AFS 基本操作

AFS 可提供以下一些基本操作。

① close：文件关闭操作。

② create：文件生成操作。

③ fsync：将改变保存到文件中。

④ getattr：取文件属性。

⑤ link：用另一个名字访问一个文件。

⑥ lookup：读目录项。

⑦ mkdir：建立新目录。

⑧ open：文件打开操作。

⑨ rdwr：文件读写操作。

⑩ remove：删除一个文件。

⑪ rename：文件改名。

⑫ rmdir：删除一目录。

⑬ setattr：设置文件属性。

AFS 是专门为在大型分布式环境中提供可靠的文件服务而设计的。它通过基于单元的结构生成一种可管理的分布式环境。一个单元是某个独立区域中文件服务器和客户机系统的集合，这个独立区域由特定的机构管理，通常代表一个组织的计算资源。用户可以和同一单元中的其他用户方便地共享信息，也可以和其他单元内的用户共享信息，这取决于那些单元中的机构所授予的访问权限。

（2）实现进程

①文件服务器进程。这个进程响应客户工作站对文件服务的请求，维护目录结构，监控文件和目录状态信息，检查用户的访问。

②基本监察（BOS）服务器进程。这个进程运行于有 BOS 设定的服务器。它监控和管理运行其他服务的进程并可自动重启服务器进程，而不需要人工帮助。

③卷宗服务器进程。此进程处理与卷宗有关的文件系统操作，如卷宗生成、移动、复制、备份和恢复。

④卷宗定位服务器进程。该进程提供了对文件卷宗的位置透明性。即使卷宗被移动了，用户也能访问它而不需要知道卷宗移动了。

⑤鉴别服务器进程。此进程通过授权和相互鉴别提供网络安全性。用一个“鉴别服务器”维护一个存有口令和加密密钥的鉴别数据库，此系统基于 Kerberos。

⑥保护服务器进程。进程基于一个保护数据库中的访问信息，使用户和组获得对文件服务的访问权。

⑦更新服务器进程。此进程将 AFS 的更新和任何配置文件传播到所有 AFS 服务器。

AFS 还配有一套用于差错处理、系统备份和 AFS 分布式文件系统管理的实用工具程序。例如，SCOUT 定期探查和收集 AFS 文件服务器的信息。信息在给定格式的屏幕上提供给管理员。设置多种阈值向管理者报告一些将发生的问题，如磁盘空间将用完等。另一个工具是 USS，可创建基于带有字段常量模板的用户账户。Ubik 提供数据库复制和同步服务。一个复制的数据库是一个其信息放于多个位置的系统，以便于本地用户更方便地访问这些数据信息。同步机制保证所有数据库的信息是一致的。

3. 分布式文件系统的详细内容

分布式文件系统（DFS）是 AFS 的一个版本，是开放软件基金会（OSF）的分布式计算环境（DCE）中的文件系统部分。图 5-11 所示为一个分布式文件系统。

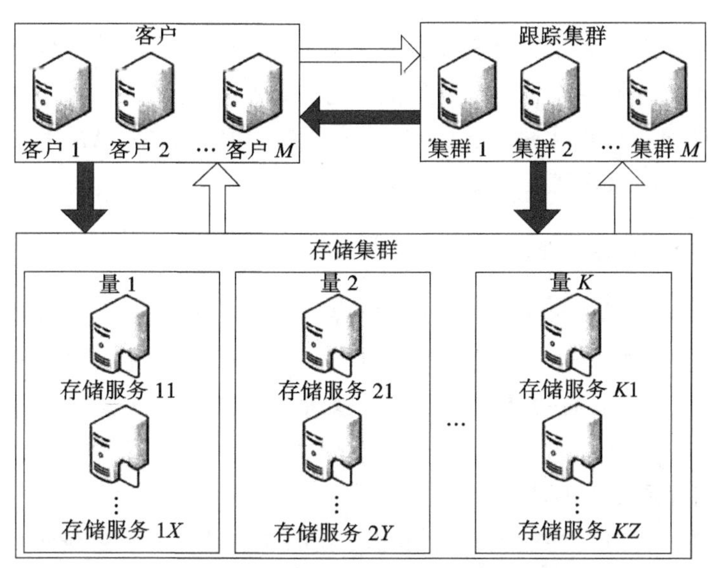

图 5-11 分布式文件系统

如果文件的访问仅限于一个用户，那么分布式文件系统就很容易实现。而在许多网络环境中这种限制是不现实的，必须采取并发控制来实现文件的多用户访问，表现为如下几种形式。

（1）只读共享。任何客户机只能访问文件而不能修改它，这实现起来很简单。

（2）受控写操作。采用这种方法，可有多个用户打开一个文件，但只有一个用户进行写修改。而该用户所做的修改并不一定出现在其他已打开此文件的用户屏幕上。

（3）并发写操作。这种方法允许多个用户同时读写一个文件，但这需要操作系统做大量的监控工作以防止文件重写，并保证用户能够看到最新信息。这种方法即使实现得很好，许多环境中的处理要求和网络通信量也可能使它变得不可接受。

（二）NFS 和 AFS 的区别

NFS 和 AFS 的区别在于对并发写操作的处理方法。当一个客户机向服务器请求一个文件（或数据库记录）时，文件被放在客户工作站的高速缓存中，若另一个用户也请求同一文件，则它会被放入那个客户工作站的高速缓存中。当两个客户都对文件进行修改时，从技术上而言就存在着该文件的三个版本（每个客户机一个，再加上服务器上的一个）。有两种方法可以在这些版本之间保持同步。

1. 无状态系统

在无状态系统中，服务器并不保存其客户机正在缓存的文件信息。因此，客户机必须协同服务器定期检查是否有其他客户改变了自己正在缓存的文件。这种方法在大的环境中会产生额外的 LAN 通信开销，但对小型 LAN 来说，这是一种令人满意的方法。NFS 就是个无状态系统。

2. 回呼（call back）系统

在这种方法中，服务器记录它的那些客户机的所作所为，并保留它们正在缓存的文件信息。服务器在一个客户机改变了一个文件时使用一种叫回叫应答（call back promise）的技术通知其他客户机。这种方法减少了大量网络通信。AFS 及 OSFDCE 的 DFS 即为回叫系统。客户机改变文件时，持有这些文件副本的其他客户机就被回叫并通知这些改变。

无状态操作在运行性能上有其长处，但 AFS 通过保证不会被回叫应答充斥也达到了这一点。方法是在一定时间后取消回叫。客户机检查回叫应答中的时间期限以保证回叫应答为当前有效的。回叫应答的另一个有趣特征是向用户保证了文件的当前有效性。换句话说，若一个被缓存的文件有一个回叫应答，则客户机就认为文件是当前有效的，除非服务器呼叫指出服务器上的该文件已改变了。

（三）计算节点的物理结构

并行计算架构有时也称为集群计算（cluster computing），它的组织方式如下：计算节点存放在机架中，每个机架可以安放 8 ～ 64 个节点。单个机架上的节点之间通过网络互联，此处通常采用千兆以太网。计算节点可能需要多个机架来安放，这些机架之间采用另一级网络或交换机互连。机架间的通信带宽一般略微高于机架内以太网的带宽，但是考虑到机架间可能需要通信的节点对数目，这样的带宽可能是必要的。图 5-12 给出了一个大规模计算系统的架构。不过，实际中可能有更多的机架，而每个机架上也可能安放更多的计算节点。

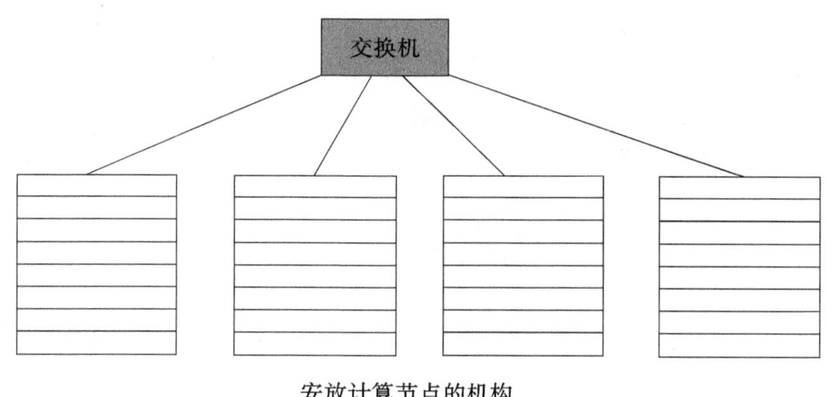

安放计算节点的机构

图 5-12　大规模计算系统的架构

在现实生活中，部件会出现故障，而且系统的部件（如计算节点和互联网络）越多，在任意给定时间内系统非正常运行的频度也越高。对于图 5-12 给出的系统来说，主要的故障模式包括单节点故障（如某节点上的硬盘发生崩溃）和单机架故障（如机架内节点间的互联网络及当前机架到其他机架的互联网络发生故障）。

一些重要的计算会在上千个计算节点上运行数分钟甚至数小时，一旦某个部件出现故障就必须终止并重启计算过程，那么该计算过程可能永远都不会完成。上述问题的解决方式有以下两种。

（1）文件必须多副本存储。如果不把文件在多个计算节点上备份，那么一旦某个节点出现故障，在节点被替换之前它上面的所有文件将无法使用。如果根本不备份文件，那么一旦硬盘崩溃，文件将会永久丢失。

（2）计算过程必须要分成多个任务，这样一旦某个任务失败，可以在不影响其他任务的情况下重启这个任务。MapReduce 编程系统就采用了这种策略。

二、MapReduce 模型

MapReduce 是一种计算模式，并已有多个实现系统。MapReduce 实现系统可以管理多个大规模计算过程，保障对硬件故障的容错性。简而言之，基于 MapReduce 的计算过程如下。

（1）有多个 Map 任务，每个任务的输入是 DFS 中的一个或多个文件块。Map 任务将文件块转换成一个键值（key-value）对序列。从输入数据产生键值对的具体方式由用户编写的 Map 函数代码决定。

（2）主控制器（master controller）从每个 Map 任务中收集一系列键值对，并将它们按照键值大小排序。这些键又被分到所有的 Reduce 任务中，所以具有相同键的键值对应该归到同一 Reduce 任务中。

（3）Reduce 任务每次作用于一个键，并将与此键关联的所有值以某种方式组织起来。具体的组合方式取决于用户所编写的 Reduce 函数代码。图 5-13 所示为 MapReduce 计算过程示意图。

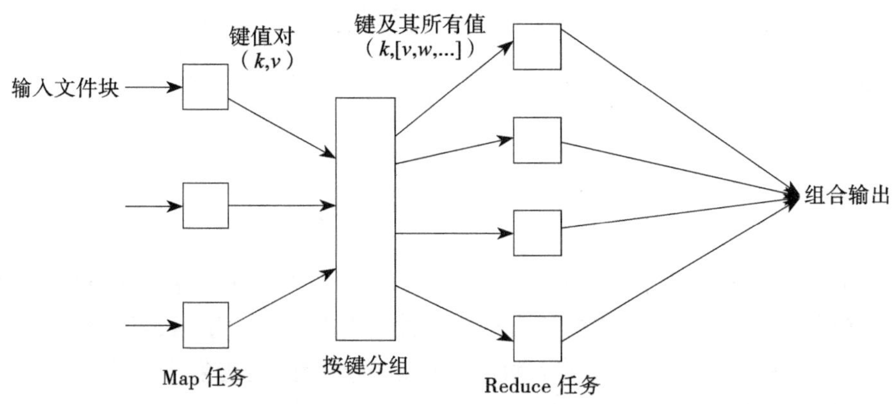

图 5-13　MapReduce 计算过程示意图

（一）Map 任务

Map 的输入文件可以看成由多个元素（element）组成，而元素可以是任意类型，如一个元组或一篇文档。文档文件块是一系列元素的集合，同一个元素不能跨文件块存储。所以说，所有 Map 任务的输入和 Reduce 任务的输出都是键值对的形式，但是输入元素中的键通常无关紧要，应当忽略。之所以坚持输入 / 输出采用键值对的形式，主要是希望能够允许多个 MapReduce 过程进行组合。

Map 函数将输入元素转换成键值对，其中的键和值都可以是任意类型。另外，这里的键并非通常意义上的“键”，即并不要求它们具有唯一性。

（二）分组与聚合

不管 Map 和 Reduce 任务具体做什么，分组（grouping）和聚合（aggregation）

都基于相同的方式来处理。主控进程知道 Reduce 任务的数目，如 r 个。该数目通常由用户指定并通知 MapReduce 系统。然后，主控进程通常选择一个哈希函数作用于键并产生一个 0 ~ r -1 的桶编号。Map 任务输出的每个键都被哈希函数作用，根据哈希函数结果，其键值对将被放入 r 个本地文件中的一个。每个文件都会被指派给一个 Reduce 任务。

当所有 Map 任务都成功完成后，主控进程将每个 Map 任务输出的面向某个特定 Reduce 任务的文件进行合并，并将合并文件以“键值表”对（key-list-of-value pair）序列传给该进程。也就是说，对每个键 k，处理键 k 的 Reduce 任务的输入形式为（k，[$v1$，$v2$，…，vn]），其中（k，$v1$），（k，$v2$），…，（k，vn）为来自所有 Map 任务的具有相同键 k 的所有键值对。

（三）Reduce 任务

Reduce 函数将输入的一系列键值表中的值以某种方式组合。Reduce 任务的输出是键值对序列，其中每个键值对中的键 k 是 Reduce 任务接收到的输入键，而值是其接收到的与 k 关联的值表的组合结果。所有 Reduce 任务的输出结果会合并成单个文件。

下面通过一个例子来详细说明这个过程。

WordCount 是 Hadoop 自带的一个例子，目标是统计文本文件中单词的个数。假设有如下两个文本文件来运行 WorkCount 程序：

Hello World Bye World

Hello Hadoop GoodBye Hadoop

1. Map 函数输入

Hadoop 针对文本文件默认使用 Line Record Reader 类来实现读取，一行一个 key/value 对，key 取偏移量，value 为行内容。

如下是 Map1 的输入数据：

Key1

Value1

0

Hello World Bye World

以下是 Map2 的输入数据：

Key1

Value1

0

Hello Hadoop GoodBye Hadoop

2. Map 函数输出

以下是 Map1 的输出结果：

Key2

Value2

Hello

1

World

1

Bye

1

World

1

以下是 Map2 的输出结果

Key2

Value2

Hello

1

Hadoop

1

GoodBye

1

Hadoop

1

3. Combine 输出

Combine 类实现将相同 key 的值合并起来，它也是一个 Reducer 的实现。

以下是 Combine1 的输出：

Key2

Value2

Hello

1

World

2

Bye

1

以下是 Combine2 的输出：

Key2

Value2

Hello

1

Hadoop

2

GoodBye

1

4. Reduce 输出

Reduce 类实现将相同 key 的值合并起来。

以下是 Reduce 的输出：

Key2

Value2

Hello

2

World

2

Bye

Hadoop

2

GoodBye

1

三、MapReduce 使用算法

MapReduce 框架并不能解决所有问题，甚至有些可以基于多计算节点并行处理的问题也不宜采用 MapReduce 来处理。要知道，整个分布式文件系统只在文件巨大、更新的情况下才有意义。因此，在管理在线零售数据时，不论采用 DFS 还是 MapReduce 都不太合适，即使使用数千计算节点来处理 Web 请求的大型在线零售商 Amazon 也不适合。主要原因在于，一方面，Amazon 数据上的主要操作包括应答商品搜索需求、记录销售情况等计算相对较小但更改数据库的过程。但另一方面，Amazon 可以使用 MapReduce 来执行大数据上的某些分析型查询，如为每个用户找到和他购买模式最相似的那些用户。Google 采用 MapReduce 的最初目的是处理 PageRank 计算过程中必需的大矩阵——向量乘法。

（一）向量乘法实现

假定有一个 $n \times n$ 的矩阵 $\boldsymbol{M}$，其第 i 行第 j 列的元素记为 m_{ij}。假定有一个 n 维向量 $\boldsymbol{v}$，其第 j 个元素记为 v_j。于是，矩阵 $\boldsymbol{M}$ 和向量 $\boldsymbol{v}$ 的乘积结果是一个 n 维向量 $\boldsymbol{x}$，其第 i 个元素 x_i 为

$$x_i = \sum_{j=1}^{n} m_{ij} v_j$$

如果 n =100，即没有必要使用 DFS 或 MapReduce。但上述计算却是搜索引擎中 Web 网页排序的核心环节，因此数据 n 达到上百亿兆字节。接着首先假定 n 很大，但还没有到向量 $\boldsymbol{v}$ 不足以放入内存的地步，而该向量的 Map 任务实现了一部分的输入。值得注意的是，MapReduce 的定义中并没有禁止对多个 Map 任务提供完全相同的输入。

矩阵 $\boldsymbol{M}$ 和向量 $\boldsymbol{v}$ 各自都会在 DFS 中存成一个文件。假设每个矩阵元素的行列下标都是可知的，不论是从文件中的位置就可推断出来还是其下标本来就被显式地存放成三元组（i，j，m_{ij}）。同样，假设向量 $\boldsymbol{v}$ 的元素 v_j 的下标可以通过类似的方法来获得。

Map 函数即指每个 Map 任务将整个向量 $\boldsymbol{v}$ 和矩阵 $\boldsymbol{M}$ 的一个文件块作为输入。对每个矩阵元素 m_{ij}，Map 任务会产生键值对（i，j，m_{ij}）。因此，计算 x_i 的所有 n 个求和项 $m_{ij}v_j$ 的键值都相同。Reduce 函数使用 Reduce 任务将所有与给定键 i 关联的值相加即可得到（i，x_i）。

（二）内存处理

如果向量 $\boldsymbol{v}$ 很大，那么其在内存中可能无法完整存放。当然，也不一定要将它放入计算节点的内存中，但是如果不放入，那么由于计算过程中需要多次将向量的一部分导入内存，会导致大量的磁盘访问。所以，一种替代的方案是，将矩阵分割成多个宽度相同的垂直条（vertical stripe），同时将向量分割成同样数目

的水平条（horizontal stripe），每个水平条的高度等于矩阵垂直条的宽度。我们的目标是使用足够的条以保证向量的每个条能够方便地放入计算节点的内存中。图 5-14 所示为上述分割的示意图，其中矩阵和向量都分割成 5 个条。

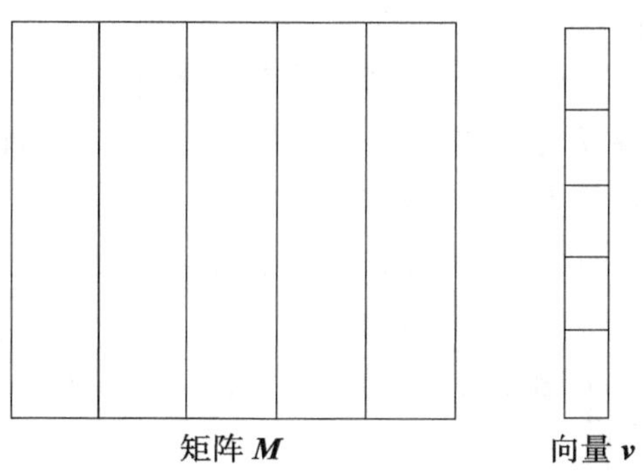

图 5-14　矩阵 **M** 与向量 **v** 的分割示意效果图

矩阵的第 i 个垂直条只和向量的第 i 个水平条相乘。因此，可以将矩阵的每个条存成一个文件，同样将向量的每个条存成一个文件。矩阵某个条的一个文件块及对应的完整向量条输送到每个 Map 任务。然后，Map 和 Reduce 任务可以按照描述的过程来运行，不同的是在那里 Map 任务获得了完整的向量。

（三）关系运算

在规模数据上的很多运算都用于数据库查询。在很多传统数据库应用中，即使数据库本身很大，上述查询也只返回少量的数据结果。例如，一个查询希望得到某个具体账户的银行余额。在这类查询上应用 MapReduce 效果并不明显。

然而，数据上的很多运算可以采用通用数据库查询原语句来表述，即使这些查询本身并不在数据库管理系统中执行。因此，考查 MapReduce 应用的一个好的起点就是考虑关系上的标准运算。读者可能对数据库系统、查询语言SQL及关系模型已经非常熟悉，但是在此还是要对这些内容做个简要回顾。关系（relation）可看成由列表头（称为属性）组成的表。关系中的行称为元组（tuple），关系中的属性集合称为关系的模式（schema）。经常写像 R（A_1，A_2，…，A_n）这样的表达式，表达关系的名称为 R，其属性为 A_1，A_2，…，A_n。

查询可以基于多个标准的关系运算来实现，这些运算通常称为关系代数（relational algebra），而查询本身常常通过写 SQL 语句实现。接着将讨论关系代数运算中常用的几个。

1. 选择

对关系 R 的每一个元组应用条件 C，得到仅满足条件 C 的元组。该选择（selection）运算的结果记为 σ_C（R）。

MapReduce 的选择运算实际上并不需要施展 MapReduce 的全部能力。尽管它们只需要单独的 Reduce 部分即可完成，但是最方便的方式却是只采用 Map 部分。以下给出了选择运算 σ_C（R）的一种 MapReduce 实现。

Map 函数：对 R 中的每个元组 t，检测它是否满足 C。如果满足，则产生一个键值对（t，t），也就是说，键和值都是 t。

Reduce 函数：Reduce 函数的作用类似于恒等式，其仅仅将每个键值传递到输出部分。

值得注意的是，由于输出结果包含键值对，所以它并不是一个关系。然而，只需要使用输出结果中的部分或键部分就可以得到一个关系。

2. 投影

对关系 R 的某个属性子集 S 从每个元组中得到仅包含 S 中属性的元素。该投影（projection）运算的结果记为 π_S（R）。

投影运算的处理和选择运算十分相似，由于投影运算可能会产生多个相同的元组，因此 Reduce 函数必须剔除冗余元组。可采用如下方式计算 π_S（R）。

Map 函数：对 R 中的每个元组 t，通过剔除 t 中属性不在 S 中的字段得到元组 t'，输出键值对（t'，t'）。

Reduce 函数：对任意 Map 任务产生的每个键 t'，将存在一个或多个键值对（t'，t'），Reduce 函数将（t' [t'，t'，…，t']）转换成（t'，t'），以保证对该键 t' 只产生一个（t'，t'）对。

观察到 Reduce 函数实现就是在剔除冗余。该操作满足结合律和交换律。因此，与每个 Map 任务关联的组合进程可以剔除那些局部产生的冗余对，但仍然需要 Reduce 任务来剔除来自不同 Map 任务的两个相同元组。

3. 并（union）、交（intersection）及差（difference）

这些集合运算可以应用于两个具有相同模式关系的元组集合上。在 SQL 中也存在这些运算的包（bag，也称多重集）版本。

（1）并运算。假定关系 R 和 S 具有相同的模式。Map 任务将从 R 或 S 中分配文件块。具体从哪个关系分配并不重要。Map 任务实际上什么都不做，而只是将它们的输入元组作为键值对输给 Reduce 任务，而后者只需要像投影运算一样剔除冗余。

Map 函数：将每个输入元组 t 转变为键值对（t，t）。

Reduce 函数：和每个键 t 关联的可能有一个或两个值，两种情况下都输出（t，t）。

（2）交运算。为计算两个关系的交，可使用与上述相同的 Map 函数。然而，Reduce 函数仅当两个关系都包含某个相同元组时才必须产生一个元组。如果键 t 有两个值 [t，t] 与之关联，那么 Reduce 任务会输出元组（t，t）。然而，如果 R 或 S 中不包含 t，则不需要为该交运算生成一个元组。此时需要一个值来表示“无元组”，如 SQL 中的值 NULL。当基于输出结果构建关系时，这类元组将被忽略。

Map 函数：将每个输入元组 t 转变为键值对（t，t）。

Reduce 函数：如果键 t 的值表示为 [t，t]，则输出（t，t），否则输出（t，NULL）。

（3）差运算。R 和 S 的差 $R-S$ 的计算要稍微复杂一点。只有出现在 R 但不出现在 S 中的元组 t 才能出现在最终结果中。Map 函数可以将 R 和 S 中的元组输送给 Reduce 函数，但是必须告知每个元组到底来自 R 还是 S。因此，要把关系本身放进去作为键 k 的值。Map 和 Reduce 函数的具体操作过程如下。

Map 函数：对于 R 中的元组 t，产生键值对（t，R）。对于 S 中的元组 t，产生键值对（t，S）。值得注意的是，此处的值只是关系 R 或 S 的名称，而非整个关系本身。

Reduce 函数：对每个键 t，进行如下处理。

如果相关联的值表为 [R]，则输出（t，t）。

如果相关联的值表为其他任何情况，只包括 [R，S]、[S，R] 或 [5]，都输出（t，NULL）。

4. 自然连接（Natural Join）

给定两个关系，比较两个关系中的每对元组。如果两个元组的所有公共属性的属性值（两个关系模式中公共属性）一致，即生成一个新的元组，该元组由原来两个元组的公共部分加上非公共部分组成。如果两个元组的公共属性的属性值至少有一个不一致，那么就不输出任何元组。关系 R 和 S 的自然连接记为 R　　S。

为了理解基于 MapReduce 的自然连接运算的实现，将考查一个特殊的例子，

即将取 R（A，B）和 S（B，C）进行自然连接运算。该自然连接运算实际上要去寻找与字段 B 相同的元组，即 R 中元组的第二个字段值等于 S 中元组的第一个字段值。接下来将使用两个关系中元组的 B 字段值作为键，值为关系中的另一个字段和关系的名称，因此 Reduce 函数会知道每个元组到底来自哪一个关系。

Map 函数：对于 R 中的每个元组（a，b），生成键值对（b，（R，a））；对 S 中的每个元组（b，c），生成键值对（b，（S，c））。

Reduce 函数：每个键值 b 会与一系列对相关联，这些对要么来自（R，a），要么来自（S,c）。基于（R，a）和（S，c）构建所有的对。键 b 对应的输出结果为（b，[（a_1，b，c_1），（a_2，b，c_2），…]），也就是说，与 b 相关联的元组列表由来自 R 和 S 中的具有共同 b 值的元组组合而成。

对于上述连接算法有以下观察结果：

（1）连接结果对应的关系可以根据出现在任意键输出列表中的所有元组来恢复；

（2）MapReduce 在很多实现中（如 Amazon）会按键排序将值输送给 Reduce 任务。

如果这样做，那么判断来自两个关系的所有元组是否包含公共键 b 就比较容易。如果 MapReduce 的另一种实现方法中并不按照键将键值对排序，那么 Reduce 仍然可以通过按键排序对键值对进行本地哈希运算来高效处理。如果桶的数量足够，那么大部分桶就只包含一个键。最后，如果 R 和 S 中分别有 n 个和 m 个元组的 B 字段值 b，那么结果中就有 mn 个元组的第二个字段值为 b。在极端情况下，R 和 S 中所有的元组的 B 字段值都为 b，那么此时 R 和 S 的自然连接实际上就是笛卡尔积计算。然而，绝大多数情况下，R 和 S 中字段 B 值相等的元组数目较小，这样 Reduce 的时间复杂度更接近线性大小而不是平方级数。

5. 分组和聚合（Grouping and Aggregation）

给定关系 R，分组是指按照属性集合（称为分组属性）G 中的值对元组进行分割，然后对每个组的值按照某些其他属性进行聚合。通常允许的聚合运算包括 SUM、COUNT、AVG、MIN 和 MAX，每个运算的意义都十分明确。值得注意的是，MIN 和 MAX 运算要求聚合的属性类型必须具备可比性，如数字或字符串类型。SUM 和 AVG 则要求属性是数值型。关系 R 上的分组—聚合运算记为 γ_X（R），其中 X 为一个元素表，而其中每个元素可以为：

（1）一个分组属性；

（2）表达式为 θ（A），其中 θ 为上述一种聚合运算之一（如 MAX），而 A 为一个非分组属性。该运算对每个分组都输出一个元组结果。该元组由多个字段组成，其中每个分组属性对应一个字段，其字段值为该分组中的公共值，每个聚合运算也对应一个字段，字段值为对应分组的聚合值。

与讨论连接操作一样，接着通过一个极其简单的例子来说明基于MapReduce的分组和聚合运算的实现。整个讨论中假定只有一个分组属性和一次聚合运算。假定对关系 R（A，B，C）施加运算 $\gamma_{A,\ \theta(B)}$（R），那么Map函数主要负责分组运算，而Reduce函数则负责聚合运算。

Map函数：对每个元组（a，b，c），生成键值对（a，b）。

Reduce函数：每个键 a 代表一个分组，即对与键 a 关联的字段 B 的值表[b_1，b_2，…，b_n]施加 θ 操作。输出结果为（a, x），其中 x 是在上述值表上应用 θ 操作的结果。例如，如果 θ 为MAX运算，那么 x 为 b_1，b_2，…，b_n 中的最大值；如果 θ 为SUM运算，那么 $x = b_1 + b_2 + \cdots + b_n$。

如果存在多个分组属性，那么此时键就是这些属性对应的属性值表组成的一个元组。如果存在多个聚合运算，那么会在给定键的值表上应用Reduce函数进行每个聚合运算，产生包含键（若有多个分组属性，则基于这些分组属性来构建键）以及每个聚合运算的结果。

6. 矩阵乘法

矩阵 $\boldsymbol{M}$ 中第 i 行第 j 列的元素记为 m_{ij}，矩阵 $\boldsymbol{N}$ 中第 j 行第 k 列的元素记为 n_{jk}，矩阵 $\boldsymbol{P} = \boldsymbol{MN}$，其第 i 行第 k 列的元素记为 p_{ik}，则

$$p_{ik} = \sum_{j}^{k} m_{ij} n_{jk}$$

上述矩阵乘法中必须要求 $\boldsymbol{M}$ 的列数等于 $\boldsymbol{N}$ 的行数，上式才有意义。可把矩阵看成一个带有如下三个属性的关系：行下标、列下标、行列下标对应的值。因此，可把矩阵 $\boldsymbol{M}$ 看成关系 $\boldsymbol{M}$（I，J，V），其元组为（i，j，m_{ij}）。而矩阵 $\boldsymbol{N}$ 可看成关系 $\boldsymbol{N}$（J，K，W），其元组为（j，k，n_{jk}）。大型矩阵通常会十分稀疏（大多数元素为0），由于0元素可以被忽略，所以大型矩阵特别适合采用关系表示。然而，在文件中矩阵元素的下标 i、j、k 可能并不和元素一起显式出现。在这种情况下，Map函数就必须根据数据的位置来构建元组 I、J 和 K 字段。

矩阵 $\boldsymbol{M}$ 和 $\boldsymbol{N}$ 的乘积为一个自然连接运算再加上分组和聚合运算。也就是说，关系 $\boldsymbol{M}$（I，J，V）和 $\boldsymbol{N}$（J，K，W）的自然连接只有一个公共属性 J，对于 $\boldsymbol{M}$ 中的每个元组（i，j，v）和 $\boldsymbol{N}$ 中的（j，k，w），两个关系的自然连接会产生元组（i，j，k，v，w）。该五字段元组代表两个矩阵的元素对（m_{ij}，n_{jk}）。实际目标是对元素求积，即产生四字段元组（i，j，k，$v \times w$）。一旦在MapReduce操作后

得到该结果关系，接着即可进行分组和聚合运算，其中 I 和 K 为分组属性，$V \times W$ 的和作为聚合结果。也就是说，矩阵乘法可通过两个 MapReduce 运算串联实现，其实现过程如下。

第一步，Map 函数：将每个矩阵元素 m_{ij} 传给键值对（j，（M，i，m_{ij}）），将每个矩阵元素 n_{jk} 传给键值对（j，（N，k，n_{kj}））。

Reduce 函数：对每个键 j，检查与之关联的值的列表。对每个来自 $\boldsymbol{M}$ 的值（M，i，m_{ij}）和来自 $\boldsymbol{N}$ 的值（N，k，n_{kj}），产生元组（i，k，m_{ij}，n_{kj}）。对于键 j，Reduce 函数输出满足（i，k，m_{ij}，n_{kj}）形式的所有元组列表作为值。

接下来通过另外一个 MapReduce 运算来进行分组聚合运算。

Map 函数：上面 Reduce 函数的输出结果传递给该 Map 函数，这些结果的形式为

$$(j,[i_1.k_1,v_1],[i_2,k_2,v_2], \quad ,[i_p,k_p,v_p])$$

其中，每个 v_p 为对应的 m_{iqj} 和 n_{jkq} 的乘积。基于该元素可以产生 p 个键值对

$$((i_1,k_1),v_1),((i_2,k_2),v_2), \quad ,((i_p,k_p),v_p)$$

Reduce 函数：对每个键（i，k），计算与此键关联的所有值的和，结果记为（（i，k），v）。其中，v 为矩阵 $\boldsymbol{P}=\boldsymbol{MN}$ 的第 i 行第 k 列的元素值。

7. 单步矩阵乘法

同一个问题可以采用的 MapReduce 实现策略通常不止一种。对于上文中矩阵乘法 $\boldsymbol{P}=\boldsymbol{MN}$ 问题，可能期望只通过单步 MapReduce 过程来实现。实际上，如果在两个函数中分别加入更多工作，这个期望是可以实现的。首先利用 Map 函数来创建需要的矩阵元素集合以计算结果 $\boldsymbol{P}=\boldsymbol{MN}$ 中的每个元素。

注意：$\boldsymbol{M}$ 或 $\boldsymbol{N}$ 的一个元素会对结果中的多个元素有用，因此一个输入元素将会转变为多个键值对。键的形式是（i，k），其中 i 是 $\boldsymbol{M}$ 的一行，k 是 $\boldsymbol{N}$ 的一列。

Map 和 Reduce 函数的主要实现操作如下。

Map 函数：对于矩阵 $\boldsymbol{M}$ 中的每个元素 m_{ij}，产生一系列键值对（（i，k），（M，j，m_{ij}）），其中 k =1，2，…，直到矩阵 $\boldsymbol{N}$ 的列数。同样，对于矩阵 $\boldsymbol{N}$ 中的每个元素 n_{jk}，也产生一系列键值对（（i，k），（N，j，n_{jk}）），其中 i =1，2，…，直到矩阵 $\boldsymbol{M}$ 的行数。

Reduce 函数：每个键（i，k）相关联的值（M，j，m_{ij}）及（N，j，n_{jk}）将组成一个表，其中 j 对应所有可能的值。Reduce 函数的每个键值必须具有相同的 j 值。一个简单的方法是将所有（M，j，m_{ij}）及（N，j，n_{jk}）分别按照 j 值排序并放到不同的列表中。将两个列表的第 j 个元组中的 m_{ij} 和 n_{jk} 抽出来相乘，

然后将这些积相加，最后与键（ i ， k ）组对作为 Reduce 函数的输出结果。

如果 $\boldsymbol{M}$ 的一行或 $\boldsymbol{N}$ 的一列过大，不能放进内存，那么 Reduce 任务将不得不使用外部排序方法来对给定键（ i ， k ）所关联的值排序。但在这种情况下，矩阵本身也会很大，可能有 1 020 个元素，如果矩阵很密集，不太可能会尝试上述计算方法。但是如果矩阵比较稀疏，那么对任意键相关联的值会少得多，此时对积的求和运算即可以在内存中进行。

（四）分布文件系统应用实践

下面主要介绍分布文件系统的实际应用。

1. 矩阵相乘算法设计

（1）MapReduce 程序设计过程

① <key，value> 对。<key，value> 对是 MapReduce 编程框架中基本的数据单元，其中 key 实现了 Writable Comparable 接口，value 实现了 Writable 接口，这使得框架可对其序列化并可对 key 执行排序。

②数据输入。InputFormat、InputSplit、RecordReader 是数据输入的主要编程接口。InputFormat 主要实现的功能是将输入数据分切成多个块，每个块都是 InputSplit 类型；而 RecordReader 负责将每个 InputSplit 块分解成多个 <key1，value1> 对传送给 Map。

③ Mapper 阶段。这一阶段设计的编程接口主要包括 Mapper、Reducer、Partitioner。实现 Mapper 接口主要是实现其 Map 方法，Map 主要用来处理输入 <key1，value1> 对并产生输出 <key2，value2> 对。在 Map 处理过 <key1，value1> 对之后，可实现一个 Combine 类对 Map 的输出进行初步的规约操作，此类实现了 Reduce 接口。而 Partitioner 主要根据 Map 的输出 <key2,value2> 对的值，将其分发给不同 Reduce 任务。

④ Reduce 阶段。此阶段需要实现 Reduce 接口，主要是实现 Reduce 方法，框架将 Map 输出的中间结果根据相同的 key2 组合成 <key2，list（value2）> 对作为 Reduce 方法的输入数据并对其进行处理，同时产生输出数据 <key3,value3> 对。

⑤数据输出。数据输出阶段主要实现两个编程接口，其中 FileOutputFormat 接口用来将数据输出到文件，RecordWriter 接口负责输出一个 <key，value> 对。

（2）矩阵相乘

一般来说，矩阵相乘就是左矩阵乘右矩阵，结果为积矩阵，左矩阵的列数与右矩阵的行数相等，设左矩阵为 $a \times b$ 的矩阵，右矩阵为 $b \times c$ 的矩阵，左矩阵的行与右矩阵的列对应元素乘积之和为积矩阵中的元素值。

矩阵相乘也是这种传统算法，左矩阵的一行和右矩阵的一列组成一个InputSplit，其存储 *b* 个 <key，value> 对，key 存储积矩阵元素位置，value 为生成一个积矩阵元素的 *b* 个数据对中的一个；Map 方法计算一个 <key，value> 对的 value 中数据对的积；而 Reduce 方法计算 key 值相同的所有积的和。

（3）实现的程序代码

①程序中的类。

a. matrix 类用于存储矩阵。

b. IntPair 类实现 Wriable Comparable 接口，用于存储整数对。

c. matrixInputSplit 类继承了 InputSplit 接口，每个 matrixInputSplit 包括 *b* 个 <key，value> 对，用来生成一个积矩阵元素。key 和 value 都为 IntPair 类型，key 存储的是积矩阵元素的位置，value 为计算生成一个积矩阵元素的个数据对中的一个。

d. 继承 InputFormat 的 matrixInputFormat 类，用来输入数据。

e. matrixRecordReader 类继承了 RecordReader 接口，MapReduce 框架调用此类生成 <key，value> 对赋给 map 方法。

f. 主类 matrixMulti，其内置类 MatrixMapper 继承了 Mapper，并重写覆盖了 Map 方法。类似地，FirstPartitioner、MatrixReducer 也是如此。在 main 函数中，需要设置一系列的类。

g. MultipleOutputFormat 类用于向文件输出结果。

h. LineRecordWriter 类被 MultipleOutFormat 中的方法调用，向文件输出一个结果 <key，value> 对。

②部分实现代码。

a.matrixInputFormat 类代码。

```
public class matnxlnputFormat extends InputFormat<IntPair，IntPair>
{
    // 新建两个 matrix 实例，m[0] 为左矩阵，m[1] 为右矩阵
    public matnx[] m=new matnx[2]；
    public list<InputSplit>getSplits（Job Context context）throws IO Exception，
InterruptedException
    {
        // 在文件中读取矩阵填充 m[0]，m[1]
        int NumOfFiles=readFile（context）；
        for（int n=0；n<row；n++）{          //row 为 m[0] 的行数
```

```
            for ( int m=0 ; m<col ; m++ ) {     //col 为 m[1] 的列数
        // 以 m[0] 的第 n 行与 m [1] 的第 m 列为参数实例化一个 matrixInputSplit
            matrixInputSplit split=new matrixInputSplit ( n, this.m[0], m, this.[1] );
            splits.add ( split );
          }
        }
    returnsplits
    }
```

b.matrixMulti 类代码。

```
    public class matrixMulti
    {
        public static class MatrixMapper extends Mapper<IntPair, IntPair, IntPair,
IntWritable>
        {
          public void map ( IntPair key, IntPair value, Context context ) throws
IO Exception,
              InterruptedException{
              int left=value.getLeft ( );
              int right=value.getRight ( );
              intWritable result=new IntWritable ( left*right );
              context.write ( key, result );
          }
        }
        public static class FirstPartitioner extends Pantitioner<IntPair, IntWritable>{
        public int getPartition ( IntPair key, IntWritable value, int numPartitions ) {
        // 按 key 的左值即行号分配 <key, value> 对到对应的 Reduce 任务,
numPartitions 为 Reduce 任务的 // 个数
        int abs=Math.abs ( key.getLeft ( ));
        return bas ;
        }
      }
    public static class MatrixReducer extends Reducer<IntPair, IntWritable,
IntPair, IntWritable>
```

```
{
        private IntWritable result=new IntWritabie ( );
        public void reduce ( IntPair key, Iterabie<IntWritable>values, Context
context )
            tnrows IOException, lnterruptednxception{
            int sum=0 ;
            for ( IntWritable val : values ) {
                int v=val.get ( );
                sum+=v ;
            }  // 对 key 值相同的 value 求和
                result.set ( sum );
                context.write ( key, result );
                        }
                    }
                }
```

③程序的运行过程。

a. 程序从文件中读出数据到内存，生成 matrix 实例，通过组合左矩阵的行与右矩阵的列生成 $a \times c$ 个 matrixInputSplit。

b. 一个 Mapper 任务对一个 matrixInputSplit 中的每个 <key1，value1> 对调用一次 Map 方法将 value1 中的两个整数相乘。输入的 <key1，value1> 对中 key1 和 value1 的类型均为 IntPair，其输出为 <key1，value2> 对，key1 不变，value2 为 IntWritable 类型，值为 value1 中两个整数的乘积。

c. MapReduce 框架调用 FirstPartitioner 类的 getPartition 方法将 Map 输出。<key1，value2> 对分配给指定的 Reduce 任务（任务个数可以在配置文件中设置）。

d. Reduce 任务对 key1 值相同的所有 value2 求和，得出积矩阵中的元素 k 的值。其输入为 <key1，list（value2）> 对，输出为 <key1，value3> 对，key1 不变，value3 为 IntWritable 类型，值为与 key1 值相同的所有 value2 的和。

e. MapReduce 框架实例化一个 MultipleOutputFormat 类，将结果输出到文件。

2. 倒排索引实例

（1）倒排索引概述

倒排索引是文档检索系统中最常用的数据结构，被广泛地应用于全文搜索引擎。其主要是用来存储某个单词（或词组）在一个文档或一组文档中的存储位置的映射，即提供了一种根据内容来查找文档的方式。由于不是根据文档来确定文档所包含的内容，而是进行了相反的操作，因而称为倒排索引（Inverted Index）。一般情况下，倒排索引由一个单词（或词组）及相关的文档列表组成，文档列表中的文档或是标志文档的 ID 号，或是指定文档所在位置的 URI，如图 5-15 所示。

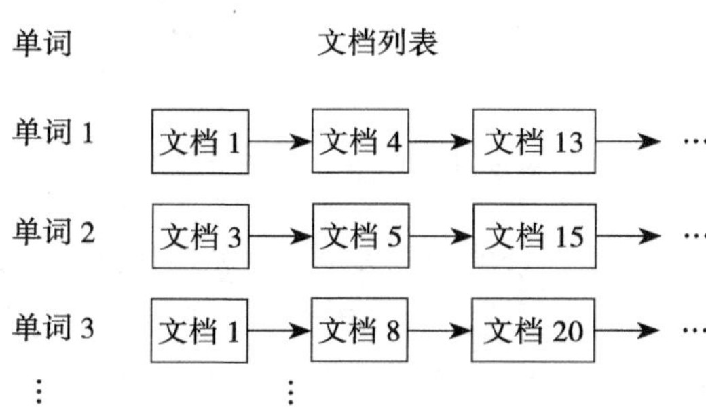

图 5-15 倒排索引结构示意图

从图 5-15 中可以看出，单词 1 出现在{文档 1，文档 4，文档 13，…}中，单词 2 出现在{文档 3，文档 5，文档 15，…}中，而单词 3 出现在{文档 1，文档 8，文档 20，…}中。实际应用还需要给每个文档添加一个权值，用来指出每个文档与搜索内容的相关度，如图 5-16 所示。

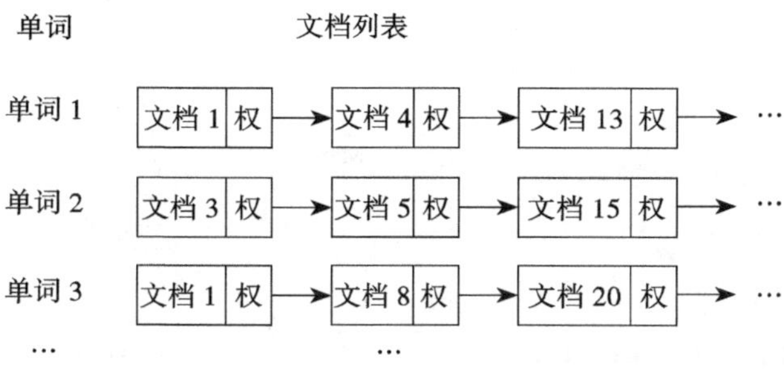

图 5-16 添加权重的倒排索引示意图

最常用的是使用词频作为权重，即记录单词在文档中出现的次数。以英文为例，如图 5-17 所示。

索引文件中的 MapReduce 一行表示："MapReduce" 这个单词在文本 T0 中出现过 1 次，T1 中出现过 1 次，T2 中出现过 2 次。当搜索条件为 "MapReduce" "is" "simple"

时，对应的集合为{T0，T1，T2} ∩ {T0，T1} ∩ {T0，T1}={T0，T1}，即文本 T0 和 T1 包含了所要索引的单词，而且只有 T0 是连续的。

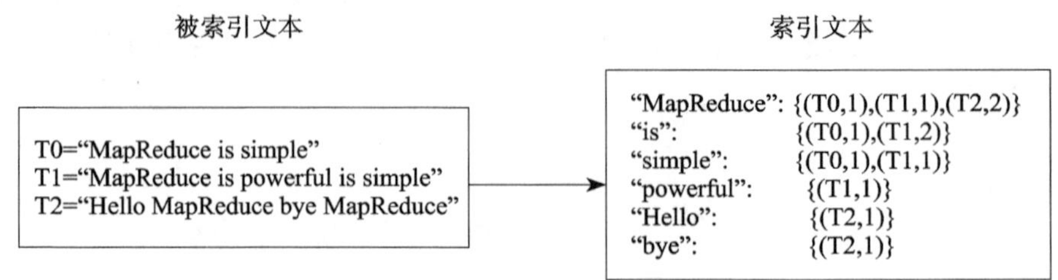

图 5-17　倒排索引示意图

更复杂的权重还可能要记录单词在多少个文档中出现过，以实现 TFIDF（Term Frequency-Inverse Document Frequency）算法，或者考虑单词在文档中的位置信息（单词是否出现在标题中，反映了单词在文档中的重要性）等。

（2）分析与设计

本节实现的倒排索引主要关注的信息为单词、文档 URI 和词频。但是在实现过程中，索引文件的格式与图 5-17 会略显不同，以避免重写 OutputFormat 类。下面根据 MapReduce 的处理过程给出倒排索引的设计思想。

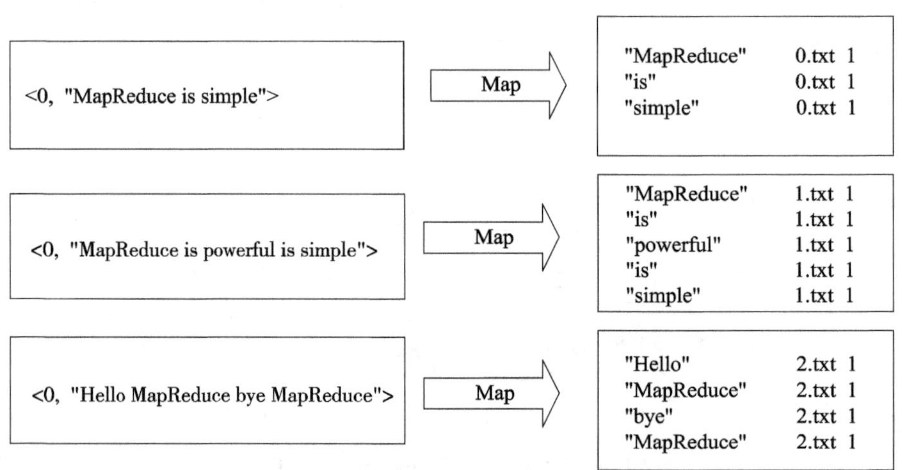

图 5-18　Map 过程输入 / 输出示意图

① Map 过程。首先使用默认的 TextInputFormat 类对输入文件进行处理，得到文本中每行的偏移量及其内容。显然，Map 过程首先必须分析输入 <key，value> 对，得到倒排索引中需要的三个信息：单词、文档 URI 和词频，如图 5-18 所示。

这里存在两个问题：第一，只能有两个值，在不使用 Hadoop 自定义数据类型的情况下，需要根据情况将其中两个值合并成一个值，作为 key 或 value 值；第二，通过一个 Reduce 过程无法同时完成词频统计和生成文档列表，所以必须增加一个 Combine 过程，完成词频统计。

这里将单词和 URI 组成 key 值（如 MapReduce：1.txt），将词频作为 value，这样做的好处是可以利用 MapReduce 框架自带的 Map 端排序，将同一文档的相同单词的词频组成列表，传递给 Combine 过程，实现类似于 WordCont 的功能。

②经过 Map 方法处理后，Combine 过程将 key 值相同的 value 值累加，得到一个单词在文档中的词频，如图 5-19 所示。如果直接将图 5-19 所示的输出作为 Reduce 过程的输入，在执行 Shuffle 过程时将面临一个问题：所有具有相同单词的记录（由单词、文档 URI 和词频组成）应该交由同一个 Reduce 处理，但当前的 key 值无法保证这一点，所以必须修改 key 值和 value 值。这次将单词作为 key 值，URI 和词频组成 value 值（如 1.txt：1）。这样做的好处是可利用 MapReduce 框架默认的 HashPartitioner 类完成 Shuffle 过程，将相同单词的所有记录发送给同一个 Reduce 进行处理。

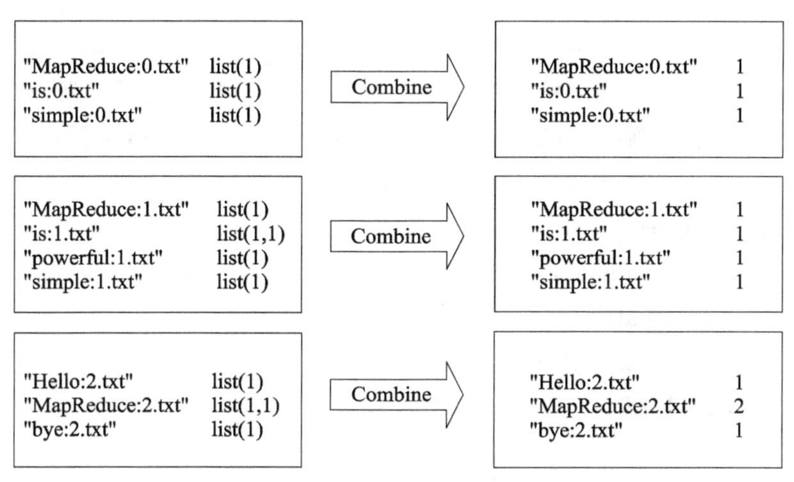

图 5-19 Combine 过程的输入 / 输出

③ Reduce 过程。经过上述两个过程后，Reduce 过程只需将相同 key 值的 value 值组合成倒排索引文件所需的格式即可，剩下的事情就可以直接交给 MapReduce 框架进行处理了，如图 5-20 所示。索引文件的内容除分隔符外与图 5-17 的解释相同。

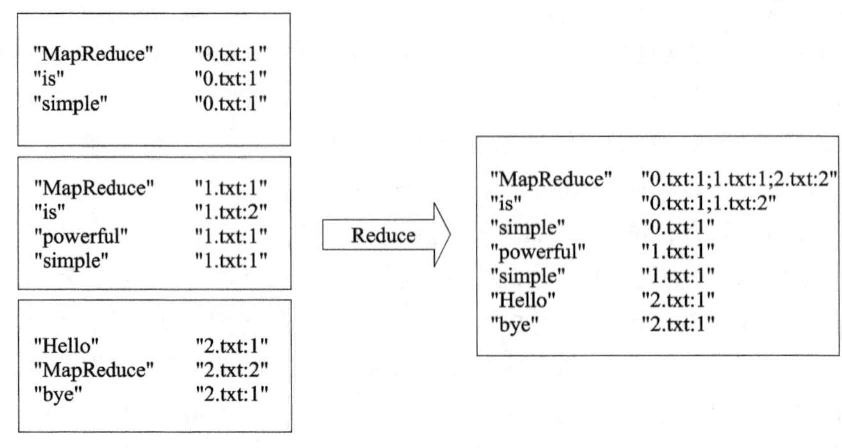

图 5-20 Reduce 过程的输入 / 输出

④需要解决的问题。设计的倒排索引在文件数目上没有限制，但是单个文件不宜过大，要保证每个文件对应一个 split，否则，由于 Reduce 过程没有进一步统计词频，最终结果可能会出现词频未统计完全的单词。可通过重写 InputFormat 类将每个文件作为一个 split，以避免上述情况。或执行两次 MapReduce，第一次 MapReduce 用于统计词频，第二次 MapReduce 用于生成倒排索引。除此之外，还可以利用复合键值对等实现包含更多信息的倒排索引，实现倒排索引的完整代码

根据以上的分析可编写如下完整源代码。

```
package org.apache.hadoop.examples ;
import java.io.Datalnput ;
import java.io.DataOutput ;
import java.io.IOException ;
import java.util.StringTokenizer ;

import org.apache.hadoop.conf.Configuration ;
import org.apache.hadoop.fs.Path ;
import org.apache.hadoop.io.IntWritable ;
import org.apache.hadoop.io.LongWritable ;
import org.apache.hadoop.io.RawComparator ;
import org.apache.hadoop.io.Text ;
import org.apache.hadoop.io.WritableComparable ;
```

```
import org.apache.hadoop.io.WritableComparator ;
import org.apache.hadoop.mapreduce.lib.input.FileInputFormat ;
import org.apache.hadoop.mapreduce.lib.output.FileOutputFormat ;
import org.apache.hadoop.mapreduce.Job ;
import org.apache.hadoop.mapreduce.Mapper ;
import org.apache.hadoop.mapreduce.Partitioner ;
import org.apache.hadoop.mapreduce.Reducer ;
import org.apache.hadoop.util.GenericOptionsParser ;

public class SecondarySort {
  public static class IntPair
    implements WritableComparable<IntPair> {
    private int first = 0 ;
    private int second = 0 ;
    public void set ( int left, int right ){
    first=left ;
    second=right ;
  }
  public int getFirst ( ) {
    return first ;
  }
  public int getSecond ( ) {
    return second ;
  }
  @Override
  public void readFields ( Datalnputin ) throws IOException{
    first=in.readlnt ( ) +Integer.MIN_VALUE ;
    second=in.readlnt ( ) +Integer.MIN_VALUE ;
  }
  @Override
  public void write ( Data Output out ) throws IOException{
    out.writeInt ( first – Integer.MIN_VALUE ) ;
    out.writeInt ( second – Integer.MIN_VALUE ) ;
```

```
}
@Override
public int hashCode ( ) {
   return first* 157+second ;
}
@Override
public Boolean equals ( Objectright ) {
   if ( right mstance of IntPair ) {
      IntPair r= ( IntPair ) right ;
      return r.first==first && r.second==second ;
   } else {
      returnfalse ;
   }
   }
   public static class Comparator extends WritableComparator{
      public Comparator ( ) {
         super ( IntPair.class ) ;
      }

      public int compare ( byte[]b1, ints1, int11,
                           byte[]b2, ints2, int12 ) {
         return compareBytes ( b1, s1, 11, b2, s2, 12 ) ;
      }
   }
   static {
        WritableComparator.define ( IntPair.class, new Comparator ( ) ) ;
   @Override
   publicintcompareTo ( IntPairo ) {
      if ( first !  =o.first ) {
          return first<o.first?-1:1 ;
   } else if ( second!=o.second ) {
      return second<o.second ?  -1:1 ;
   } else {
```

```
            return 0 ;
          }
        }
    }
    public static class FirstPartitioner extends Partitioner<IntPair, IntWritable>{
        @Overide
        public int getPartition ( IntPair key, IntWritable value, int numPartitions ) {
          return Math.abs ( key.getFirst ( ) *127 ) %numPartitions ;
        }
    }
    public static class FirstGroupingComparator
                    implementsRawComparator<IntPair>{
      @Override
      public int compare ( byte[]b1, int s1, int11, byte[]b2, ints2, int12 ) {
        return WritableComparator.compareBytes ( b1, s1, Integer.SIZE/8, b2,
s2, Integer.SIZE/8 ) ;
      }
      @Override
      publicintcompare ( IntPair o1, IntPair o2 ) {
        int 1=o1.getFirst ( ) ;
        int r=o2.getFirst ( ) ;
        return 1==r?0: ( 1<r?-1:1 ) ;
        }
      }
      public static class MapClass
                extends Mapper<LongWritable, Text, IntPair, IntWritable>{

      private final IntPair key=new IntPair ( ) ;
      private final IntWritable value=new IntWritable ( ) ;

      @Overide
      public void map ( LongWritableinKey, TextinValue,
                      Context context ) throws IOException, InterruptedException{
```

```
          StringTokenizer itr=new StringTokenizer ( inValue.toString ( )) ;
          int left=0 ;
          int right=0 ;
          if ( itr.hasMoreTokens ( )) {
            left=Integer.parseInt ( itr.nextToken ( )) ;
            if ( itr.hasMoreTokens ( )) {
              right=Integer.parseInt ( itr.nextToken ( )) ;
            }
            key.set ( left, right ) ;
            value.set ( ngnt ) ;
            context.write ( key, value ) ;
          }
        }
      }
      public static class Reduce
            extends Reducer<IntPair, IntWritable, Text, IntWritable>{
        private static final Text SEPARATOR=
          newText ( " ------------------------------------------------ " ) ;
      private final Text first=newText ( ) ;
      @Override
      public void reduce ( IntPair key, Iterable<IntWritable>values,
                              Context context
                              ) throws IOException, InterruptedException{
        context.write ( SEPARATOR, null ) ;
        first.set ( Integer.toString ( key.getFirst ( ))) ;
        for ( IntWritablevalue : values ) {
          context.write ( first, value ) ;
          }
        }
      }
      public stati cvoid main ( String[] args ) throws Exception{
        Configuration conf=new Configuration ( ) ;
        String[] otherAigs=new GenericOptionsParser( conf, args ) .getRemainingArgs ( );
```

```
        if ( otherArgs.length!=2 ) {
            System.err.println ( "Usage : secondarysrot<in><out>" ) ;
            System.exit ( 2 ) ;
        }
        Job job=new Job ( conf, "secondary sort" ) ;
        job.setJarByClass ( SecondarySort.class ) ;
        job.setMapperClass ( MapClass.class ) ;
        job.setReducerClass ( Reduce.class ) ;
        job.setPartitionerClass ( FirstPartitioner.class ) ;
        job.setGroupingComparatorClass ( MrstGroupingComparator.class ) ;
        job.setMapOutputKeyClass ( IntPair.class ) ;
        job.setMapOutputValueClass ( IntWritable.class ) ;
        job.setOutputKeyClass ( Text.class ) ;
        job.setOutputValueClass ( IntWritable.class ) ;
        FileInputFormat.addInputPath ( job, new Path ( otherArgs[0] ) ) ;
        FileOutputFormat.setOutputPath ( job, new Path ( otherArgs[1] ) ) ;
        System.exit ( job.waitForCompletion ( true ) ?0:1 ) ;
        }
    }
```

四、MapReduce 复合键值对的使用

在一般的不需要考虑很多性能因素的简单程序中，键值对 <key，value> 的使用方法通常比较简单，但是很多情况下，可以巧妙地使用复合键值对来完成很多高级的处理。

（一）合并键值

Map 计算过程中所产生的中间结果键值对将需要通过网络传递给 Reduce 节点。因此，如果程序产生大量的中间结果键值对，将导致网络数据通信量的大幅增加，既增加了网络通信开销，又降低了程序执行速度。为了提供一个基本的减少键值对数量的优化手段，MapReduce 设计并提供了 Combiner 类在每个 Map 节点上合并所产生的中间结果键值对。但是，仍然有大量的特定应用的情况是 Combiner 所无法处理的。尤其是很多应用中，可以用适当的方式把大量小的键值对合并为较大的键值对，以此大幅减少传递给 Reduce 节点的键值对数量。

例如，在单词同现矩阵计算中，单词 a 可能会与多个其他的单词共同出现，因而一个 Map 节点可能会产生单词 a 与其他单词间的很多小的键值对。如图 5-21 所示，这些键值对可以在 Map 过程中合并成右侧的一个大的键值对；接着，在 Reduce 阶段，把每个单词 a 的键值对进行累加，即可获取单词 a 与其他单词的同现关系及其具体的次数。

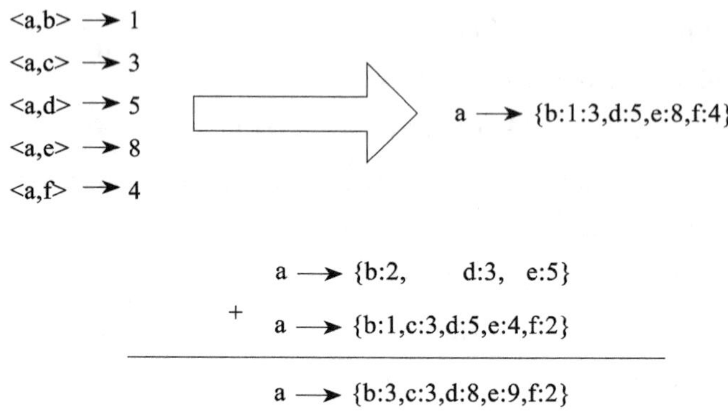

图 5-21　把小的键值对合并成大的键值对

采用了这种合并方法后，单词同现矩阵计算时间开销和网络通信开销都得到了大幅降低。Jimmy Lin 对单词同现矩阵计算进行了研究，对来自 Associated Press Worldstream（APW）的 227 万个文档、多达 5.7 GB 的语料库进行了键值对合并对比研究，如图 5-22 所示。

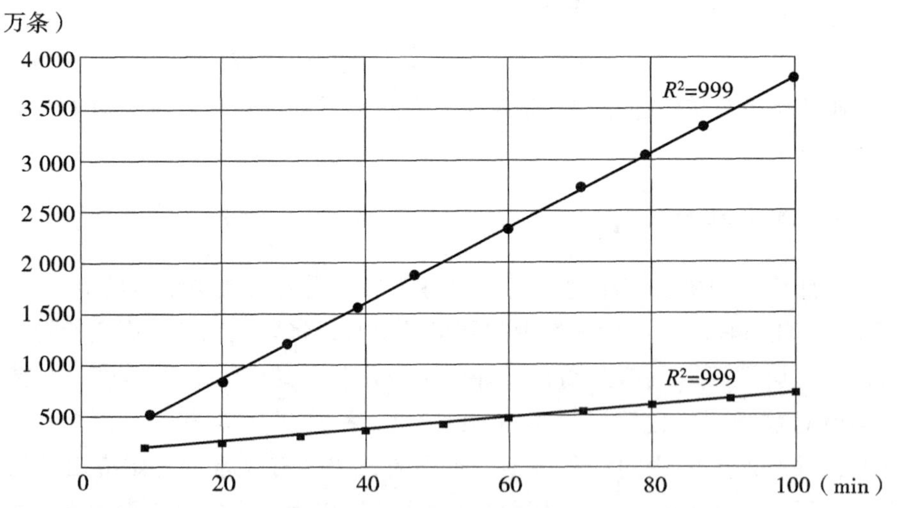

图 5-22　小键值对合并成大键值对时同现矩阵计算性能对比

研究结果表明，计算时间从小键值对时的约 62 min 下降到大键值对时的约 11 min；而数据量方面，使用小键值对时，Map 节点共产生了 26 亿条中间键值对，经过 Combiner 处理后降低到 1 亿条，最终 Reduce 节点输出了 1.46 亿条结果键值对；而使用大键值对时，Map 节点仅产生了 4.63 亿条中间键值对，经过 Combiner 处理后进一步大幅降低到 2 880 万条，最终 Reduce 节点仅输出了 160 万条结果键值对。

图 5-22 显示了在处理不同的语料库数据量时两种方法的性能对比。结果表明，采用合并成大键值对的方法比小键值对方法的计算速度要快得多，而且语料数据量越大，速度提升越大，原因是语料数据量越大，每个单词的键值对合并机会也就越大。

在运行自己的 MapReduce 计算程序时，若需要观察键值对合并前后 Map、Combiner 和 Reduce 阶段在具体的数据量上的变化，可以用 JobTracker 的 Web 监视用户界面，查看详细的统计数据。

（二）用复合键排序

Map 计算过程结束后进行分区（partition）处理时，系统自动按照 Map 的输出进行排序。因此，进入 Reduce 节点的所有键值对 <key，{value}> 将保证是按照 key 值进行排序的，而键值对中的 {value} 值可能不排序。然而在某些应用中，进入 Reduce 节点的 {value} 列表有时恰恰希望是以某种顺序排序的。

解决这个问题的一个办法是，在 Reduce 过程中对 {value} 列表中的各个 value 进行本地排序。但当 {value} 列表数据量巨大，无法在本地内存中进行排序时，将需要使用复杂的外排序。因此，这个解决方法缺少良好的可扩展性。

一个具有可扩展性的办法是，将 value 中需要排序的部分加入 key 中形成复合键，这样将能利用 MapReduce 系统的排序功能自动完成排序。

为了具体说明如何使用复合键让系统完成排序，下面以“带词频的文档倒排索引”程序为例展示具体的实现方法。

设有如下三个文本文档及其所包含的具体内容。

doc1:read file，read data

doc2:data file，text file

doc3:read text file

为了能对这三个文档进行全文检索，需要对其建立如下文档倒排索引。

data → doc1:1，doc2:1

file → doc1:1，doc2:2，doc3:1

read → 1:2，d3:1

text → doc2:1，doc3:1

上述文档倒排索引的基本格式为 t → <d:f>，其中，t 为单词，<d，f> 为文档词频项，d 为单词 t 所出现的文档，f 为单词 t 在文档 d 中出现的频度。当一个单词在多个文档中出现时，该单词的倒排索引将包含多个 <d:f> 文档词频项，这样一组文档词频项称为“文档词频列表”。如上例中 file 包含 doc1:1、doc2:2、doc3:1 这三个文档词频项。

如图 5-23 所示，先用最基本的 MapReduce 处理方法来生成倒排索引。其中，Map 阶段键值对 <key，value> 的格式为 <t，< d:f>>，而最后 Reduce 输出的键值对的格式为 <t，<t:f，d:f，d:f，…>>。

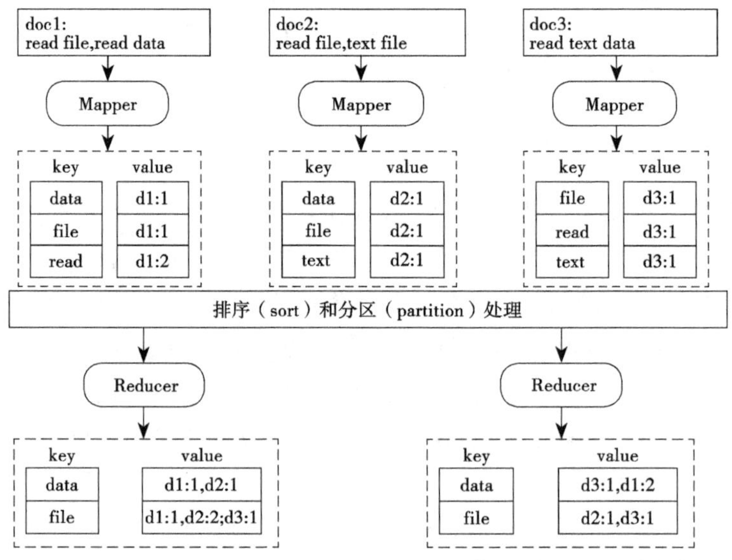

图 5-23　带词频的文档倒排索引基本的 MapReduce 处理方法

注意：最后生成的倒排索引中，每个单词对应的文档词频列表中，文档词频项 <d:f> 之间在默认状态下并不保证有任何排序，如果需要排序，则需要在 Reduce 阶段加入一个本地排序处理。

这种基本倒排索引的 Map 和 Reduce 程序可编写如下伪代码。

```
class Mapper
method Map（docid a，doc d）
F ← new Array
for all t ∈ doc d do
F{t} ← F{t}+1
```

```
for all t ∈ F do
Emit（t，<d:F {t}>）
class Reducer
method Reduce（t，{d1:f1，d2:f2⋯}）
L-new List
for all<d：f>e {d1:f，d2:f2⋯} do
Append（L，<d:f>）
Emit（t，L）
```

假定现在希望搜索引擎在列出所有击中的文档时，能根据所检索单词在文档中出现的频度按从大到小的次序来显示出文档列表。这种情况下，上述方法所生成的倒排索引中文档词频列表就需要按照词频从大到小进行排序。

如前所述，虽然可在 Reduce 节点本地对每一个文档词频列表进行排序，但当一个单词的文档词频列表项数很大时，可能无法在本地节点的内存中完成排序。在真实的搜索引擎中网页文档数可能会达到数十亿，因此一个单词的文档词频项数确有可能会达到很大的数目，加上还有其他如出现位置、文档 RUI 等补助信息，很容易达到很大的数据量，以致难以在一个节点的本地进行排序处理。这种情况下就需要使用复杂的外排序，因此这种解决办法不具备可扩展性。

一个巧妙的方法是，在 Map 阶段，把需要排序的数据从键值对 <key，value> 后部的 value 中拆分出来，与前部的 key 组合起来，形成复合键，然后在进入 Reduce 前，利用 MapReduce 的排序和分区功能，由系统按照复合键自动完成排序。

在本例中，具体方法为，把 <d:f> 中需要排序的词频 f 拆分出来，与前面的 t 组合起来，形成 <t:f> 作为主键，而仅仅把文档标识标志号 d 作为键值对中的 value 部分。在 Reduce 阶段，再把频度值 f 从复合键 <t:f> 中拆回来，与文档标志号 d 重新合并为最终的文档词频列表，以此，在 Reduce 阶段所得到的每个单词的文档词频列表 <d:f，d:f，d:f，⋯> 就会成为按词频排序的有序列表。

根据这个思路，改进后的处理过程如图 5-24 所示。为了突出按词频排序的结果，文档词频列表中每一项都把频度放在文档标志前面。

改进后的倒排索引的 Map 和 Reduce 程序可编写如下伪代码。

```
class Mapper
method Map（docid a，doc d）
F ← new Array
for all t ∈ doc d do
```

```
F{t} ← F{t}+1
for all t ∈ F do
Emit（t，<d:F{t}>，d）
class Reducer
method Setup // 初始化
tprev ← ϕ
L ← new List
method Reduce（<t:f>，{d1，d2，…}）
if t ≠ tprev^tprev ≠ ϕ then
Emit（tprev，L）        // 输出前一条词的文档词频列表
L.RemoveAll（）
for all d ∈ {d，d2，…} to
L.Add（<d:f>）        // 把一个文档词频项 <d:f> 添加到单词 t 的文档词频列表中
tprev ← t
method Close
Emit（t，L）        // 输出最后一个单词的文档词频列表
```

上述 MapReduce 程序执行后，可得到图 5-24 中由 Reduce 输出的最后结果。

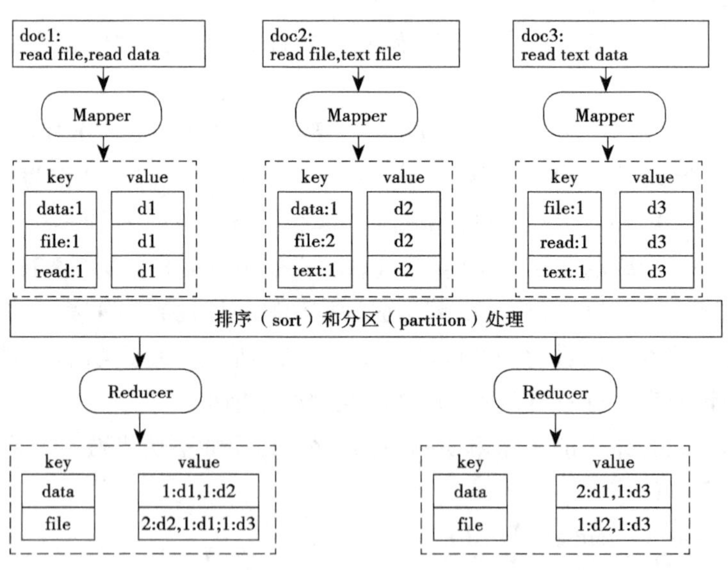

图 5-24　用复合键让系统自动完成文档词频列表频度排序图

但是，上述改进方法还存在一个问题。把频度值与单词合并形成复合键后，同一个单词的复合键值 <t:f> 不一样了，这会使来自不同 Map 节点的同一单词的键值对 <<t:f>，d> 无法正确分区到同一个 Reduce 节点上。例如，在图 5-24 中，由于第一个 Map 节点的复合键 <file:1> 与第二个节点的复合键 <file:2> 不相同，不能保证将它们分区到同一个 Reduce 节点，因而 Reduce 过程结束后，将无法把单词 file 的多个文档词频项合并在一起。

解决这个问题的方法是巧妙利用分区处理过程。定制一个专门的 Partitioner 类，在该类中，把复合键 <t:f> 中的单词 t 拆出来，作为 Partitioner 类中的 getPartition（ ）方法的主键 key 参数值，以此“欺骗”一下分区处理过程，让 Partitioner 照常将包含同一单词的复合键值对 <<t:f>，d> 分区到同一个 Reduce 节点上。

同样，如果希望最后的文档词频列表按照文档标志号而不是按照词频进行排序，可做类似处理，即把文档标志号 d 与单词 t 合并构成复合键，把词频值 f 留在 value 部分。

五、链接 MapReduce 作业

当前做的数据处理任务都可由单个 MapReduce 作业完成。当能更熟练地编写 MapReduce 程序，并处理更费时费力的数据处理任务时，会发现许多复杂的任务需要分解成一些简单的子任务，每个均需要通过单独的 MapReduce 作业来完成。例如，你可能想从引用的数据集中寻找 10 个被引用最多的专利。这种操作可通过由两个 MapReduce 作业组成的一个序列来完成：第一个作业创建“倒排”引用数据集，并计算每个专利的引用数；而第二个作业再去寻找这个“倒排”数据中最大的 10 个。

（一）顺序链接 MapReduce 作业

虽然上述两个作业可手动地逐个执行，但更为便捷的方式是生成一个自动化的执行序列。可以将 MapReduce 作业按照顺序链接在一起，用一个 MapReduce 作业的输出作为下一个的输入。

mapreduce-1|mapreduce-2|mapreduce-3|……

顺序链接 MapReduce 作业是非常简单的。driver 为 MapReduce 作业创建一个带有配置参数的 JobConf 对象，并将该对象传递给 JobClient.runJob（ ）来启动这个作业。当 JobClient.mnJob（ ）运行到作业结尾处被阻止时，MapReduce 作业的链接会在一个 MapReduce 作业后调用另一个作业的 driver。每个作业的 driver 都必须创建一个新 JobConf 对象，将其输入路径设置为前一个作业的输出路径，并可

在最后阶段删除在链上每个阶段生成的中间数据。

（二）复杂的 MapReduce 链接

有时，在复杂数据处理任务中的子任务并不是按顺序运行的，因此它们的 MapReduce 作业不能按线性方式链接。例如，MapReduce1 处理一个数据集。MapReduce2 独立处理另一个数据集，而 MapReduce3 对前两个作业的输出结果做内部联结。MapReduce3 依赖于其他两个作业，仅当 MapReduce1 和 MapReduce2 都完成后才可执行。而 MapReduce1 和 MapReduce2 间并无相互依赖。

Hadoop 有一种简化机制，通过 Job 和 JobContro1 类来管理这种（非线性）作业间的依赖。Job 对象是 MapReduce1 和 MapReduce2 作业的表现形式。Job 对象的实例化可通过传递一个 JobConf 对象到作业的构造函数中来实现。除了要保持作业的配置信息外，Job 还通过设定 addDependingJob（ ）方法维护作业的依赖关系。对于 Job 对象 x 和 y，x.addDependingJob（y）意味着 x 在 y 完成前不会启动。鉴于 Job 对象存储着配置和依赖信息，JobComrol 对象会负责管理并监视作业的执行。通过 addJob（ ）方法，可以为 JobControl 对象添加作业。当所有的作业和依赖关系添加完后，调用 JobContro1 的 run（ ）方法生成一个线程来提交作业并监视其执行。

JobContro1 有类似 allFinished（ ）和 getFailedJobs（ ）这样的方法来跟踪批处理中各个作业的执行。

（三）前后处理的链接

大量的数据处理任务涉及对记录的预处理和后处理。例如，在处理信息检索的文档时，可能一步是移除 stop words（像 a、the 和 is 这样经常出现但不太有意义的词），另一步做 stemming（转换一个词的不同形式为相同的形式，如转换 finishing 和 finished 为 finish）。可以为预处理与后处理步骤各自编写一个 MapReduce 作业，并把它们链接起来。在这些步骤中可以使用 IdentityReducer（或完全不同的 Reducer）。由于过程中每一个步骤的中间结果都需要占用 I/O 和存储资源，这种做法是低效的。另一种方法是自己写 Mapper 去预先调用所有预处理步骤，再让 Reducer 调用所有的后处理步骤。这种方式强制采用模块化和可组合的方式来构建预处理和后处理。Hadoop 在版本中引入了 ChainMapper 和 ChainReducer 类来简化预处理和后处理的构成。

由前所述，表达式将 MapReduce 作业的链接符号化地表达为

[MAP|REDUCE]+。

这里 REDUCE 为 Reducer，位于名为 MAP 的 Mapper 后，这个 [MAP|REDUCE]

序列可重复一次或多次，一个跟着一个。使用 ChainMapper 和 ChainReducer 所生成的作业表达式与此类似，

MAP+|REDUCE|MAP*。

作业按序执行多个 Mapper 来预处理数据，并在运行 Reducer 后可选地按序执行多个 Mapper 来做数据的后处理。这一机制的优点在于可将预处理步骤写为标准的 Mapper。如果愿意，可以逐个运行它们，可以在 ChainMapper 和 ChainReducer 中调用 addMapper（ ）方法来分别组合预处理和后处理的步骤。全部预处理和后处理步骤在单一的作业中运行，不会生成中间文件，这大大减少了 I/O 操作。

假如有 4 个 Mapper（Map1、Map2、Map3 和 Map4）和一个 Reducer（Reduce），它们被链接为单个 MapReduce 作业，顺序为

Map1|Map2|Reduce|Map3|Map4

在这个组合中，可以把 Map2 和 Reduce 视为 MapReduce 作业的核心，在 mapper 和 reducer 间使用标准的分区。可把 Map1 作为前处理步骤，而将 Map3 和 Map4 作为后处理步骤。处理步骤的数目可以变化。

可以使 driver 设定 Mapper 和 Reducer 序列的构成。确保一个任务输出的键和值类型能匹配下一个任务的输入类型（类），可编写如下代码。

```
Connguration conf=getConfl[ );
JobConr job=new JobConf ( conf );
job.setJobName ( "ChainJob" );
job .setlnputFormat ( TextOutlnputFormat.class );
job.setOutputFormat ( TextOutputFormat.class );

FileInputFormat.setInputPath ( job, in );
FileOutputFormat.setOutputPath ( job, out );
JobConf  map1Conf=new  JobConf ( false );
// 在作业中添加 Map1 阶段
ChainMapper.addMapper ( job, Map1.class, longWritable.class, Text.class;
Textclass, Text.class, true, map 1Conf );

JobConf map2Conf=new JobConf (  false );
// 在作业中添加 Map2 阶段
ChainMapper.addMapper ( job, Map2.class, LongWritable.class, Text.class;
Text.class, Textclass, true, map2Conf );
```

```
JobConf reduceConf=new JobConf（false）;
// 在作业中添加 Reduce 阶段
ChainMapper.addMapper（job，Reduce.class，LongWritable.class，Textclass；
Textclass，Textclass，true，reduceConf）;

JobConf map3Conf=new JobConf（false）;
// 在作业中添加 Map3 阶段
ChainMapper.addMapper（jobMap3.class，LongWritable.class，Text.class；
Text.class，Text.class，true，map3Conf）;

JobConf map4Conf=new JobConf（ false）;
// 在作业中添加 Map4 阶段
ChainMapper.addMapper（job，Map4.class，LongWritable.class，Text.class；
Text.class，Text.class，true，map4Conf）;
JobClient.runJob（job）
```

driver 首先会设置“全局”的 JobConf 对象，包含作业名、输入路径及输出路径等。其一次性地添加这个由 5 个步骤链接在一起的作业，以步骤执行先后为序。它用 ChainMapper.addMapper（ ）添加位于 Reduce 前的所有步骤。用静态的 ChainReducer.setReducer（ ）方法设置 reducer，再用 ChainReducer.addMapperO 方法添加后续的步骤。全局的 JobConf 对象（作业）经历所有 5 个 add* 方法。此外，每个 mapper 和 reducer 都有一个本地 JobConf 对象（map1Conf、map2Conf、map3Conf、map4Conf 和 reduceConf），其优先级在配置各自 mapper/reducer 时高于全局的对象。建议本地 JobConf 对象采用一个新的 JobConf 对象，且在初始化时不设置默认值——new JobConf（false）。

可通过 ChainMapper.addMapper（ ）方法的签名来详细了解如何一步步地链接作业。ChainReducer.setReducer（ ）的签名和功能与 ChainReducer.addMapper（ ）类似。

```
public static<K1，V1，K2，V2>void addMapper
（JobConfjob，Class<?extendsMapper<K1，V1，K2，V2>>kiass，
Class<?extendsK1>inputKeyClass，
Class<?extendsV1>inputValueClass，
Class<?extendsK2>outputKeyClass，
Class<?extendsV2>outputValueClass，
```

Boolean by Value，

JobConf mapperConf）

该方法有 8 个参数。第一个和最后一个参数分别为全局和本地的 JobConf 对象。第二个参数（kiass）是 Mapper 类，负责数据处理。余下 4 个参数 inputValueClass、inputKeyClass、outputKeyClass 和 outputValueClass 是这个 Mapper 类中输入 / 输出类的类型。

在标准的 Mapper 模型中，键值对输出序列之后写入磁盘，等待被洗牌到一个可能完全不同的节点上。形式上认为这个过程采用的是值传递（passed by value），发送的是键值对的副本。在目前情况下，可将一个 Mapper 与另一个相链接，在相同的 JVM 线程中一起执行。因此，键值对的发送有可能采用引用传递（passed by reference），初始 Mapper 的输出放在内存中，后续的 Mapper 直接引用相同的内存位置。当 Map1 调用 OutputCollector.collect（Kk，Vv）时，对象 k 和 v 直接传递给 Map2 的 map（）方法。Mapper 之间可能有大量的数据需要传递，利用 map（）方法可避免将重复数据传递给 Map2，避免复制这些数据可让性能得以提高。但是，这样做会违背 Hadoop 中 MapReduceAPI 的一个更为微妙的“约定”，即对 OutputCollector.collect（Kk，VV）的调用一定不会改变 k 和 V 的内容。Map1 调用 OutputCollector.collect（Kk，VV）后，可继续使用对象 k 和 V，并完全相信它们的值会保持不变。

如果将这些对象通过引用传递给 Map2，接下来 Map 可能会改变它们，这就违反了 API 的约定。如果确信 Map1 的 map（）方法在调用 OutputCollector.collect（Kk，VV）后不再使用 k 和 V 的内容，或者 Map2 并不改变 k 和 V 在其上的输入值，可以通过设置 byValue 为 false 获取一定的性能提升。如果对 Mapper 的内部代码不太了解，安全起见，最好设置 byValue 为 true，仍旧采用值传递模式，确保 Mapper 会按预期的方式工作。

（四）链接不同来源的数据

在数据分析中不可避免地需要从不同的来源提取数据。例如，对于所用的专利数据集，也许你会想知道某些国家引用的专利是否来自另一个国家。这时必须查看引用数据（city75_99.txt）以及专利数据中的国家信息（apat63_99.txt）。在数据库领域中，这只是两个表的链接，而大多数数据库都会自动提供对链接的处理。不过 Hadoop 中数据的链接更为复杂，并有几种可能的方法，需要做不同的权衡。

下面通过示例来演示链接不同来源的数据。

1. 数据应用示例

用一个具体的例子展示如何用不同的链接方法实现连接多个数据源。

设有两个文本数据源：一个为顾客（Customers），另一个为顾客订单（Orders）。如下为顾客数据集。

Customer ID，Name，PhoneNumber

1，张三，027-3333-3333

2，张六，025-4444-4444

3，陈四，026-1111-1111

4，王贵，023-2222-2222

如下为顾客订单数据集。

Customer ID，Order ID，Price，Purchase Data

2，订单 1，100，2012.1.5

3，订单 2，125，2012.1.8

1，订单 3，140，2012.1.15

2，订单 4，160，2012.1.18

如下为 Customer ID 进行内连接（inner join）后的数据记录。

Customer ID，Name，PhoneNumber，Order ID，Price，Purchase Data

1，张三，027-3333-3333，订单 3，140，2012.1.15

2，张六，025-4444-4444，订单 1，100，2012.1.5

2，张六，025-4444-4444，订单 4，160，2012.1.18

3，王贵，023-2222-2222，订单 4，160，2012.1.18

2. 用 DataJoin 实现 Reduce 端连接

（1）基本处理方法及过程

Hadoop 的 MapReduce 框架提供了一种较为通用的多数据源连接法。该方法用 DataJoin 类库为程序员提供了完成数据连接所需的编程框架和接口，尽可能帮助程序员完成一些数据连接所必须考虑的操作，以简化数据连接处理时的编程实现。用 DataJoin 类库完成数据源连接的基本处理方法和过程如下。

为了能完成不同数据源的连接，先要为不同数据源下的每个数据记录定义一个数据源标签（Tag）。例如，上例中把两个数据源标签分别设置为 Customers 和 Orders。进一步，为了能准确地标志一个数据源下的每个数据记录并完成连接处理，需要为每个待连接的数据记录确定一个连接主键（GroupKey），如上例中，用每个数据记录中的 CustomerID 作为连接主键。

接着，DataJoin 类库分别在 Map 阶段和 Reduce 阶段提供一个处理框架，并尽可能帮助程序员完成一些处理工作，仅留下一些必须由程序员来实现的部分让程序员完成。

① Map 处理过程。DataJoin 类库首先提供了一个抽象的基类 DataJoinMapperBase。该基类实现了 map（ ）方法，帮助程序员对每个数据源下的文本数据记录生成一个带标签的数据记录对象。Map 处理过程中，将由程序员指定每个数据源的标签是什么，将用哪个字段作为连接主键 GroupKey（在本例中，主键为 Customer ID）。Map 过程结束后，这些确定了标签和连接主键的数据记录将被传递到 Reduce 阶段进行后续的处理。Map 阶段的处理过程如图 5-25 所示。

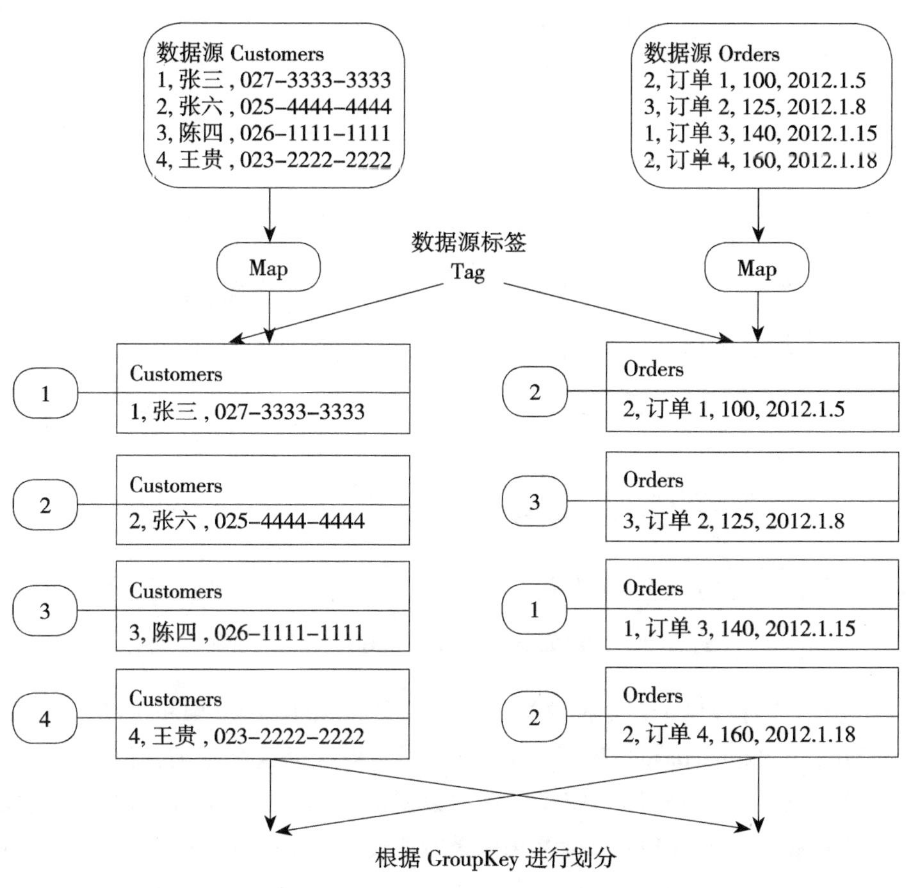

图 5-25　DataJoin 连接时的 Map 处理过程

经过以上的 Map 处理后，所有带标签的数据记录将根据连接主键 GroupKey 进行分区处理，因而所有带有相同连接主键 GroupKey 的数据记录将被分区到同一个 Reduce 节点上。

② Reduce 处理过程。Reduce 节点接收到这些带标签的数据记录后，如图 5-26 所示，Reduce 处理过程将对不同数据源标签下具有同样 GroupKey 的记录进行笛卡儿叉积，自动生成所有不同的叉积组合。然后对每一个叉积组合，由程序员实现一个 combine() 方法，根据应用程序的需求将这些具有相同 GroupKey 的不同数据记录进行适当的合并处理，以此最终完成类似于关系数据库中不同实体数据记录的链接。

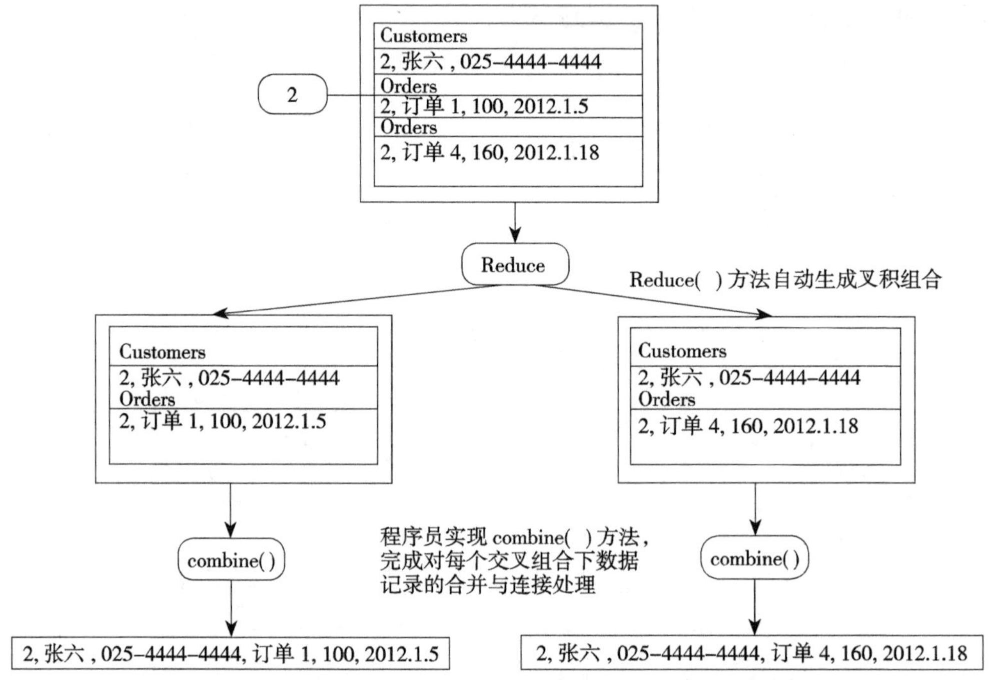

图 5-26 DataJoin 连接时的 Reduce 处理过程

DataJoin 类库提供了三个抽象类，以此提供基本的编程框架和接口。

a.DataJoinMapperBase。程序员的 Mapper 类将继承这个基类。该基类已为程序员实现了 map ( ) 方法用以完成标签化数据记录的生成，因此程序员仅需实现产生数据源标签、GroupKey 和标签化记录所需要的三个抽象方法。

b.DataJoinReducerBase。程序员的 Reduce 类将继承这个基类。该基类已实现了 reduce ( ) 方法用以自动生成多数据源记录的叉积组合，程序员仅需实现 combine ( ) 方法，以便对每个叉积组合中的数据记录进行合并连接处理。

c.TaggedMapOutput。描述一个标签化数据记录，实现了 getTag ( ) 和 setTag ( )

方法；作为 Mapper 的 key-value 输出中的 value 的数据类型，由于需要进行 I/O，程序员需要继承并实现 Writable 接口，并实现抽象的 getData（ ）方法，用以读取记录数据。

（2）Mapper 的实现与基类 DataJoinMapperBase 的使用

为了在 Map 过程中能让程序员定义具体的数据源标签及确定用什么字段作为连接主键 GroupKey，继承抽象基类 DataJoinMapperBase 的 Mapper 类需要实现以下三个抽象方法。

① abstract Text generateInputTag（String inputFile）。通过该方法由程序员决定如何产生记录的数据源标签。数据源标签定义没有一定之规，程序员可使用任何有助于表示和区分不同数据源的标签。大多数情况下，可直接用文件名作为标签。例如，在上例中可使用顾客文本文件名 Customers 和订单数据文件名 Orders 作为标签。直接使用文件名作为标签的程序可用如下简单的代码实现。

```
protected Text generateInputTag（String inputFile）
{
returnnewText（inputMle）;
}
```

但是，当一个数据文件目录包含多个文件（如 part-00000、part-00001 等），以致无法直接采用文件名时，可从这些文件名的公共部分或由程序员自定义一个标签名。如下为其实现代码。

```
protected Text generateInputTag（String inputFile）
{
  // 取“-”前的“part”作为标签名
  String datasource=inputFile.spli（'-'）[0];
  return new Text（datasource）;
}
```

② abstract TaggedMapOutput generate TaggedMapOutput（Object value）。该抽象方法用于把数据源中的原始数据记录包装为一个带标签的数据记录。如下为数据记录。

```
protected TaggedMapOutput generateTaggedMapOutput（Object value）
{
        // 设程序员继承实现的 TaggedMapOutput 子类为 TaggedRecordWritable
        // 把 value 所表示的数据记录封闭为一个 TaggedMapOutput 对象
        TaggedRecordWritable retv=new TaggedRecordWritable（Text）value）;
```

```
        //将 generateInputTag（ ）方法计算出来存储在 MapperinputTag 中的标签设为数据源标签
        retv.setTag（this.inputTag）;
        return retv ;
}
```

此外，每个记录的数据源标签可以是由 generateInputTag（ ）所产生的标签，但需要时也可以通过 setTag（ ）方法为同一数据源的不同数据记录设置不同的标签。

③ abstract Text generateGroupKey（TaggedMapOutput aRecord）。该方法主要用于根据数据记录确定具体的连接主键 GroupKey。例如，在顾客和订单数据记录示例中，把第一个字段 Customer ID 作为连接主键。如下为其实现代码。

```
protected Text generateGroupKey（TaggedMapOutput aRecord）
{
    String line= ((Text)aRecord.getData（ )) .toString（ ）;
    String[] tokens=line.split（", "）;
    //取 Customer ID 作为 GroupKey
    String GroupKey=tokens[0] ;
    return new Text（GroupKey）;
}
```

基于以上介绍，如下为实现顾客和订单数据连接的完整的 Mapper 代码。

```
public static class MapClass extends DataJoinMapperBase
{
    protected Text generateInputTag（String inputFile）
    {
        //使用输入文件名作为标签
        String datasource=inputFile.split（"-"）[0] ;
        //该数据源标签将被 map（ ）保存在 inputTag 中
        return new Text（datasource）;
    }
    protected Text generateGroupKey（TaggedMapOutput aRecord）
    {
        String line= ((Text)aRecord.getData（ )) .toString（ ）;
        String[] tokens=line.split（", "）;
        //用 Customer ID 作为 GroupKey
```

```
        String GroupKey=tokens[0];
        return new Text(GroupKey);
    }
    protected TaggedMapOutput generateTaggedMapOutput(Object value)
    {
        TaggedRecordWritable retv=new TaggedRecordWritable((Text)value);
        // 把一个原始数据记录包装为标签化的记录
        retv.setTag(this.inputTag);
        return retv;
    }
}
```

此外，为了实现数据记录的序列化处理和数据输出，还需要实现抽象类 TaggedMapOutput 的一个子类（设为 TaggedRecordWritable），该子类中必须实现带标签数据记录的输入 / 输出操作及从中读取具体的数据记录的操作。代码如下。

```
public static class TaggedRecordWritable extends TaggedMapOutput
{
    private Writable data;
    public TaggedRecordWritable(Writable data)
    {
        this.tag=new Text("");
        this.data=data;
    }
    public Writable getData()
    {
        return data;
    }
    public void write(DataOutput out) throws IOException
    {
        this.tag.write(out);
        this.data.write(out);
    }
    public void readFields(DataInput in) throws IOException
    {
```

```
            this.tag.readFields ( in ) ;
            this.data.readFields ( in ) ;
        }
    }
```

（3）Reducer 的实现及基类 DataJoinReducerBase 的使用

系统所提供的抽象基类 DataJoinReducerBase 已经实现了 reduce（ ）方法，其将把从 Map 过程输出的带标签和连接主键的数据记录中具有同一 GroupKey 的数据记录分区到同一 Reduce 节点上，即通过 reduce（ ）方法，将对这些来自不同数据源、具有同一 GroupKey 的数据记录自动完成叉积组合处理。针对每一个叉积组合下的数据记录，程序员需要实现抽象方法 combine（ ），以告知系统如何完成数据记录的合并和连接处理。

注意：这里的 combine（ ）方法与 MapReduce 框架中的 Combiner 类完全不同，要注意区分。

基于 DataJoinReducerBase 实现 Reducer 的完整代码如下。

```
public static class ReduceClass extends DataJoinReducerBase
{
    protected TaggedMapOutput combine ( Object[] tags, Object[] values )
    {
        // 以下数据源没有需要连接的数据记录
        if ( tags.length<2 )
                return null ;
        String joinedData="" ;
         for( int i=0 ; i<values.length ; i++ )
         {
            if ( i>0 )
                joinedData+=", " ;
            TaggedRecordWritable trw= ( TaggedRecordWritable ) values[i] ;
            String recordLine= (( Text ) trw.getData ( )) .toString ( ) ;
            // 把 Customer ID 与后部的字段分为两段
            String[] tokens=recordLine.split ( ", ", 2 ) ;
            // 拼接一次 Customer ID
            if ( i==0 )
                joinedData+=tokens[0] ;
```

```
                // 拼接每个数据源记录后部的字段
        }
        TaggedRecordWritable retv=new TaggedRecordWritable ( new TextgomedData ) ) ;
                // 把第一个数据源标签设为 join 后记录的标签
                retv.setTag ( ( Text ) tags[0] ) ;
                //join 后的数据记录将在 reduce ( ) 中与 GroupKey 一起输出
                return retv ;
        }
    }
```

该示例程序的作业配置和执行代码如下。

```
    public class DataJoinDemo
    {
        public static void main ( String[]  args ) throws Exception
        {
            Configuration conf=getConf ( ) ;
            JobConf job=new JobConf ( conf,  DataJoinDemo.class ) ;
            Path in=new Path ( args[0] ) ;
            Path out=new Path ( args[1] ) ;
            FileInputFormat.setInputPaths ( job.in ) ;
            FileOutputFormat.setOutputPath ( job.out ) ;
            job.setJobName ( "DataJoin" ) ;
            job.setMapperClass ( MapClass.class ) ;
            job.setReducerClass ( Reduce.class ) ;
            job.setlnputFormat ( Textlnput Format.class ) ;
            job.setOutputFormat ( TextOutputFormat.class ) ;
            job.setOutputKeyClass ( Text.class ) ;
            job.setOutputValueClass ( TaggedRecordWritable.class ) ;
            job.set ( "mapred.textoutputformat.separator" ,  " ,  " ) ;
            Job.waitForCompletion ( true ) ;
        }
    }
```

六、MapReduce递归扩展与集群算法

很多大规模计算实际上都是递归式求解。一个重要的例子就是后面章节介绍的 PageRank 计算。该计算简单而言就是一个矩阵—向量乘法不动点的计算。基于 MapReduce 计算 PageRank，可以通过迭代应用前面介绍的矩阵—向量乘法算法，或采用后面介绍的一种更为复杂的策略来实现。通常整个计算过程会迭代一个未知的步数，每一步都是一个 MapReduce 任务，直到连续两步迭代间的结果充分接近才认为计算过程收敛。

（一）MapReduce递归扩展

递归通常通过 MapReduce 过程的迭代调用实现，其原因是一个真正的递归任务并不具备独立重启失效任务所必需的特性。对于一个相互递归的任务集，每个任务的输出至少为某些其他任务的输入，不可能直到任务结束才产生输出。否则任何任务永远都不能得到任何输入，任何工作都无法完成。因此，在存在递归工作流（工作流图是有向的）的系统中，必须引入一些特别的机制来处理任务失效问题而不只是简单地重启。以下提供一个采用工作流的递归实现样例，讨论处理任务失效的各种方法。

假设有一个有向图，它的边可以通过关系 $E(X, Y)$ 表示，$E(X, Y)$ 表示从节点 X 到节点 Y 有一条边。此处的目标是计算路径关系 $P(X, Y)$，即在 X 和 Y 之间存在一条路径，路径的长度至少为 1。一个简单的递归实现算法如下。

（1）令 $P(X, Y) = E(X, Y)$。

（2）当 P 发生改变时，将下列元组加入 P。

$$\pi_{X,Y}(P(X, Y) \bowtie P(Z, Y))$$

也就是说，寻找节点 X 和 Y，其中 X 到某个节点 Z 存在路径，而 Z 到 Y 也存在路径。

（1）将 $P(a, b)$ 存于本地。

（2）如果 $h(a) = i$，则寻找元组 $P(x, a)$ 并输出元组 $P(x, b)$。

（3）如果 $h(b) = i$，则寻找元组 $P(b, y)$ 并输出元组 $P(a, y)$。

注意：只有在极为罕见的情况下才会有 $h(a) = h(b)$，此时步骤（2）和步骤（3）才会同时执行。通常情况下，对于一个给定的输入元组，步骤（2）和步骤（3）只有一个会执行。

图 5–27 所示为组织递归任务执行计算的示意图。在此存在两类任务：连接

任务和去重任务。其中，连接任务有 n 个，每个任务对应哈希函数 h 的一个输出结果。当发现 a 、b 间存在路径时，元组 P（a，b）就会变成两个编号分别是 h（a）和 h（b）的连接任务的输入。而当第 i 个连接任务收到输入元组 P（a，b）时，它的工作就是寻找某些以前看到过的元组。

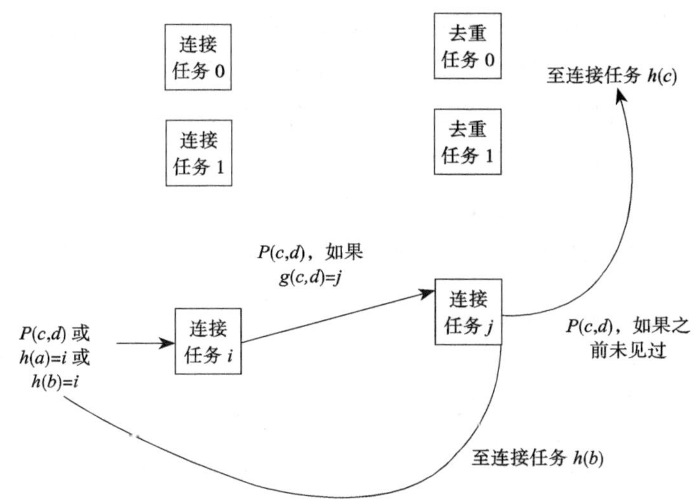

图 5-27 组织递归任务执行计算示意图

同时还存在 m 个去重任务，每个任务对应哈希函数 g 的一个输出结果，而 g 有两个输入参数：如果 P（c，d）为某个连接任务的输出，那么它将被传递给第 j 个去重任务，其中 $j = g$（c，d）。收到 P（c，d）后，第 j 个去重任务会检查以前是否收到过该元组，因为这是去重任务。如果以前收到过，该元组将被忽略。否则，它将被存放在本地并传递给两个编号为 h（c）和 h（d）的连接任务。

每个连接任务会输出 m 个文件，每个文件都对应一个去重任务，而每个去重任务又会输出 n 个文件，每个文件对应一个连接任务。这些文件可以按照任一策略进行分布。一开始，E（a，b）这个表示边的元组分布到去重任务，E（a，b）将以 P（a，b）的方式传送到编号为 g（a，b）的去重任务。主控进程将一直等待，直到每个连接任务完成对其完整输入的一轮处理。然后，所有的输出文件分布到去重任务作为它们自己的输入。去重任务的输出结果又传递给连接任务作为它们下一轮的输入。另一种可选的方式为每个任务可以一直等待，直到它产生足够的输出证明传送输出文件到目标任务的合法性，即使该任务还没使用所有的输入时也可以这样做。

上例中，两类任务并不是必需的。其实，由于连接任务必须保存以前收到的元组，因此在收到重复元组时即可以进行去重处理。但是，当必须从任务失效中恢复时，采用上例的做法更具有优势。如果每个任务都保存其曾经产生的所有输出文件，并且连接任务和查重任务分别置放在不同的机架上，就可以处理任何单计算节点故障或单机架故障。也就是说，一个必须重启的连接任务能够获得所有以前产生的结果，这些结果是去重任务所必需的输入，反之亦然。

在上述计算传递闭包的例子中，防止重启任务产生原先任务产生过的结果并无必要。在传递闭包的计算中，某条路径的重新发现也不影响最终的结果。然而，在很多计算中不能容忍的一种情况是原始任务和重启任务都将同样的输出传递给另外一个任务。例如，当计算的最后一步是聚合时，计算两次路径就会获得错误的结果。在这种情况下，主控进程会记录每个任务产生并传递给其他任务的文件是哪些，然后重启失效任务并忽略那些重启任务中再次产生的文件。

（二）集群计算算法的效率问题

1. 集群计算的通信开销模型

设想某个算法基于无环网络组成的任务实现。这些任务可以遵循标准MapReduce 算法中 Map 任务输出给 Reduce 任务的方式，也可以是多个 MapReduce 作业的串联，还可以是一个更一般化的工作流结构。如果该结构中包含多个任务，每个任务实现了图 5-28 所示的工作流，即某个任务的通信开销就是输入的大小。该大小可以通过字节数来度量。由于下面将以关系数据库运算为例，因此将元组的数目作为度量指标。

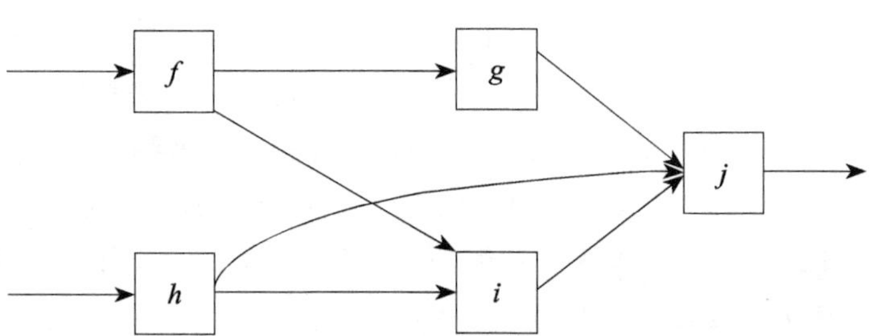

图 5-28　比两步 MapReduce 更复杂的工作流示意图

一个算法的通信开销是实现该算法的所有任务的通信开销之和。我们将集中关注通过通信开销度量算法效率的方法。特别注意，估计算法的运行时间并不考虑每个任务的执行时间。当存在例外时，即任务的执行时间占据主要比例，要通过以下方面关注通信开销。

（1）算法中的每个执行任务一般都非常简单，时间复杂度最多和输入规模呈线性关系。

（2）计算集群中典型的互联速度是 GB/s，这看上去似乎很快，但是与处理器执行指令的速度相比，还是要低一些。因此，在任务传输元素的同等时间内，计算节点可以在收到输入元素后做大量工作。

（3）任务在某个计算节点执行时，该节点正好有任务所需要的文件块，然而由于文件块通常存放在磁盘上，将它们输送到内存的时间可能会长于文件块到达内存后所需的处理时间。

假定通信开销占主要地位，那么为什么仅仅计算输入规模而不是输出规模？该问题的答案主要包括两个要点。

（1）如果任务 τ 的输出是另一个任务的输入，那么当度量接收任务的输入规模时，任务 τ 的输出规模已经被计算。因此，没有理由计算任务的输出规模，除非这些任务的输出直接构成整个算法的最终结果。

（2）在实际应用中，任务的输出规模与输入规模或任务产生的中间数据相比，要更小一些。主要是因为大量的输出如果不进行概括或聚合处理就不能用。

例如，假设对 $R(A, B)$、$S(A, B)$ 这两个关系进行连接运算，即求解 $R(A, B) \bowtie S(A, B)$，关系 R 和 S 的规模分别为 r 和 s。将 R 和 S 文件的每个文件块传递给一个 Map 任务，因此所有 Map 任务的通信开销之和为 $r+s$。值得注意的是，在典型的执行过程中，每个 Map 任务将在一个拥有相应文件块的计算节点执行，因此 Map 任务的执行不需要节点间的通信。但是，Map 任务必须从磁盘读入数据。由于所有 Map 任务所做的只是将每个输入元组简单地转换成键值对，因此无论输入来自本地还是必须传送到计算节点，它们的计算开销相对于通信开销都会很小。

Map 任务的输出规模与其输入规模大体相当。每个输出的键值对传给一个 Reduce 任务，该 Reduce 任务不太可能与刚才的 Map 任务在同一计算节点上运行。因此，Map 任务到 Reduce 任务的通信有可能通过集群的互联来实现，而不是通过从内存到磁盘的传输。该通信的开销为 $O(r+s)$，因此连接算法的通信开销是 $O(r+s)$。

注意： Reduce 任务可以使用所收到元组的哈希连接方式。该过程包括将收到的每一个元组基于字段值进行哈希，该哈希函数不同于将元组分配给不同 Reduce 任务的哈希函数。本地的哈希连接花费的时间和收到的元组个数之间存在线性关系，因此其复杂度也是 $O(r+s)$。

连接的输出规模可能比 $r+s$ 大，也可能比 $r+s$ 小，这取决于给定的 R 元

组和 S 元组能够连接的可能性。举例来说，如果有很多不等的 B 字段值，那么可以想象结果的规模会较小，而如果不同的 B 字段值很小，输出的规模可能会很大。将遵循如下假设：如果连接的输出规模较小，那么可以通过某些聚合操作减少输出的规模。聚合运算往往在 Reduce 任务中执行并输出结果。

2. 多路连接

为了帮助大家理解怎样通过分析通信开销来选择集群计算环境下的算法，本节将以多路连接（Multiway Join）为例进行深入考察。存在一个一般性理论可供进行如下处理。

（1）选定自然连接关系中的某些属性并将它们的值哈希到一定数量的桶中。

（2）每个属性选择桶的数目的乘积 k 是即将使用的 Reduce 任务的数目。

（3）利用桶编号向量标记 k 个 Reduce 任务的每一个，向量的每一个分量对应属性上的哈希结果。

（4）将每个关系的元组传递给与之连接的所有 Reduce 任务。也就是说，给定元组 t 的某些哈希属性值，通过对这些值进行哈希来确定 Reduce 任务标志向量中的部分分量。标志向量中的其他分量是未知的，因此 t 一定要传递给未知分量所有可能取值所对应的所有 Reduce 任务。

此处仅考察了三个关系的连接运算，即 $R(A, B) \bowtie S(A, B) \bowtie T(A, B)$。假定关系 R、S 和 T 的规模分别是 r、s 和 t。为简化起见，假定下列事件的概率为 p：

（1）一个 R 元组和一个 S 元组的 B 字段一致的概率。

（2）一个 S 元组和一个 T 元组的 C 字段一致的概率。

例如，假设 $b = c = 4$，因此 $k = 16$。这 16 个 Reduce 任务可以想象成按照矩形来安排，如果有一个假想的 S 元组 $S(v, w)$，其满足 $h(v) = 2$ 且 $g(w) = 1$。Map 任务仅将该元组传递给 Reduce 任务（2，1）。另一个 R 元组 $R(u, v)$，由于 $h(v) = 2$，该元组被传递给所有形如（2，y）的 Reduce 任务，其中 y = 1，2，3，4。最后，看到有一个 T 元组 $T(w, x)$，由于 $g(w) = 1$，它应该被传递给所有形如（z，1）的 Reduce 任务，其中 z =1，2，3，4（注意，这是在进行元组连接运算，这三个元组仅仅在一个编号为（2，1）的 Reduce 任务中才会相遇）。

现假设 R、S 和 T 的规模各不相同，和前面一样，分别用 r、s 及 t 来表示。如果将 B 字段值哈希到 b 个桶，将 C 字段哈希到 c 个桶，其中 $bc = k$，那么将所有元组传递到合适的 Reduce 任务的总通信开销为下列值的和。

（1）s：将每个元组 $S(v, w)$ 仅仅传递一次到 Reduce 任务（$h(v)$，$g(w)$）。

（2）cr：将每个元组 $R(u, v)$ 传递到 c 个 Reduce 任务（$h(v)$，y），y 的可能取值有 c 个。

（3）bt：将每个元组 $T(w, x)$ 传递到 b 个 Reduce 任务（z，$g(w)$），z 的可能取值有 b 个。

另外，将每个关系的每个元组输入到某个 Map 任务，还有 $r+s+t$ 的开销为固定的，与 b、c 和 k 无关。

必须选择 b 和 c，它们要满足限制条件 $bc=k$，并且要使 $s+cr+bt$ 最小。可以采用拉格朗日乘子法求解，即令函数 $s+cr+bt-\lambda(bc-k)$ 对 b 和 c 的偏导数值为 0，即必须求解如下方程组。

$$\begin{cases} r-\lambda b=0 \\ t-\lambda c=0 \end{cases}$$

由于 $r=\lambda b$ 且 $t=\lambda c$，将两个等式对应的左边与左边相乘，右边与右边相乘，有 $rt=\lambda^2 bc$，又由于 $bc=k$，于是得到 $rt=\lambda^2 k$，求得 $\lambda=\sqrt{\frac{rt}{k}}$。因此，当 $c=\frac{t}{\lambda}=\sqrt{\frac{kt}{r}}$，$b=\frac{r}{\lambda}=\sqrt{\frac{kr}{t}}$ 时通信开销取最小值。

将上述取值代入 $s+cr+bt$，得到 $s+2\sqrt{krt}$。这就是 Reduce 任务的通信开销，然后再加上 Map 任务的通信开销 $s+r+t$。后者通常比前者小一个因子 $O(\sqrt{k})$，因此在大多数情况下只要 Reduce 任务的数目足够大即可以忽略不计。

第六章　大数据技术的应用领域

第一节　海洋大数据应用——海洋监测

一、什么是海洋大数据

随着互联网、物联网等信息技术的快速发展，文字、图片、音频、视频等各类半结构化、非结构化数据大量涌现，数据种类、规模、存储量飞速增长，全球已迎来“大数据”时代。据 2014 年 4 月国际数据公司（IDC）发布的第 7 份数字宇宙研究报告，数据量将以超每两年翻一番的速度增长，到 2020 年将增长到 44 ZB。IDC 在 2011 年的报告中表示大数据技术描述了一个技术和体系的新时代，通过高速捕获、发现和分析技术，从大规模、多样化的数据中经济有效地提取数据价值。因此，大数据并不仅仅是指海量数据，更是指半结构化、非结构化的、数据量之大以致无法在一定时间内用传统方法进行获取、管理和处理的数据集合。Andrea 等人 2016 年通过整合大数据重要特征，将大数据定义为具有大体量（Volume）、多样性（Variety）、快速流转（Velocity）等特征，需运用特定技术和分析方法将其转化为价值（Value）的一种信息资产，该定义囊括了大数据的“4V”特征。

约占地表总面积 70% 的海洋已进入大数据时代。目前已具有近海测绘、海岛监视、水下探测、海洋渔业作业、海洋浮标监测、海洋科考、油气平台环境监测、卫星遥感监测等多种海洋观测和调查手段，形成非常庞大的海洋观测监测体系，积累了海量的海洋自然科学数据，包括现场观测监测资料、海洋遥感数据、数值模式数据等。近年来，海洋观测设备正经历革命性变化，以卫星遥感数据为代表的海洋数据规模呈爆炸式增长，海洋数据量增长速度快于其他行业数据增长速度。

网络信息化的高速发展促进了海洋经济、海洋管理、海洋文化、海洋战略等海洋社会科学类数据的快速积累。海洋大数据作为科学大数据的重要组成部分，正在从单一的自然科学向自然与社会科学的充分融合方向过渡。因此，海洋大数据可以定义为大数据技术在海洋领域的科学实践，具有海量、多样、快速流转和高价值的“4V”特征，是在大数据理论指导和技术支撑下的价值实现。

我国是海洋大国，社会经济的发展越来越依赖海洋，海洋权益需要不断加以拓展和维护。在大数据时代的背景下，如何对海洋大数据进行高效管理和充分的价值挖掘，为海洋环境预报、海洋防灾减灾、海洋作业生产、经济政策制定等提供优质的信息服务和决策支持，是未来海洋领域发展的一个主要方向。在未来海洋管理、海洋资源开发、海洋环境预报、海洋经济发展、海洋权益维护等诸多方面，海洋大数据将扮演越来越重要的角色。

二、海洋大数据内涵

依数据类型划分，海洋大数据可分为两大类：海洋自然科学类大数据和海洋社会科学类大数据。

（一）海洋自然科学类大数据

海洋自然科学类大数据主要是指对海洋自然环境进行观测或模拟而得到的数据，包含了海洋的水质和生态环境信息，如叶绿素浓度、悬浮泥沙含量、有色可溶有机物等，海洋动力环境信息，海水温度、海面风场、海面高度、海浪、海流、海洋重力场等以及海洋生物、海洋化学、海底地质、沉积物、水下地形、海冰、海水污染等其他海洋环境信息。海洋自然科学数据的获取手段主要包括实际观测、海洋遥感观测和海洋数值模拟。因此，可将海洋自然科学类大数据分为海洋实测数据、海洋遥感数据和海洋模式数据。

海洋实测调查包括船基观测、定点观测和移动观测等。船基观测的数据采集主要包括海洋气象（风场、温度、湿度、气压、太阳辐射）、物理海洋（温度、盐度、海流、水位）、海洋物理（声、光、电）、海洋化学（海水营养盐、溶解氧、二氧化碳）、海洋生物（叶绿素、生物量）、海底地貌、地质和地球物理等，为海洋资源开发利用，海洋工程技术，海洋环境保护以及海上作战、训练、装备研制等提供海洋参数。

海洋环境观测定点平台包括岸基雷达站、岸基海洋观测站点、河口水文站、海洋气象站、验潮站以及离岸的锚系浮标、潜标、海床基和海底观测网等。雷达观测仪器包括高频地波雷达、X 波段测波雷达、C 波段或 S 波段多普勒测波雷达，主要观测海浪和海表面流场等参数。海洋站是建设在海滨或岛礁的固定的海洋环境观测设施，提供沿海的波浪、潮汐、水温、盐度、风速、风向、气温、相对湿度、气压和降水等水文气象观测数据。海洋浮标是以锚定在海上的观测浮标为主体的海洋水文气象自动观测站，其水上部分为气象要素传感器（测风速、风向、气压、气温、空气湿度等），水下部分为水文要素传感器（测水温、盐度、波浪、海流、潮位等）。海洋潜标系统的主浮体位于水面以下，主要用于海流、温度、盐度等参数的定点、长时序、剖面测量，还可配置生物捕集器等开展海洋生态环境观测。海床基是一种坐落在海底对水下环境进行定点、长期、连续观测的海洋技术，可以测到整个水层里没有接触到的信息。

海洋移动观测能覆盖更大的区域，具有更高的灵活性和很强的自主航行能力，包括水面上或水面下的移动观测平台，如自治式水下潜器、无人遥控潜器、无人水面艇、拖曳式观测平台和载入潜水器。地转海洋学实时观测阵浮标可在海洋中自由漂移，提供海面到水下 2 000 m 水深之间的海水温度、盐度和深度资料，跟踪其漂移轨迹，可获取海水的移动速度和方向。

1. 海洋遥感数据

目前，海洋遥感数据包括卫星遥感数据和航空遥感数据，其中航空遥感又可分为有人机航空遥感和无人机航空遥感。卫星遥感可针对大范围海域进行高频次动态监测，是及时、连续获取海洋水色、海面温度、海面高度、海面风场、海浪、海流、盐度、海上目标、海岛、海岸带等要素信息的最有效观测手段。航空遥感具有速度快、机动灵活、空间分辨率高的特点，适用于重点区域的高精度监测，如近海海洋调查、海岸带制图、资源勘测、海洋动态监管、海洋突发情况应急响应、海洋资源环境监测等。

按照观测的海洋要素和搭载的遥感载荷的不同，海洋卫星主要分为海洋水色卫星、海洋动力环境卫星和海洋监视监测卫星 3 类。海洋水色卫星主要搭载光学遥感载荷，如海洋水色扫描仪、海岸带成像仪、中分辨率光谱仪等，用于观测海洋水色、水温、透明度、海冰、绿潮、赤潮、海岛海岸带等要素信息。海洋动力环境卫星主要用于全天时、全天候获取海面高度、有效波高、海面风场、海洋锋面、中尺度涡、海面温度、盐度等海洋动力环境信息，遥感载荷主要包括微波散射计、雷达高度计、微波辐射计、盐度计等。海洋监视监测卫星用于全天时、全天候监视海上目标、溢油、海冰、海岛、海岸带等海洋要素，并获取海洋浪场、风暴潮漫滩、内波等信息，遥感载荷主要为多极化、多模式合成孔径雷达。

日益提升的海洋研究水平和海洋应用能力对海洋遥感观测的精度提出了更高

的要求，随着海洋遥感平台、载荷技术、地面设备以及数据处理技术不断进步，海洋遥感数据正在向更高精度与时空分辨率的方向发展。此外，海洋遥感数据定量化应用和个性化服务，也是未来海洋数据发展的重要方向。

2. 海洋模式数据

海洋数值模拟是以现实海洋为基本物理背景，以高性能计算机为载体，按照物理规律，建立数学模型，从而对海洋状态（包括海温、盐度、海流、海浪、潮汐等要素）进行模拟，参数化、定量化地描述海洋的具体状况。随着计算机计算能力的飞速提升，海洋数值模拟近年来得到了极大的发展，逐渐成为海洋大数据的重要来源。首先，海洋数值模拟生成了大量海洋数据，在海洋总数据量中所占比例最大，且生成速度最快，成为海洋大数据的基础来源之一。其次，海洋数值模拟将真实的连续的海洋进行了网格化与数字化，数据具有结构性，便于后期处理、可视化以及对各种海洋现象分析。最后，与现场观测、卫星遥感得到的海洋数据相比，海洋数值模拟数据具有空间上三维、时间上连续等优势，可以做到“足不出户便知天下事”，同时还可以进行海洋状况的预报。

尽管海洋数值模拟结果目前在趋势上逼近真实海洋，但其准确性仍然需要不断提高。充分利用卫星遥感、现场观测等数据并与海洋数值模拟技术相结合，对海洋数据同化模型进行有效的模型参数校准与模型结果验证，生成再分析数据产品，这是海洋数值模拟发展的重要方向，也是进一步提高模型计算结果可靠性的必要途径。不同海洋机构所采用的海洋数值模拟技术不同，往往在同一区域会得到多种不同的数值模拟结果，因此需要根据卫星遥感与现场观测数据对不同的数值模拟结果进行识别与判断，优选出最贴近真实海洋的数值模拟数据。目前，国内外比较常用的数值模拟产品有 POM、FVCOM、HAMSOM、HYCOM、ROMS、SODA 等。

3. 海洋再分析产品数据

再分析是利用资料同化技术，将各种来源、各种类型的观测资料与数值预报产品进行融合和最优集成，可以重建长期历史数据，同时解决观测资料时空分布不均的问题。再分析资料是现代气候变化研究中十分重要的数据源，目前已在大气—海洋—陆地相互作用、气候监测和季节预报、气候变率和变化、全球水循环和能量平衡等诸多研究领域得到了广泛应用。海洋再分析数据包含了观测系统变更、数值模式和同化方案等所带来的误差。如何减少和消除这些误差、提高再分析数据质量，是目前再分析数据制作和应用所面临的主要问题之一。

常用于海洋模式驱动场的海洋再分析数据包括国际综合海洋大气数据集ICOADS资料、美国国家环境预报中心 / 美国国家大气研究中心 NECP / NCAR 资料、欧洲中期天气预报中心 ECMWF 资料，经同化方法计算得到的海洋模式再分析数据包括 SODA 海洋再分析数据集。

（二）海洋社会科学类大数据

海洋社会科学类大数据是相对于海洋自然科学类大数据而言的，目前在学术界、政府内并没有明确的定义。依据现有海洋研究进展、海洋事业发展情况、海洋强国战略所涉内容以及高层海洋决策所涉因素，大致可以分为海洋战略数据、海洋经济数据、海洋文化数据三大类。

海洋战略数据通常包含海洋政策信息、海洋法律信息、海洋战略舆情信息。基于海洋问题的全球属性，这类信息的搜集与管理都应该具备全球视野，尤其在海洋战略舆情信息方面，更应该注重监测和分析全球重点智库、重点媒体、重点政府涉海部门的相关涉华涉海舆情，以便于为我国海洋决策提供全面、综合的信息参考。

海洋经济数据主要指海洋渔业、海盐业、海洋交通运输业、海洋船舶工业、海洋油气业、滨海旅游业、海洋服务业等海洋产业相关信息，包含产业研究、产业政策、产业规划、产业运行、产业投资、产业金融的全链条数据信息以及重点产业园区、重点产业技术方面的数据信息。

海洋文化数据主要指海洋历史图文资料、海洋文化教育、海洋意识培育等方面的数据信息。就数据管理而言，前者相对成熟，后两者在大数据时代中的意义逐渐体现，即国家海洋文化和个体海洋意识的培育，对未来中国海洋强国战略的实施至为重要，在数据统计和数据分析领域也同样面临新的课题。

三、海洋大数据应用领域

（一）海洋防灾减灾

近年来，受全球气候变化及海平面上升的影响，沿海地区灾害频发，灾害程度升高，海洋防灾减灾工作面临巨大的压力和挑战。我国面临的海洋灾害种类繁多，包括风暴潮（台风风暴潮和温带风暴潮）、海浪、海冰、海啸、海平面上升、赤潮、绿潮等自然灾害以及海上溢油、危化品泄漏等海洋环境突发污染事件。我国沿海不同地域的海洋灾害呈现不同的态势。

在当前全球气候变化的背景下，在沿海经济社会发展的新形势下，海洋灾害的形成机理、发生规律、时空特征、灾害损失呈现出新的特点，使我国依然面临着较大的海洋灾害风险。

海洋大数据在海洋减灾体系中发挥着巨大作用。基于海洋大数据的数据处理系统是海洋防灾减灾的基础，统计分析监测系统通过大数据处理系统提取数据，并提供分析工具集，统计人员可进行横向跨专业、纵向跨时间的综合分析和关联分析，可建立业务监测等不同的分析主题应用，并根据统计业务热点的变化进行扩展。通过海洋大数据系统的分析、处理和挖掘，形成多层面的业务产品，为海洋减灾工作提供支持。

（二）海洋目标检测

海洋目标检测是海洋权益维护、海洋资源管理等的重要部分，目前主要利用卫星数据开展海洋目标检测。星载合成孔径雷达能全天时、全天候、高空间分辨率对海观测，已经广泛应用于检测海洋目标，如舰船、岛礁、石油平台、溢油、绿潮、海冰等。全极化合成孔径雷达可以测量目标散射矩阵信息，因而在目标检测和分类方面具有独特的优势。然而，其缺点在于成像窄，不满足星载平台业务化目标检测的需求。目前，印度 RISAT-1 和日本 ALOS-2 卫星上搭载的 C 波段和 L 波段合成孔径雷达已有简缩极化成像模式，获取的数据已初步应用于大范围海洋溢油检测。多时相简缩极化合成孔径雷达检测海面目标动态过程具有独特的潜力。

近年来，主被动星载微波传感器成为监测海上台风的主要工具。利用多极化合成孔径雷达观测可以获取较为准确的高空间分辨率台风海面风场，并且可以得到台风的空间分布特征以及台风的强度（最大风速）和结构（最大风速半径）要素等。利用微波辐射计多时相台风观测可以提供台风海面风速以及台风的移动路径等信息，揭示台风的增强和衰减过程，为大气和海洋数值模式研究台风的动力机制和上层海洋对台风的响应提供准确的观测依据。将合成孔径雷达和微波辐射计协同观测数据有效结合，可进一步提高星载遥感器台风监测的能力，减小台风对我国沿海地区居民的生命和财产安全的损害。

研究基于海洋大数据的海洋目标提取方法，建立海洋目标识别基础库，可大大提高海洋目标检测精度，对于海洋目标的监视和管理具有重要意义。

（三）海洋生态环境保护

应用遥感技术能有效提取海洋的叶绿素、黄色物质、悬浮泥沙等信息，对于海洋水质的监测具有重要意义。基于遥感和现场监测数据，建立海洋水质遥感监测模型，揭示海洋水质要素的空间分布，为开展海洋环境遥感监测与评价提供有力的基础数据和技术保障。随着海洋水质数据的快速增加，仅依靠数据分析与信息挖掘等技术，难以满足快速增长的海洋水质数据分析需求，基于海洋大数据，能快速有效地对获取的海量海洋水质数据进行整合与分析，对于保证海洋水质安全具有重要价值。

海洋生态对于海洋资源的开发、利用、保护具有重大意义。海洋生态调查内容丰富，应用遥感的方法可进行部分海洋环境要素和海洋生态要素的调查，但基于遥感技术的海洋生态调查，尤其是对近岸水体的调查，存在一定的困难。海洋大数据的应用可提供海洋生态调查的基础数据，可在一定程度上提高近岸水体调查精度。通过对大数据的整理综合分析，可进一步分析海洋生态的变化原因，并提出整治的方案，服务于海洋生态调查。

（四）海洋渔场渔情预报

渔情预报是对未来一定时期、一定水域内水产资源状况各要素，如渔期、渔场、鱼群数量和质量以及可能达到的捕获量等所做的预报。海洋遥感技术的发展为快速获取与海洋渔场密切相关的大范围海况信息，如海表温度、叶绿素浓度、海洋表面盐度、海洋表面高度等提供了广阔的空间和前景。

海洋水温是影响鱼类活动最重要的因子，是分析海洋渔场位置和渔情变动情况的最常用的环境要素。海洋遥感反演海表温度（SST）技术已经比较成熟，根据SST数据可以获得诸如温度锋面、水团现象等表征渔场分布情况的海洋信息。卫星遥感获得的海洋叶绿素浓度等海洋水色信息，是浮游生物量的重要指示因子，结合光照条件等可反演该海域海洋初级生产力，进而为海洋生物存量分布及其变化提供预报参考。卫星遥感反演得到的海面高度数据能反映海洋锋面、水团等中尺度海洋动力特征，也是渔场分析的重要环境因子。

目前国内由于技术条件的限制，渔情预报只能采用近实时的海洋环境数据，严重制约了渔情模型预报精度。未来海洋渔场预报系统亟须构建面向渔业应用的海洋大数据基础数据库，在此基础上构建海洋环境实时预报系统，为渔情预报系统提供高分辨率的海洋环境数据支持。

（五）远海航行保障

海洋大数据对于保障远海航行具有重要意义。近年来，越来越多的船只开始进入远离大陆、环境恶劣的远海航行，如极地海域。这些进行远海航行的船只如果仅依靠船长的经验是非常危险的。海洋大数据的出现使人类进行远海航行的安全系数得以提升。以卫星遥感数据和船舶自动识别系统（AIS）数据为主的数据在指导船舶航行和船舶遇险救援方面发挥了巨大作用。2014 年 1 月，中国雪龙号极地考察船（简称“雪龙”号）在南极冰海救援被困的俄罗斯“绍卡利斯基院士”号时，由于气象条件突变导致海冰快速聚集，使其自身被困。在国内业务部门和有关科研单位等多部门的协同努力下，通过综合快速地分析卫星遥感数据、气象海洋数据等，最终指导“雪龙”号成功脱困，成为海洋大数据指导极地航行船只脱困的典型案例。又如，随着海冰减少，越来越多的船只从东亚去欧洲或北美选择北冰洋航道，而这条黄金水道危机重重，对海洋大数据应用提出了越来越高的要求。实时遥感监测数据、基于大数据的海洋和海冰环境模拟等是北极航道安全航行的坚实保障。未来全球将建立全球无死角的通信、导航和遥感监测网络，保障全球海洋安全航行。

（六）海洋与气候变化研究

海洋大数据对海气相互作用和气候变化研究具有十分重要的价值。发生于热带太平洋的 ENSO 事件通过海气相互作用影响着海洋要素之间的时空分布及相互作用。海气相互作用对区域性极端气候事件发生的频次、强度和空间分布都有重要影响。世界气候大会制定的“全球气候观测系统（GCOS）计划”指出观测资料应有足够长的时间序列、覆盖足够大的地理区域、有足够高的精度。对于广阔的海洋来说，卫星遥感具有速度快、成本低、监测范围广、便于长期动态监测等优势，成为监测全球变化背景下海气相互作用和海洋环境变化的重要手段。

目前，基于常规海洋调查观测，结合海洋模式模拟，综合利用对地观测技术，形成长期、连续、立体、宏观的海洋大数据。在全球变化背景下，基于以上海洋大数据，开展海洋各要素的时空变化及其关联分析研究，探索海洋—大气相互作用、海洋物理—生态耦合变异过程以及对气候变化的响应规律已经成为研究热点。从海洋大数据中挖掘隐含的与气候变化相关的价值信息可以为我国更好地应对气候变化带来的极端气候事件提供参考，同时为我国在国际气候谈判中的话语权提供强有力支撑。

（七）海洋战略支撑

随着人类数据搜索、数据管理能力的不断加强，数据分析、数据应用的价值不断得以体现，最重要、最直接的价值体现在政府决策过程中。未来的政府决策将是一个更依赖于大数据的综合决策系统，数据在决策流程中的位置会更靠前，数据在决策体系中承担的角色会更重要。前提是数据要尽量全面、客观、准确，即大数据所要求的大容量、多层次、跨领域。

就海洋决策而言，其依赖的数据源是海洋自然科学类数据和海洋社会科学类数据的集成，任何只依靠一类数据源的决策都不是全面、客观、战略性的决策。仅就海洋社会科学类数据而言，其对海洋决策的意义非同寻常。海洋战略数据可以帮助政府更清楚地把握合作伙伴和竞争对手的政策演进趋势，更准确地明晰竞争对手的法律底线和漏洞，更全面地了解我国海洋战略推进在全球范围内的阻力和突破口。海洋经济数据可以帮助政府了解海洋产业的发展趋势，通过制定合理的产业政策和规划，推动产业有序运行，同时进行有效监管和调控。海洋文化数据既可以帮助政府在对外交涉和对内教育中组织系统的历史材料，又能通过历史唤起公民的共鸣，用海洋意识推动海洋战略。

四、对海洋大数据平台建设的思考

当今，信息技术和网络技术发展迅猛，云计算、人工智能、数据挖掘、虚拟现实等技术不断推动着“智慧地球”物联网快速发展，“数字地球”“数字海洋”等概念相继涌现，然而物联网时代下海洋大数据的综合应用和信息服务能力还相对滞后。通过构建海洋大数据平台，组建海洋领域的物联网，统筹海洋观测、网络、信息等，可以推动海洋信息化建设，实现海洋管理、信息服务、分析决策的智能化。

（一）海洋大数据平台建设关键技术

1. 海洋大数据存储和计算

随着信息技术和监测设备的快速发展，卫星和数以千万计的传感器开始在海洋环境检测中发挥重要作用，导致海洋数据量急剧增长。然而，海洋数据获取手段多样化导致海洋数据格式呈现多源、异构等特点，对数据存储空间、传输系统、计算系统、存储安全等提出了更高的要求。

大数据处理的核心技术包括分布式文件存储以及云计算。分布式文件存储即分布式文件系统 + NoSQL 数据库，典型的代表为 Hadoop 的 HDFS + HBase、文件存储方案、Google 的 GFS + BigTable。分布式计算发展迅速，比如从 Hadoop 的 MapReduce 发展到 Spark 内存计算，从 Storm 流式计算再加 Spark Streaming 流式计算等。云计算作为一种网络应用模式为海洋大数据存储和管理提供了有效的解决方案。针对海洋大数据特征，需要进行专有云平台建设，为海洋大数据提供存储、访问和计算服务，构建云计算环境下的海洋环境监测大数据布局策略及处理平台。

2. 海洋大数据分析与挖掘

对海洋大数据进行分析与挖掘并从中提取数据的潜在价值，是海洋大数据平台建设的核心，也是将海洋大数据应用于海洋防灾减灾、海洋环境监测、海洋渔情预报等领域的基础。海洋大数据的分析与挖掘技术包括时间序列分析、时间序列分类、时空聚类、时空异常检测、关联规则分析、遗传算法、神经网络、预测模型、模式识别、回归分析、机器学习、深度学习等。

其中，机器学习是数据挖掘的重要方法之一，其基本思想是利用大量的训练数据求解出分类或回归问题的决策函数，使机器能从大量历史数据中学习规律，从而对新的样本做智能识别或对未来做预测；深度学习可对输入数据逐级提取从底层到高层的特征，构建具有很多隐层的机器学习模型和海量的训练数据，学习更有用的特征，最终提高分类或预测的准确性。

3. 海洋大数据可视化

海洋大数据可视化即将海洋科学与信息科学相结合，对海洋数据进行视觉表现，获取蕴含在海洋环境中的海洋物理、生物和化学特性、规律及关联关系等。随着社会对海洋领域关注度的提高，海洋大数据的展示手段必须更加直观化、大众化。

由于海洋大数据拥有数据量大、高维性强、要素众多、与地理信息数据紧密关联等特点，数据管理与信息挖掘具有复杂性，因此无法直接通过传统方法进行展示。如今，随着海洋大数据时代的到来与“互联网 +”行动计划的不断推进，依托地理信息系统和海洋时空数据模型，结合信息领域可视化挖掘方法，如 3D 仿真、虚拟现实等技术，建立面向知识发现的海洋大数据可视化环境，挖掘多维要素之间的相互关系，是今后发展的主要方向。

（二）海洋大数据服务平台实例

1. 清华大学海洋大数据平台

清华大学海洋大数据平台依托清华大学遥感大数据研究中心、清华大学海洋技术中心、清华海峡研究院以及清华大学物联网遥感大数据研究中心，与国际、国内的海洋相关机构在数据共享、技术研发、设备和人才等方面合作，对包含海洋自然科学类数据和海洋社会科学类数据在内的各类数据库进行有序整合，构建海洋自然科学和社会科学数据库网络，建设海洋大数据共享与综合应用服务平台。

该平台建设主要包括5个层面，即数据获取平台、数据存储与计算平台、数据分析与应用平台、海洋信息可视化平台、海洋决策与发布平台。

2. 海洋战略舆情环境信息检索数据库

"清华海峡研究院国观海洋研究中心"从2014年中开始筹建"海洋战略舆情环境信息检索数据库"，将日常的检索工作智能化。在一期建设工程中，挑选了200多家重点智库、重点媒体、重点政府涉海网站作为监测对象（只限于提供公开信息的网站），针对近100个关键词实施全天候、全网站检索。在实际工作中，又补充检索60家智库。每天检索的信息被分类筛选、整理入库，依据国观智库的分析方法和相应信息分类维度，进行有序管理。

目前，国观智库正在对这个数据库进行二期改造工程，改造任务集中在3个方面。一是在原有基础上增加监测对象约200个，重点加强智库监测；二是增加监测内容，重点补充海洋经济信息、海洋政策信息、海洋法律法规信息，强化数据库的全领域特性；三是植入简易分析模块，实现部分自分析功能。此外，该数据库系统还在技术上尝试扩充小语种监测对象，尤其在东北亚、东盟两大方向。

五、海洋大数据面临的挑战和机遇

（一）海洋大数据共享

数据的共享是海洋大数据的核心，数据不共享就不可能称为大数据。但是，由于我国海洋观测平台的条块管理模式，海洋自然科学类大数据分散在国家海洋局、各大高校、中科院等研究机构以及"三桶油"（即中石油、中石化、中海油）、国务院国有资产监督管理委员会、国家海洋局等央企和决策部门，数据共享和聚合仍存在很大的"瓶颈"和障碍。需要引入大数据理念，建立数据共享机制，采用大数据的分布式存储 + 云计算平台的模式，对多源、异构的数据进行整合和重新部署，使数据仍在所有者手里，但可以根据使用者或开发者的要求进行数据调用和处理。例如，"宝船网"为用户提供了数据开发访问的API，可充分发掘海量数据的应用潜力。

（二）海洋大数据管理

随着大数据时代的到来和中国制造2025规划的推进，各个领域尤其是工业领域内大数据搜集、管理、分析、应用越来越受到重视。相对而言，海洋领域内的数据搜集和管理相对滞后，更重要的是受体制的影响，海洋自然科学类数据在体系内严重分散，海洋自然科学类数据和海洋社会科学类数据严重分割，海洋强国战略的实施迫切要求海洋大数据的归集和整合。海洋大数据综合平台的开发和建设在完善海洋决策的数据基础、促进海洋决策科学化方面将会有历史性的贡献。同时，就技术变革推动机制变革角度而言，海洋大数据综合平台有利于海洋部门职能的整合，推动海洋管理体制机制的重组完善。

（三）海洋大数据安全

对于海洋大数据平台，海洋数据采集、传输、存储、数据挖掘与分析、信息服务等过程形成一个完整的链条，在链条的各个环节都存在数据丢失、数据篡改、数据越权访问等风险。在当前网络与信息安全的严峻形势下，海洋大数据作为一种重要的战略资源，其数据的机密性、完整性、认证性、可控性和不可抵赖性已经上升到国家安全的层面，也是未来海洋大数据面临的一大挑战。海洋大数据在采集与传输阶段，需要考虑多源数据、传输介质和传输频率带来的安全差异性；在数据存储与处理阶段，需要在数据访问、计算、共享、监管等方面保障数据的安全性；在数据发布与推送阶段，需要在实现智能化服务的基础上，保证数据的实时性和真实性。

未来，海洋经济作为陆地经济的延伸和补充，在经济层面还会凸显更丰富的意义。目前，海洋大数据搜集和管理更多偏重于海洋自然科学类数据，海洋社会科学类数据的整合尚未引起足够重视。两类数据的严重分散使目前的海洋决策体系呈现出较为明显的跛脚状态，在海洋强国战略实施和国际关系实践领域中屡遭尴尬。需要有机会结合海洋自然科学数据与海洋社会科学数据，统筹服务海洋事业的发展。

人类历史和国际关系的发展已经证明海洋在国家发展中的重要性，发展海洋大数据可以为建设海洋强国提供重要支撑。需加强顶层设计，进行各界统筹、资源整合，推进海洋大数据平台建设。未来海洋事业的发展会贯穿多个决策系统、影响多个战略环境、连接多个产业系统，它对中国政治、经济、文化、社会的影响必将是全方位、深层次的。从这个意义上说，海洋大数据以及相应的海洋大数据平台建设将对中国产生广泛而深远的影响。

第二节　医疗健康大数据应用——健康管理

一、医疗大数据概述

通过研究发现，医疗大数据的研究仍处于探索阶段。医疗大数据作为跨学科的研究领域，研究过程存在一定难度。医疗系统数据管制体系导致了医疗大数据难以获取以及医疗信息存在孤岛等问题，使医疗大数据研究难以在研究机构开展。接下来，从概念、来源、特征以及应用场景几个方面详细介绍医疗大数据。

（一）医疗大数据

随着医疗信息化工程快速发展，医疗数据的复杂类型和大规模导致现有医疗大数据分析技术无法满足需求，难以做到及时合理化地对医疗数据进行采集、分析处理并整合成为辅助精准医疗决策的有用信息。临床医学实验数据、生物医药研发数据、新模式下医疗记录及信息化诊疗数据等形成了医疗大数据集，同时展现出大数据的“5V”性质及其医疗自身特殊性质。

1. 医疗大数据来源

医疗大数据涵盖医疗领域的各个方面，包括结构化和非结构化的各类型数据，其主要通过以下医疗相关行业产生。

（1）临床实验数据

我国着力发展医疗新项目，不断提高医疗自动化、信息化程度，临床医学在技术、管理上得到快速发展，临床医学实验室拥有大量的数据资料，包括患者信息资料、病灶检测结果、各类药品使用记录数据等。经过处理后形成不同结构的检验报告，为患者诊断、诊疗及预判病灶发展提供依据。医疗机构的信息系统多而复杂，数据量增长非常快，一张 CT 图像含有数据量约为 100 MB，一个标准病理图接近 5 GB。以此计算，仅一个三甲级医院一天的数据量就可达几 TB 甚至几 PB 之多。

（2）生物医药、科学科研

这类数据主要来自器械医药研发企业、研发外包公司、科研机构等研发过程中产生的数据，主要采集端口有科研机构最新科研进展和医药研发过程，属于密集型过程，企业每日产生的数据也在 TB 级以上。在生命科学领域，DNA 基因组、生物芯片等研发过程每时每刻都在产生新数据。例如，每个人的基因图谱，每一个基因组序列文件大小约 750 M。

（3）医疗新模式

这类数据主要是患者自身的、在院外的行为和感官产生的数据，主要采集终端是可穿戴设备和各类网上轻医疗平台，包括可穿戴设备收集的体征类的健康管理数据和网络行为数据。例如，挂号问诊、网络购药、健康管理、医患病友交流等。可穿戴智能设备的迅猛发展使个人健康数据信息被实时上传、实时监控，从而产生海量数据。例如，智能诊疗 APP、个性化健康管家等。

（4）信息化诊疗

这类数据来自患者在医院、诊所就医过程中产生的数据，主要的采集端口是医疗机构，如医院。数据包括电子病历（EMR）、传统检测项目结果（生化、免疫、PCR 等）、新兴检测项目结果（基因测序等）、医生用药选择、诊疗路径记录等。信息化诊疗增长快速，特别是新兴检测数据，如医生诊断和用药的记录、检验记录、生活指标、影像记录等均产生电子病例。EMR 是特殊系统的电子化病例，该系统数据为患者的完整且精确的医疗信息数据，用于辅助临床决策及辅助医生诊疗。

2. 医疗大数据特征

（1）医疗大数据的性质

医疗大数据具有以下几大性质。

性质 1：数据规模庞大（Volume）。大数据的起始计量单位至少是 P（10^{15}）、E（10^{18}）或 Z（10^{21}）。大数据规模是一个不断变化的指标，单一数据集的规模从几十 TB 到数 PB 不等。例如，一份医保电子交易记录文件大小约为 75 MB，一个成年人体检报告约含 85 M 数据，一张 CT 图像约含 150 MB 的数据，一个高清的标准病理图大约含有 5 GB 的医疗数据信息。

性质 2：数据类型繁多（Variety）。例如，社交媒体（图像、音频、视频）、网络搜索、传感器、蓝牙信息、地理信息等。在医疗领域中，医疗大数据包含结构化表格、非 / 半结构化文本文档（XML 和文本）、医疗图像、高维彩超等类型各异的数据形式。

性质 3：发展处理速度快（Velocity）。数据被创建和移动传输的速度快，与传统数据挖掘技术有本质差别。医疗大数据信息包含大量在线传输或实时处理信息。例如，门诊治疗决策中的用药记录、流行性病例分析表、智能设备实时监测健康指标预警等。医疗行业向智能化、信息化、数字化方向发展，使医院财务实时记录、医保交易平台等在线医疗数据量级暴增。

性质 4：价值密度低，商业价值高（Value）。通过大数据分析可以得出事物发展规律及发展趋势，从而获取有价值的商业信息。医疗大数据从微观的角度出发与个人的健康化生活紧密相连。从宏观的角度出发，与国内外的医疗科研机构、预防传染病传播、慢性疾病防控等紧密相连。

性质 5：数据真实性（Veracity）。大数据的本质就是从海量的数据中科学地提取出能够解释和预测事件的过程。在医疗领域中，数据内容的真实与否会影响大数据分析结果，进而影响其价值。在医疗领域中，医疗大数据的真实性更加决定了人的性命，“性命攸关”使医疗大数据的真实性显得尤为重要。

（2）医疗大数据的特性

除了大数据普遍具备的 5“V”——规模（Volume）、多样（Variety）、速度（Velocity）、价值（Value）、真实（Veracity）——性质外，医疗大数据还具有以下 6 个特性。

特性 1：多态性。是指医生对患者的描述具有医生经验的主观性而难以达到标准化。医疗大数据包括文本信息（患者主诉、医嘱、药物使用等）、数字信息（生理、生化数据、生命体征数据等）和图像信息（各类影像学检查，如 B 超、彩超、MRI、X 光片）等医疗大数据，这是与其他领域数据的最显著和最本质的区别。

特性 2：隐私性。是指用户的医疗健康数据具有高度的隐私性。在对医疗大数据的分析中，难以避免涉及患者隐私数据，泄露隐私信息将会对患者造成困扰及危害。尤其在互联网健康体系发展过程中，将医疗大数据通过网络与移动健康监测相结合，隐私数据泄露将会带来更加严重的危害。

特性 3：不确定性。是指医疗分析对病人的状态描述有偏差和缺失。医疗大数据采集和分析过程脱节，大量数据来源于人工记录，导致医疗大数据记录异构。许多记录数据受医生经验影响，本身具有不确定性，在历史疾病记录和用药剂量中尤为突出。

特性 4：冗余性。是指医疗数据存在大量无关的数据信息。电子医疗记录中都会包含大量的相同或类似信息的记录，如疾病诊疗记录和患者描述信息，与病理特征无关的检查信息，且包含大量重复、与医生无关甚至相互矛盾的就诊记录。

特性 5：有效性。是指数据仅在一段时间内有用，掺杂病变、病发的时间突发性。随着医学技术的不断发展，对于难以攻克的顽固型、新类型的疾病创造即时有效的诊疗方法。医疗大数据挖掘的对象的时间维度在不停地增长，疾病有效性至关重要。例如，对于牛痘，早年间不可治愈，现在只需一剂预防针便可避免。

特性 6：时序性。是指患者就医时与发病在时间上有一个过程。如心电图的记录，普通的心电图无法检出阵发性的心脏疾病的信号，必须依靠长期的实时监测心脏状态，也就是说它具有时序性，是在一段时间上的一个监测过程。

3. 医疗大数据应用场景

第一，临床决策支持。临床决策支持系统、基因检测等能够帮助医生提高医疗服务质量，如病情早发现并干预和实现精准医疗，对人下药而非对症。

第二，健康及慢病管理。基于慢病及健康数据库结合远程智能监护系统和可穿戴设备、智能手机等终端，可帮助个人进行健康管理，包括实时跟踪用户身体状况、根据监测数据为用户实施个性化的健康管理方案及基于数据的健康管理能降低重病发病率，减少医疗支出。

第三，医疗支付。医疗大数据可减少现有支付体系的压力，如精准诊疗可降低由病因不确定导致的资源浪费，优化并制定多元化的医疗支付手段，如 DRGs 及基于疾病概率、医疗支出等数据帮助保险公司开发新产品和提高盈利率。

第四，医药研发。针对疾病用药剂量和药物配方建立有效的实验数据建模，对于药品研发过程中的安全性、有效性、副作用进行控制。通过信息化的医疗大数据分析减少人力物资的投入，降低医药研发的成本。

第五，医疗管理。通过多家医院的数据，建立和完善区域及跨区域的疾病防控、妇幼健康、综合监督、食品安全、血液管理、健康教育、分级诊疗等体系，实现医疗资源合理配置。通过整合医疗大数据分析、智能化应用等辅助医院运营管理。

（二）医疗大数据可视化概述

1. 大数据可视化

可视化对应两个英文单词：Visualize 和 Visualization。动词 Visualize 含义为生成符合人类感知的图像，通过可视元素传递信息；而名词 Visualization 是表达某物、某事可看到的动作或事实，对不可见的事物，在人脑中形成可感知图片的能力，同时 Visualization 可解释为对某模型和数据可视化的结果。在计算机学科分类中，利用人眼的感知能力对大数据进行交互的可视表达以增强认知的技术，称为可视化，它将难以直接展示的大数据分析结果转化为直观的图形、符号、颜色、纹理等，增强大数据识别效率，传递有效信息。

大数据密集型科学是继实验、理论和仿真计算后，成为科研手段的第四种范式。大数据从海量的大数据中获取信息和验证科学，其产生是社会、科学进步的驱动力。大数据研究着力点在于加强信息化建设，通过大数据推动科研和创新。

医疗大数据的发展由医疗体系驱动（医疗系统的服务质量和医药成本的双赢），实际的应用场景中实时产生的传统医疗数据隐藏巨大的价值。医疗行业的服务对象是普通居民、医疗机构、医药研究机构、医药保险机构、公共医疗卫生管理部门等。麦肯锡在 2013 年报告中预测，仅在美国，医疗大数据的应用有望减少 3000 亿～ 4500 亿美元 / 年的医疗费用。我国存在人口基数巨大、医疗资源紧缺、医疗资源严重浪费和配置不合理、医疗花费增长过快、偏远地区医疗保障发展缓慢等问题。我国医疗大数据的市场规模至少在千亿级，针对医疗大数据呈指数型增长，且面临着医疗大数据类型繁多和非结构化大数据处理的挑战。如何利用丰富的医疗大数据为服务对象提供更优质的医疗服务是目前全世界都面临的难题。尽管医疗大数据信息类型繁多，但强大而灵活的大数据可视化技术能很好地表达其含义，不仅能增强其可读性，而且可提高对医疗大数据的理解和应用，是解决此难题的一个重要工具。未来的医疗领域中，医疗大数据可视化分析的成果将成为信息化医疗中的“精准医疗”常用的医疗辅助工具。

2. 医疗大数据可视化的概念及意义

大数据可视化技术包含传统的科学可视化和信息可视化，从大数据分析以挖取信息和洞悉知识作为目标的角度出发，信息可视化技术将在大数据可视化中扮演更为重要的角色。数据信息类型各异，可分为时空数据、非时空数据两大类。这些与大数据密切相关的信息数据类型与分类交叉融合，已经成为大数据可视化的主要研究工作。

医疗大数据分析技术不仅对结构化数据有很强的处理能力，对非结构化数据的分析能力也日益加强。例如，医疗影像（X 光片、CT、MRI）可以借助于图像识别技术，通过区分不同灰度值来判断病灶的精确位置，从而使临床决策支持系统更加智能化，给医生提供更合理的诊疗建议。尽管医疗大数据信息类型繁多，但强大而灵活的可视化技术，可以增强医疗大数据的可读性。为便于对医疗大数据进行进一步的理解和应用，对不同类型的医疗大数据可视化方法进行分类研究显得尤为重要。

医疗大数据可视化主要研究意义在于以下几个方面：

（1）支持实时临床诊疗

基于临床数据的动态分析，对患者进行更有预测性的疾病诊疗和医疗保健护理，提高医疗诊断的精准度。实时更新医疗数据仓库，不断完善对临床诊疗的决策支持。

（2）改善生物医疗实验

通过大量的生物医疗大数据统计可视化分析，挖掘其隐藏价值，对于生物医疗实验的各因素计量研究做到更加精准。同时结合传统实验工具和数据挖掘算法的研究来改善临床试验的设计。

（3）推动个性医疗保健

针对健康医疗大数据可视化分析为个性化医疗保健提供智能分析，做到及时预防疾病的发生，防止传染病的发生和蔓延，同时增强社会对医疗保健的正确认知。

（4）合理医疗资源分配

在日常的医疗机构医疗信息化发展中，通过医疗机构接诊数据的可视化分析，可以不断地优化医疗行业的服务支持和质量，合理分配医疗资源。

从这个意义上说，医疗大数据可视化体现出宽物善知的作用。在医学研究领域，医疗大数据可视化可以通过可视化不同形态的医学影像、血液检验、电生理信号、过往电子病史记录等，帮助医生了解病情发展、病灶区域，甚至拟定治疗方案。同时可以帮助人们更加合理化地管理医疗机构，协调和发展医疗行业。

二、基于医疗大数据可视化技术分类

（一）医疗大数据可视化技术概述

1. 医疗大数据空间

医疗大数据空间是由 n 维属性和 m 个元素组成的医疗数据仓库构成的多维信息空间。它是与主体相关的医疗大数据相关的集合。医疗大数据空间中，医疗大数据对于医学主体由医疗数据构成。医疗主体相关性和可控性是医疗大数据空间中数据项的基本属性。医疗大数据空间实际是指主体医疗大数据空间，与之相对的是公共医疗大数据空间。主体医疗大数据空间是公共医疗大数据空间的一个子集，随着主体需求的不断变化，数据项不断从公共医疗大数据空间纳入主体医疗大数据空间中。医疗大数据空间的要素是主体、医学数据集、服务。主体是指医疗大数据空间的所有者，可以是一个人或一个群组。医学数据集是与主体相关的所有可控数据的集合，主体通过服务对医疗大数据空间进行管理。例如，医疗大数据分类、医疗大数据查询、医疗大数据更新、医疗大数据索引等，均由医疗大数据空间提供管理服务。那么医疗大数据空间是一种区别于传统医学数据管理的新型医疗大数据管理理念，是一种面向主体的医疗大数据新技术。

2. 医疗大数据开发

医疗大数据开发是指用一系列的智能算法和医疗大数据分析工具对医疗大数据进行分布式计算和研究。基于目前医疗机构及相关部门已有 HLI、XHLI、HIS 等系统，并随着医疗大数据信息不断采集积累，利用最新的医疗大数据分析技术、云计算技术、BI 和医疗大数据挖掘技术，形成对医疗行业智能化的深层次结果可视化分析展示效果，展示医疗机构及行业整体规律和内在发展趋势与患者个体特性，并形成个性化医疗服务。将医疗行业的整体趋势与患者的个性化诊疗有机结合，达到支撑和形成医疗行业新应用场景与新服务模式。医疗大数据可视化分析技术用它更强大的决策力、更敏锐的洞察力和更加缜密的流程优化能力去处理治疗行业的问题，同时需要与时俱进的医疗行业新模式。

3. 医疗大数据分析

医疗大数据分析指对多维的医疗大数据进行切片、块、旋转等，剖析医疗大数据，从而能多角度、多侧面观察医疗数据。大数据复杂分析工具包括并行分析型数据库和基于 MapReduce 的数据分析工具。分析型数据库基于关系数据模型，与传统关系数据库相比，其存储结构与查询算法为读取医疗大数据进行了专门优化，如用列式存储（column-store）替代行式存储（row-store）。目前主流的并行分析型数据库有 Vertica 和 Greenplum 等。

4. 医疗大数据可视化

医疗大数据可视化是指将大型的医疗大数据集中，以图像形式直观展示，并利用大数据挖掘和开发工具发现其中的未知信息的展示过程。目前医疗大数据的可视化存在三个缺陷：第一，对医疗大数据可视化分析缺乏宏观且清晰的认识和了解；第二，对医疗大数据可视化的影像分析太详细，没有办法进行整合，不能形成对相关医疗知识的全局认知；第三，对医疗大数据可视化分析单一地从 IT 角度出发，无法满足医疗服务对象的各种医学知识的需求。

（二）医疗大数据可视化分类

根据医疗大数据的不同特征，找出适合医疗大数据特征可视化分析的方法，并把常见适用的 16 种医疗大数据可视化方法根据数据特点分为两类，即时空数据和非时空数据。

1. 时空数据可视化

时空数据是指具有地理位置与时间标签的数据。移动互联网与智能传感器终端的高速发展和普及，使时空数据成为大数据时代典型的数据类型。时空数据可视化与地理制图学相结合，重点对时间与空间维度以及与之相关的信息对象属性建立可视化表征，对与时间和空间密切相关的模式及规律进行展示。大数据环境下时空数据的高维性、实时性等特点，也是时空数据可视化的重点。

（1）空间标量场可视化

空间数据（spatial data）是带有物理空间坐标的数据，其中标量场是空间采样位置上记录单个标量的数据场。

①一维标量场可视化

一维标量场可视化，是沿某一条路径采样得到的标量场数据。用线图形式呈现出数据的分布规律。在血常规化验单中，血项数值会使用一维标量场可视化呈现出结果。此方法适用于各种生物化验结果的显示，如血常规中的红细胞（俗称红血球）、白细胞（俗称白血球）、血小板计数等血项。通过观察数量变化及形态分布判断疾病，是医生诊断病情的常用辅助检查手段之一。另外，该方法还适用于佩戴式的移动医疗保健检测仪器中，佩戴者通过观测身体各项指标来及时监控自己的健康状况。

②二维标量场可视化

二维标量场可视化通过二维面上的标量数据的分布特征表现出来，用于医学诊断 X 光片的颜色映射法。此方法适用 X 光片技术，由于穿过病灶后映射出灰度图像的深浅不同，可判断出是否有病灶及其精确位置，从而帮助医生快速确诊。

（2）地理信息可视化

地理信息可视化是地理信息传输关键步骤，其理论与技术拓展将为地理信息传输效果的提升提供更有效的途径。

①点数据可视化

透过地理空间中的离散点（数据对象），具有经纬度的坐标用于表示数据对象的发展现状。透过数据对象如性（颜色、大小）区分，遵循指定的原则来可视化出其发展程度。

Ward 等人在交互式数据可视化中发现用于在数据中探索模式的算法，如话题建模、聚类和降维以及广泛的统计图形和信息可视化技术，并通过基于 Python 与 JavaScript 开发的实践项目说明三维方柱越高，代表该区域空间内交通越忙碌。此方法适用于分析历年病例，通过统计不同时段、不同地区，各类常见疾病的发病情况，实时预测是否有异常出现，从而推断出是否有新病种或疫情出现。

②线数据可视化

在地理空间数据中，线数据是连接两个或者多个地点的线段或路径，用来反映地区性遗传疾病和流感发病预测的分布情况。为了反映信息对象随时间进展与空间位置所发生的行为变化，可通过信息对象的属性可视化来展现。例如，Verbeek 等人将地理区域之间的物体（人或物）的移动可视化。一个或多个源通过其厚度对应于源和目标之间的连线接到多个目标。良好的流程图通过平滑合并（捆绑）线和避免自相交来减少视觉混乱。但大多数流程图仍然是手工绘制的，只有很少的自动化方法存在。且一些已知的算法不支持边缘绑定，而那些已知的算法不能保证无交叉流，然而流式地图 Flowmap 是一种典型的好方法。此方法适用于控制突发性传染病蔓延趋势。通过分析病疫情的来源及蔓延趋势程度，及时准确收集信息，做出高效的应对方案，切断传染源，控制疫情的发展。

③区域数据可视化

地理空间中的一个区域中有长度也有宽度，是由一系列点所标志的一个二维的封闭空间，目的是表现区域的属性。不同区域中，分析人口密集度，便于政府考虑数据分布和地理区域大小对称性。

此方法适用于区域卫生数据的分析和预测，结合地理位置、环境污染程度和经济形势等因素，监测新生儿死亡率或慢性病的发病情况，也可判断是否出现地域性遗传病。

（3）时变数据可视化

随着时间变化，带有时间属性的数据称作时变数据（temporal data）。

①时间属性可视化

将时间属性或者顺序当成时间轴变量，每个数据实例是轴上某个变量值对应的事件。按照历史动力学理论，通过人口增长数量、环境污染指数等变量，推断出有经验的规律和周期。此方法适用于日常门诊，通过分析每日就诊量及候诊时间等信息，借助日历视图和时间属性图，全面研究和分析日常就诊的每个业务过程的“瓶颈”，从而改善日常工作就诊的服务质量。

②流数据可视化

通过流模式生成流数据，它是一类特殊的具有无限长度的时间轴的时变型数据。按功能分可以把这样的数据分为两类：第一类为监控型，是用流动窗口固定一个时间区间，把流数据转化成静态数据，数据更新方式是刷新，属于局部分析；第二类是叠加型，是把新产生的数据可视映射到原来的历史数据可视化结果上，更新方式是渐进式更新，用于全局分析。Luo 等人使用增量聚类算法从一系列时间中提取热门话题，用 EventRiver 在一个布局界面中自然地表达出来。此方法适用于按日期销售药品量，对各大医院、社区医院和网络销售等不同渠道的药品销量进行分析。通过数据流可视化图预测近期高发疾病，以便制药公司、各大医院提前准备药品，防治多发疾病。

2. 非时空数据可视化

（1）层次和网络数据可视化

层次和网络数据可视化对于具有海量节点和边的大规模网络，如何在有限的屏幕空间中进行可视化，将是大数据时代面临的难点和重点。除了对静态的网络拓扑关系进行可视化，大数据相关的网络往往具有动态演化性。

①层次数据可视化

层次数据是一种常见的数据类型，着重表达个体之间的层次关系，可以抽象成树结构，这种关系表达了包含和从属的关系。

Robert 等人使用了基于圆锥树方法的树结构数据可视化。基于 3D 可视化技术和交互式动画技术解决潜在的方案，尤其是当信息结构可以被可视化的时候，作者描述了这些信息可视化技术之一，称为锥树用于可视化分层信息结构。层次结构以 3D 呈现，以最大限度地有效利用可用的屏幕空间，并使整个结构可视化。交互式动画被用来将一些用户的认知负荷转移到人类感知系统。对于大层次结构，在树下空间不足的缺陷下，导致节点互相重叠。因此，Lamp 等人提出了双曲树的可视化方法。

层次数据可视化的要点是对数据中层次关系（树型结构）的有效刻画。不同的类型关系用不同的视觉符号表示，这决定了层次数据可视划分为以下两种方法：

第一种是节点—链接法，将单个个体绘成一个节点，节点之间的连线表示个体之间的层次关系。代表技术为圆锥树、空间树等，常常表达承接的层次关系。Toeh 等人展示了 RINGS，一种树形大数据可视化技术，同时引入一个新的节点环形布局，以便更有效地利用有限的显示空间。RINGS 为用户提供指定主要和次要焦点区域的方法，并且能够显示多个焦点而不会影响对图形的理解。RINGS 的优势在于它比现有技术更能展现更多关注焦点和更多背景信息的能力。通过将它应用到 Unix 文件目录的可视化来演示 RINGS 的有效性。在径向树中，圆周的大小随层次深度的增加而线性增长，树节点呈几何级数增长。不足之处在于树的底层空间不足，可能会导致节点相互重叠，影响可视化效果。此方法适用于检测数据之间的排斥反应，通过大量的医学数据分析，找出某几种疾病或某几种药之间的不良反应；此方法还适用于各种疾病之间的关联以及全基因组关联性分析。

第二种是空间填充法，从空间填充的角度实现层次数据的可视化，数据描述采用树的结构。Johnson B 等人介绍了一种新的分层结构信息可视化方法——树图可视化技术。树图可视化技术使可用显示空间的使用率达到 100%，并以空间填充的方式将完整的层次结构映射到矩形区域。这种空间的有效使用允许非常大的分层结构被整体显示，并且便于语义信息的表示。在树图中，采用矩形表示层次结构里的节点，父子节点之间的层次关系用矩形之间的相互嵌套隐喻来表达，此方法可以充分利用全部的屏幕空间。树图组织比较适合用于层次结构不复杂的数据结构系统。在新闻分类可视化系统的 Newsmap 新闻树图中用来表达各地新闻之间的层次关系。此方法适用于临床决策支持，在医生诊疗过程中，通过大数据分析给出更加合理精准的医疗方案。

②网络数据可视化

网络数据不具有自底向上或自顶向下的层次结构，因此表达更加自由，这决定了网络数据可视化分为两种方法：第一种是弧长链接图法，一种节点—链接法的变种，采用一维布局方式，即节点沿某个线性轴或者环形排列，圆弧表示节点之间的链接关系。此方法适用于用药情况分析，日常病情监测，能够辅助检测出是否有病变的可能，最终引发其他疾病的情况。第二种是力引导布局图，用节点表示对象，线表示关系的节点链接布局是自然的可视化布局。最早由 Peter Eades 提出了启发式画图算法，目的是减少布局中边的交叉数量，尽量保持边长度一致。在启发式画图算法基础上，Fruchterman 提出了力引导图的概念。此方法适用于基因关联分析。

（2）文本和文档可视化

①文本内容可视化

文本信息内容是大数据时代非结构化数据类型的典型代表，是互联网中最主要的信息类型，也是物联网各种传感器采集后生成的主要信息类型。文本可视化的意义在于，能够将文本中蕴含的语义特征形象化地表达出来。根据不同的形态，把文本内容分为以下两种：

第一种是标签云。这是一种新的文本信息检索和可视化的方法，是一套相关的标签以及与此相应的权重。典型的标签云有 30 ～ 150 个标签。权重影响使用的字体大小或其他视觉效果。标签是典型的超链接，因此是可以交互的。此方法允许用户用一个简单而有效的方式浏览和查询文本数据库。为了便于内容识别，标签云的吸引人的设计与创新文本表示结构相结合。这种结构用文本表示的语义将条款组合在一起，不可以单独激活。此结构可通过调整术语顺序和术语权重加以改进。因此，提议通过标签云，建立一种更准确的查询和可视化形式。此方法适用于医疗领域中所有文本信息的可视化，如病例信息、临床医疗记录、药物清单，甚至是网络论坛中的医疗保健信息。通过分析用户在各大网站搜索相关疾病的记录，发现高频出现的疾病名称，并预测疾病的发展趋势，及时准备治疗流行病的方案。

第二种是文档散，又称旭日图法。该图采用关键字作为可视化文本的内容，并且参考关键字在人类词汇中的关系对不同的关键字进行布局，从而描述出关键词之间的语义层次关系。此方法适用于疾病的自我检测，通过社交网络，共享自身病例和医疗记录。基于后台大数据处理技术，患者可以测量自我疾病发展程度，参考同病症的患者用药记录决定自己的用药治疗方案。

②文本关系可视化

基于文本关系的可视化，目的是将文本或者文档里的内涵关系进行可视化描述，如文本之间的应用、网页之间的超级链接关系、文本的相似性和文档集合内容的层次性等。Scharl 等人提出单词树（word tree），从句法层面可视化表达文本词汇的前缀关系。此方法适用于从大量的电子病历中检索出有价值的字段，通过单词树来分析就医者自述的病症信息，快速推断出就医者的疾病。

（3）复杂高维多元数据可视化

复杂高维多元数据是指具有多个维度属性的数据变量，广泛存在于基于传统关系数据库以及数据仓库的应用中。高维多元数据分析的目标是探索高维多元数据项的分布规律和模式，并揭示不同维度属性之间的隐含关系。例如，病人信息系统及药物智能系统。基于几何图形的高维多元可视化方法是近年来主要的研究方向。医疗大数据背景下，除了数据项规模扩大带来的挑战，高维多元所引起的问题也是研究的难点。

①散点图及散点矩阵

二维散点图将多个维度中的两个维度属性值集合映射至两条轴，在二维轴确定的平面内通过图形标记的不同视觉元素来反映其他维度属性值。此方法适用于高维多元数据的散点图可视化，便于统计整体数据进行综合分析。

②星形图与雷达图

星形图与雷达图方法是基于一种形似导航雷达显示屏上的图形而构建的一种多变量对比分析技术，许多统计方面的专家用雷达图来分析经济和银行利率、企业风险等。吴颖慧等人提出了 2013—2014 年香港九龙中、九龙东与九龙西医院联网运营雷达图。此方法适用于高维多元医疗大数据可视化分析，在突发病暴发期间，可以直观地对该过程中地理位置变化、时间变化、发病人数变化以及特殊事件进行立体展现。

三、DMDR 可视化分析模型设计与实现

下面介绍用复合动态多类决策雷达图模型进行实时动态可视化的相关工作研究。它由 Time Radar Tree 拓展而成的 DMDR 子图和南丁格尔玫瑰图与 Logistic 算法集成的回归决策图两部分组成，对传统静态数据可视化方法进行了改进，实现了一种动态可视化分析方法，增强了医疗大数据可视化方法的交互性、实用性和信息反馈的即时性。

（一）相关工作研究

1. Time Radar Tree 介绍

例如，Primajaya 研究了自底向上的可视化方法开发地理信息系统空间决策树的可视化模块，以便于理解从数据集中提取的模式。使用大数据空间由九个解释层和一个目标层组成，解决空间决策树可视化，主要特点包括映射窗口、交互窗口、树节点和表格可视化三个主要特征。Burch M 提出 Time Radar Tree 的空间环形分层法，简化节点—链接过程中造成的视觉混乱。信息层次中依赖关系的展示可以用具有边权的复合图的序列来体现。提出了一种使用径向树的布局绘制层次结构，圈出扇形来表示有向图中边的时间变化。使用户能够探索结构、时间数据和流畅的动画，可以帮助跟踪不同视图间的切换，但对于高维的医疗大数据信息不能给予直观的展示。Holten D 提出基于视觉捆绑相邻边（非分层边缘）的可视化方法，假定标准树可视化方法显示层次结构，将每个邻接边缘模拟为一条曲线，朝向由路径通过包含边从一个节点到另一个节点定义的折线，以此减少了多连接线导致的视觉混乱，并且可视化父节点之间的隐式邻接边缘，邻接边缘是各自子节点之间显式邻接边缘的结果，通过分层边缘捆绑法与树状可视化技术结合。Burch 等人继续引入了一种新的技术来显示密集时变有向带权图，同时增加了节点的层次结构。结合缩进树图和 Time Radar Tree，静态视图演变节点间的关系。图的边缘在缩略图轮上分层，由彩色编码扇区组成，它们是图节点的代表。这些扇区生成图边的隐式表示，从而映射到径向图中更大的显示空间。

Landes berger 通过研究有效的图形可视化分析需求，结合相应的用户交互设施和算法分析进行恰当的可视化展示。设计出合适的图形分析系统取决于许多因素，包括描述数据的图形类型、手头的分析任务以及图分析方法的适用性。根据图的类型进行分类，优化图像交互特征算法。将交互式图形探索交互方法作为可视化的基础，使节点—链接图可视化布局变得更加合理且美观，同时减少了复合

图中视觉重合和视觉复杂等问题的影响。Ghoniem 等人描述了一个分类的通用图形相关的任务和评价，旨在评估可读性的两种表示图形：基于矩阵的表示和节点链接图，并根据图的大小和密度，提出了关于图表示的重要建议。同时发现矩阵或节点—链接技术更加适合静态可视化。由于医疗大数据具有高维多元属性，静态可视化方法不能避免多属性映射导致布局混乱。然而动态可视化方法是通过完全不同的视觉空间布局，图形序列使用不同路径检测路线，动态化地简化了复杂数据信息。

对于高维多元属性和动态实时的可视化，目前仍难以体现隐藏属性依赖关系，更加难以展示动态并带有高维多元属性的实时医疗大数据，也难以直观动态展示多类、异属性间的关联信息，同时对单类信息做出实时动态预测可视化。

2. 回归决策树

纵观目前关于医疗大数据分析模型的研究，主要的方法包括 BP 神经网络、SVM、层次分析法、Logistic 回归模型等。其中，Logistic 回归模型在医疗分析问题上是一种实用性很强的模型。对于生理亚健康预测模型，许多专业学者给出见解，中南大学的周雅芳等人通过相关实验证明 Logistic 回归模型识别健康人群和亚健康人群，正确率为 94.0%；运用决策树模型识别健康人群和亚健康人群，正确率仅为 82.9%。上海中医药大学的李中平等人采用偏最小二乘法对亚健康状态的判别进行建模及预测，统计判别准确率；在逐步回归变量筛选后再次进行预测，观察判别准确率的变化情况。实验结果表明，基于偏最小二乘法建立的亚健康判别模型，对亚健康态的预测准确率为 89.47%，经变量筛选后，预测准确率提高至 92.10%。中国中医科学院广安门医院的张丽娜等人基于决策树模型，进行亚健康状态判定，并研究与中医体质分类的相关性，针对中国中医科学院广安门医院体检人员进行健康状态辨识与影响因素的调查，并经两名具有副主任医师以上职称的中医师判断,515 例体检人群中，剔除疾病状态人群后，健康病例 9 例（1.74%），可疑亚健康病例 87 例（9.07%），亚健康状态病例 419 例；采用 SPSS 决策树 CART 算法，对筛选后的影响因素进行决策树分析，归纳出模型的诊断规则，并采用 10 层交叉验证模型的识别正确率和体质归类。通过构建决策树模型法识别健康、可疑亚健康和亚健康三种人群，模型识别的正确率均在 50% 以上，其中亚健康人群识别的正确率在 70% 以上，为临床亚健康的辅助诊断提供了思路。炎黄职业技术学院的王小强针对确定哪些因素或因素组合能够对亚健康状态进行预测研究。临床流行病学调查，获取 572 个实际案例，由 50 倍随机森林算法所得到的特征选择（属性），即体重、身高、血压、血糖、血脂和糖尿病是重要的判别变量，应用随机森林分类技术进行基于临床数据分析的亚健康状态预测，正确分类率为91.28%。

通过研究对比，发现 Logistic 回归模型是医学中最常用的分析方法，因为它与多重线性回归相比有很多优势。Logistic 回归是统计学领域中众所周知的分类方法，使我们能够调查一个分类结果与一组解释变量之间的关系，普遍用作通用非线性推理模型，近年来已经广泛流行。Logistic 回归是最成功也是应用最广泛的，是在医疗大数据可视化分析算法中的一种高性能的预测模型。

（二）DMDR 可视化分析模型设计思想

由 Time Radar Tree 拓展而成，将一系列或多组、多属性单类雷达图，集成到一个 n 维动态平面图中，对多类集成图整体进行动态可视化，并且通过机器学习不断优化模型，对其单体在回归预测图中做出精准的预测分析。该方法不仅能解决高维多元数据所造成的视觉混乱问题，还可发现大量数据中所隐藏的关联性，并对复杂数据变化趋势、异常数据等关键特征进行实时动态展示，从而为医患双方提供更加可靠的辅助诊疗，最终形成复合动态多类决策雷达图模型，将带有大量医疗特性的数据信息通过 DMDR 进行实时动态可视化分析。

第一，对医疗大数据进行常规处理，包括数据采集、融合、清洗等各个环节。针对医疗大数据自身独有特点还需要做深度预处理，尤其是多语义的特征。该特征是指医疗大数据地域、行业分割严重，地域上的众多信息孤岛，医疗子行业间数据割裂严重，导致信息描述不清晰。为了更好地完善和优化医学标准语义库（中国医院信息基本数据集标准基础），需要量化语义异构，然后对多语义进行标准化，从而减少语义异构导致的结果异构。首先构建医疗领域本体，利用本体指导医疗大数据仓库建设维度建模和 ETL 工具，降低异构数据源中的语义异构，避免语义异构导致医疗大数据分析对进一步数据分析及其可视化过程造成严重的干扰，如果只是简单删除将可能导致大量数据信息丢失，此种方案很有可能得到错误诊断。基于上述情况，前期建立基于函数逼近的回归脆弱模型，运用最大似然法（ML）估计模型参数和推导局部影响技术，来解决医疗大数据的不确定性问题。大量高维实时数据剧增，如临床决策诊断、用药、分析流行病等以及信息技术发展促使越来越多的医疗信息被数字化，致使单一形式的可视化已经不适用于目前的医疗大数据可视化场景（可视化的输入和输出约束不再保持稳定，输入可以是连续变化的数据流）。

第二，通过 snap.svg 绘出 DMDR 子图。通过数据挖掘工作获取医疗决策信息并将结果通过 DMDR 方法进行可视化，提出将 Time Radar Tree 进行拓展研究，时序图扩展为单类雷达图，使用隐藏节点间连线的方法集成 DMDR 子图。单类组图集成到一个 n 维平面动态图形，构成 DMDR 子图。此方法与复杂的高维多类节点—链接图相比较，DMDR 子图不仅可以避免视觉混乱，而且可减少空间复杂度。

第三，利用南丁格尔玫瑰图中心空缺部分加入新的预测仪表盘，可视化分析出各个属性综合整体效果趋势。引入 Logistic 回归算法，加强个体预测值的精度，终将使用 Echarts 构成回归决策图。

因此，提出 DMDR 可视化分析模型来捕获影响可视化结果的实时信息，将其定义为“实时增量”，即动态数据可视化中主要的影响因素。通过细化可视化运算符和分块数据，增加数据块的粒度和处理步骤的粒度来迭代优化可视化过程。在这个动态的可视化过程中，用户处于正在完成与未完成的可视化交互之中。根据数据方式（操作符、数据块）和分层方式（抽取规则）来判断所产生的中间结果的可靠性。同时根据其提取出的实时增量进行合理调节，从而正向影响预测结果。将实时可视化结果与现有解决方案进行对比，逐渐将增量可视化过程及其行为与设计时的数据特性（输入驱动）和用户预期目标（输出驱动）相匹配。在不断学习和对比过程中优化案例库（机器学习行为），最后将实时增量结果在 DMDR 模型的基础上完成动态实时可视化。

1. 构建 DMDR 子图

（1）单类雷达图

单类雷达图是由 Time Radar Tree 拓展而成的。通过 m 个小圆节点和 n 个有权扇形描述节点—链接带权有向图组合而成，称作空间圆形单层图。

单类雷达图可由四个部分描述：

第一，若有 m 节点，圆就会被平分成 m 个大小相同的扇区；每个扇形区域代表与两个节点间的关联；每个扇形旁边的小圆就表示是一个节点。有 5 个节点，圆被平分为 5 个扇形。由此可知，m=5 且 $V=\{m|A, B, C, D, E\}$，表示圆被平分为 5 个扇形区域，旁小圆分别代表节点 A、B、C、D、E。

第二，大圆中每个节点的扇形区域，被关联节点的入度（ID）数有 n_i 个，被分成 n_i 个小扇形区域。

由以上可知，单类雷达图与传统方法相比较，优势是在海量数据可视化中，再多的节点也不会受到节点链接线交叉等混乱视觉的影响。

（2）多类集成图

多类集成图通过集成 n 组（n>1）单类雷达图集成的空间环形分层图，增加 n 组同属性同维度不同类信息集成为多类集成图，即 DMDR 子图。一个环表一个单类，由内到外变换类别（按照实际数据分类）表示为 O_n（n 代表环数、组数）。

单类组图集成到一个 n 维平面动态图形，构成 DMDR 子图。此方法与复杂的高维多类节点—链接图相比较，多类集成图不仅可以避免视觉混乱，而且可减少空间复杂度。

（3）DMDR 子图绘制方法

DMDR 子图绘制流程：第一，输入数据，传入 Parse 解释器，解释器将数据转化矩阵且构造 Matrix 类，同时计算出节点出入度和节点间权重。第二，将 Matrix 类传给 Render 渲染器，渲染器再获取风格参数，风格参数包含了渲染所需要的颜色、阴影、边框、边距等。渲染器根据参数，计算每个扇形的圆心、半径和填充色彩，调用 Snap.svg 引擎渲染一个扇形，如此迭代，直到 Matrix 全部节点渲染完毕。

2. 构建回归决策图

利用南丁格尔玫瑰图中心空缺部分加入新的预测仪表盘，可视化出各个属性综合整体效果趋势。引入 Logistic 回归算法加强个体预测值，最终集成 DMDR 图的一部分——回归决策图。

（1）南丁格尔玫瑰图

南丁格尔玫瑰图又名极区图，由南丁格尔提出，是一种圆形的直方图，且用以表达军医院季节性的死亡率。该方法通过半径不等的扇形表示出更多单一属性，从而直观地将多图合一的展示。但该图不能展示医疗大数据间综合属性信息且无法预测单体数据信息，也无法进行实时动态可视化。基于南丁格尔玫瑰图存在的问题，展示同一集合里个体之间的属性具有的关联性，通过使用机器学习进行多次迭代，完成单体数据信息的预测，并完成实时动态可视化。

（2）Logistic 回归算法

Logistic 回归成为线性分类器，它的函数表达式为

$$h_\theta(x)=g(\theta^T x)=\frac{1}{1+\mathrm{e}^{-\theta^T x}}$$

where

$$g(z)=\frac{1}{1+\mathrm{e}^{-z}}$$

其导数形式为

$$\begin{aligned}g'(z)&=\frac{\mathrm{d}}{\mathrm{d}z}\frac{1}{1+\mathrm{e}^{-z}}\\&=\frac{1}{(1+\mathrm{e}^{-z})^2}(\mathrm{e}^{-z})\\&=\frac{1}{1+\mathrm{e}^{-z}}\left(1-\frac{1}{1+\mathrm{e}^{-z}}\right)\\&=g(z)(1-g(z))\end{aligned}$$

Logistic 回归是最大似然估计，单体样本后验概率表示为

$$p(y\mid x;\theta)=(h_\theta(x))^y(1-h_\theta(x))^{l-y}$$

整个样本后验概率则表示为

$$p(y\mid x;\theta)=(h_\theta(x))^y(1-h_\theta(x))^{1-y}$$

且

$$P(y=1\mid x;\theta)=h_\theta(x)$$
$$P(y=0\mid x;\theta)=1-h_\theta(x)$$

其中，loss function 为 $-l(\theta)$ ，因此可采用梯度下降法求最小 loss function。

梯度下降法公式为

$$\begin{aligned}\frac{\partial}{\partial\theta_j}\ (\theta)&=\left(y\frac{1}{g(\theta^Tx)}-(1-y)\frac{1}{1-g(\theta^Tx)}\right)\frac{\partial}{\partial\theta_j}g(\theta^Tx)\\&=\left(y\frac{1}{g(\theta^Tx)}-(1-y)\frac{1}{1-g(\theta^Tx)}\right)g(\theta^Tx)(1-g(\theta^Tx))\frac{\partial}{\partial\theta_j}\theta^Tx\\&=(y(1-g(\theta^Tx))-(1-y)g(\theta^Tx))x_j\\&=(y-h_\theta(x))x_j\end{aligned}$$

其中， $\theta_j:=\theta_j+\alpha(y^{(i)}-h_\theta(x^{(i)}))x_j^{(i)}$

Logistic 回归算法旨在寻找最危因素，如找出疾病众多影响因素中最重要的几个属性，辅助科研人员对疾病进行研究。建立 Logistic 回归模型，还可以预测在不同的因素影响下，发病及引起并发症的概率，在患病前防患于未然。同时可判断某单体时患有某种疾病的概率，换句话说就是在众多疾病中，辅助医生确诊有多少可能性是某种疾病。

（3）Logistic 回归预测图

Logistic 回归模型使同一集合里个体之间的属性具有一定的联系。某一单体多次发生同一事件时也具有一定联系。本节提出回归决策模型，使用南丁格尔玫瑰图结合 Logistic 回归算法构建 DMDR 模型，最终解决实时动态展示并预测单体信息。

构建模型步骤如下：

步骤 1：在南丁格尔玫瑰图中心空缺部分添加预测仪表盘，从而在仪表盘中将单体各个属性综合整体进行可视化。

步骤 2：初始化 a_i 影响因子，影响因子初始值通过大数据抽样学习而得。

步骤 3：在给定的初始条件下，键入单体 b_i 属性值，计算出目标函数 M，同时进行实时动态可视化。通过键入属性值和对 M 值的影响因子即可算出目标函数值 M，由此算出个体预测值并给出预测结果。

预测模型公式：$M=\sum_{i=1}^{n}(a_i\%)\cdot b_i\left(s.t.\sum_{i=1}^{n}a_i\%=1\right)$

（三）基于 DMDR 可视化算法的应用

1. DMDR 可视化实验

在精准医学快速发展的背景下，医疗保健大数据相关政策同步推进，利用大数据激发医学界的高速发展。生理亚健康是指介于疾病与健康之间的“缓冲区”，即人体已偏离健康，存在不适，但又未出现器质性病变的一种状况。对于生理亚健康，经过恰当处理，身体则会转为健康，否则会患重病。生理亚健康仍没有统一的判定标准。医学界针对生理亚健康判定标准的确定也做了一些有益的尝试，如应用 Delphi 法评价亚健康的标准、TDS 检测法、采用量子共振仪和超倍生物显微系统等技术评价生理亚健康等，中医学界对生理亚健康的中医证候特征进行问卷调查等。总的说来，关于生理亚健康的判断方法缺乏利用现代科学技术指导性的系统研究。

通过调查可知，虽然对生理亚健康状态的基本含义已达成共识，但尚无公认判定标准。前期研究发现，对于生理亚健康状态的判定，仅提供了简单测量技术及工具。通过采集固定区域的大样本生理亚健康大数据建立判定生理亚健康的数学模型，明确和量化生理亚健康参考诊断标准，确定此区域性的生理亚健康人群的重要临床特征，探讨生理亚健康发生的危险因素。当今社会竞争压力过大，导致亚健康的身体情况越来越被人们所重视，而医疗机构提供的体检报告只给出各项指标数据，且各项指标数据不具有关联性和解释性，让不懂医术的人难以读懂，更不知其自身的真实健康状况。在此运用 DMDR 方法对医院不同年龄段的人群样本进行数据采集并完善模型，通过对脉搏、血压值、血糖、BIM、血脂、睡眠时间等亚健康的大数据属性分析，得出各个属性之间的关联，实时动态添加信息，得出个人健康指数并将其结果可视化。

由此可从 DMDR 子图观测到相关属性的依赖关系，得出其权值比重，即影响个体因素之间的关联程度。在此基础上，集成一系列同属性、不同类别的单体数据信息于一个图形，来观测计算权值依赖关系的比重。再通过计算出整体的权值比重依赖关系后，可滑动鼠标实时添加单体的基本属性。通过个体的各项指标来预测个人健康指数，最终得出个人健康指数并为医生决策提出合理化诊疗方案。将生理亚健康数据带入模型中的步骤如下：

步骤 1：从生理亚健康数据中抽取小样本数据，通过机器学习得出权重占比。

步骤 2：给出目标函数所需的其他限定条件。

步骤 3：将生理亚健康数据键入目标函数单体预测模型，可得出个人健康指数并进行动态实施可视化。

通过以上步骤得出生理亚健康预测模型，使用的数据来源为某区域性常住人口生理亚健康 DMDR 图，针对某区域性中不同年龄、不同层次、不同职业的人群进行体检数据采集，建立区域性生理亚健康基本特征的数据仓库。通过数据抽取、数据挖掘构造研究方法设计模型，配合医生对于体检全部指标量化并给出确诊详情，从大量的生理亚健康体检数据样本中分析出区域生理亚健康人群的基本特征并建立数学模型，为生理亚健康疾病预防工作提供科学且客观的依据。

2. 实验结果分析

DMDR 可视化分析模型应用于预防疾病和诊疗，使非医疗领域人员同样可以了解各属性间的关联，辅助病人对自身状况的了解，从而“对症下药”，更好地治疗或改善自身健康状态。从 DMDR 子图可看出数据间关联特征，不同年龄人群各项属性（指标）警告危险，就可以针对不同年龄给予预防治疗；从回归决策图，可实时加入新的单类信息并动态加入 DMDR 子图中，不断增加案例库，完善 DMDR 模型的精准度。总之，随着医疗大数据量的不断增加，数据也不断变化，数据维度也会越来越多，而高维多类数据在平面可视化技术中 DMDR 方法突显出自身的各种优势。

随着精准医疗信息化的发展，现有可视化方法已不能完全满足种类繁多的海量医疗大数据和复杂高维多元可视化需求，从而提出一种新的复合动态多类决策雷达图（DMDR）方法。该方法首先进行构建医疗领域本体等预处理工作，利用本体指导医疗大数据仓库建设维度建模和 ETL 等，降低异构数据源中的语义异构。再由 Time Radar Tree 拓展而成，将 n 组（n>1）多属性单类雷达图，集成到一个几维动态平面图中，对多类集成图整体进行动态可视化。该方法不仅解决高维多元数据所造成的视觉混乱问题，还可发现大量数据中所隐藏的关联性，并对复杂数据变化趋势、异常数据等关键特征进行实时动态展示，从而为医患双方提供更加可靠的辅助诊疗。同时，针对医疗大数据，可视化分析模型不断改进，通过机器学习不断更新案例库，分析各因素的影响因子占比，提高预测精准度。

第三节　公共安全大数据应用——安全预警

一、我国城市公共安全预警机制建设的成效

近年来，我国政府越来越重视城市公共安全问题，城市公共安全预警机制的建设也在大数据这个时代背景下取得了一些成效。

（一）预警组织基本健全

我国拥有着庞大且复杂的行政机关及广阔的地理面积，城市公共安全事件一旦发生，如果没有一套完善的组织体系，没有快速有效的解决方法，事件就会进一步扩散。要减少城市公共安全事件带来的影响，就必须尽快完善城市公共安全预警组织体系。随着时间的推移，城市公共安全预警工作慢慢被我国纳入政府的常规工作当中。相应地，城市公共安全预警组织体系也在不断完善，并形成了按灾类、部门划分的组织管理模式。从纵向看，中央负责制是我国现今公共管理组织体系的主体，地方政府在对上级政府以及中央政府负责的同时监控应对各自辖区内公共安全事件的发生。从横向看，公共安全事件在不同领域分别由我国中央政府的不同部门来进行监测以及应对，公安部、地震局等诸多职能部门纷纷建立了相应的监测机构对各自领域可能发生的公共安全事件进行处理。当前的预警管理仍旧是按灾类、分部门管理模式，尤其是在面临重大公共安全事件时，往往只设立临时性的指挥协调机构，只有少数如深圳、南宁等地正逐步设立常设部门来应对公共安全事件的发生，这也为我国城市公共安全预警组织体系的建设与发展提供了大方向。

（二）预警设备逐渐完善

由于城市公共安全涉及的范围广，牵动的人员众多，几乎涵盖了大众的衣食住行各个领域，因此支撑预警工作顺利开展的相关软硬件设备技术很难一蹴而就。完善预警设备是一个循序渐进的过程，目前来看我们取得了一些较为明显的成效。在维护公共治安、打击违法犯罪方面，“天网”监控系统作为智能化发展的产物，已经初显成效，给犯罪分子以威慑，大大降低了发案率，并且提升了破案率；北

京怀柔警局的“犯罪数据分析和趋势预测系统”，不仅能对犯罪的概率以及种类进行预测，还能够提前预知警情。在营造安全网络氛围，打击网络犯罪方面，系统开发企业针对目前网络监管中存在的问题，开发出了监管系统，如北京盛世光明股份有限公司开发的网路神警上网行为监管系统，有力地对网络安全进行了监管。在重大自然灾害预警方面，尤其是2008年南方冰灾以后，城市公共安全中的重大自然灾害问题引起了各界的重视，如我国减灾中心逐步推动环境减灾卫星系统的建设，并在2011年通过正在运行的卫星对贵州省可能出现的大范围冻雨天气进行了有效预警，成功降低了可能造成的损失。先进科学技术被逐渐投入到公共安全预警工作中，愈加提升了预警的数字化水平。

（三）预警人员逐步到位

我国管理专业人员众多，城市公共安全预警作为安全管理的重要一部分，同一般的管理既有区别，又有联系，因此不能够仅以一般的管理理念对待，培养这方面的专业人才已经迫在眉睫。2005年，公共安全管理专业诞生。2007年9月，中国劳动关系学院开始招收这一方向的本科生，由此迈出了公共安全管理领域专业人才培养的步伐。随后，中国人民大学、中国地质大学、江苏警官学院等高校先后开设了相关专业，并且在随后的教育方向上，融入了计算机等其他学科，培养出来的专业人才越来越符合时代的要求。到目前为止，已经有十几批专业人才在相关领域从事相关工作，逐渐弥补了城市公共安全预警领域专业人才空白的缺憾。另外，城市公共安全预警工作将公安、消防同安全管理机构相结合，逐渐形成了互相联动、协作配合的预警体系，专业分工日趋明确化。此外，随着政府对城市公共安全预警工作的重视，各地区正逐步建立自己的灾害信息员队伍。从全国来看，截止到2018年，全国已有73万名灾害信息员分布在各省市。这些人员在我国城市公共安全预警工作中发挥着重要的作用，同时各级政府也在逐步加强对预警人员的培训，以期培养更多优秀的预警人才。

（四）信息制度基本规范

预警信息制度的规范化，既体现在信息搜集传递和发布这一信息流动过程的规范化与预警信息整合筛选的规范化上，也体现在信息安全的维护上。在信息流动过程中，我国多地推出了城市公共安全大数据网格管理技术，如安徽省为适应高速发展的信息化时代的要求，进行网格化管理。在这一管理过程中，既保证了预警信息从搜集到发布的公开性和共享性，做到了信息查询便捷、发布及时、沟通无碍，这一技术的运用保证了预警信息传递的规范化。在预警信息整合筛选过程中，注重信息的分类处理，并且对相关信息进行筛选，在保证信息条理清晰的同时，保证信息的最大有效性。而在信息安全方面，大数据时代一个不可避免的难题就是如何维护个人的信息安全，在这一方面，上海浦东新区检察院建立起涉第三方支付平台犯罪案件预警机制，保护公民个人信息安全，并且越来越多的地方开始重视个人信息安全问题。

面对近些年来我国在城市公共安全预警方面取得的成效，我们倍感欣慰的同时，必须要清醒地认识到我国目前的城市公共安全预警机制仍有许多不足之处，亟须改善。

二、我国城市公共安全预警机制存在的问题

建立完善的城市公共安全预警机制需要一个过程，我国的预警机制建设尚处于不断探索和完善的阶段。当前的城市公共安全预警机制仍存在较多的问题，这些问题表现在如下几个方面。

（一）预警意识较淡薄

要防止公共安全事件的发生和到来，需要政府及相关部门工作人员具有强烈的危机预警意识，能够率先察觉危机事件发生的可能并提前做出相应的防护措施，从而在危机发生时能够及时有效、有针对性地化解危机。若没有强烈的危机预警意识，一旦危机发生，不仅不能化解，反而会导致危机的进一步扩散。目前，我国在公共安全预警机制的建设上尚处于起步状态，与物质建设相比较，危机意识的建设尚有很大的进步空间。现今，很多地区对于公共安全事件仍然不够重视，部分政府人员仍存在危机意识淡薄这一现象，作为处理公共安全事件主体的政府尚未设置相关机构来对危机进行处理，且各地区缺乏相应的设备支持，这也导致在面临危机时没有足够的能力去组织预警。另外，我国公民缺乏关于危机预警的相关意识。由于缺乏对于危机的认知，公民很少能及时将警情相关信息向政府及有关部门反映，而信息的滞后也使政府及相关部门无法及时对警情做出反应。据有关调查结果显示，85.7% 的调查对象表示，目前我国公民危机意识仍处于较低水平，81.2% 的人认为中国公民对危机预警重视不足，危机预警意识淡薄。这也就要求我国政府及相关部门应对公民做出相应的预警知识普及以及相关技能的培训。

（二）预警责任不明确

在城市公共安全预警工作中，政府承担着主体性的责任。然而我国对于城市公共安全预警过程中政府官员及各部门的责任规定尚不明确，还存在着诸多问题：

一是相关的成型文件较少，且相关内容过于分散。现今我国有明确预警过程中政府所承担责任的条文及规定仅有《国务院关于特大安全事故行政责任追究的规定》《突发公共卫生事件应急条例》（第五章的法律责任）等。二是相关规定较为模糊。虽然在规定中明确了如果重大事故形成是由官员错误的行为处事方式以及有渎职行为所造成的，则对相关官员进行革职处理，但并未明确政府及相关部门在不同领域的危机事件处理中所需承担的具体责任。三是没有明确政府应承担公共安全事件受害者在事件中的经济损失。目前我国的法律法规在责任追究上更多地偏重于行政追究，而忽略了公共安全事件对公民造成的经济损失也应由政府负责。四是我国目前公共安全事件相关的制度建设仍然较为缺乏。尽管在很多法律法规中已经明确了政府所应承担的职责，然而与之相匹配的用于保证职责内容能够顺利实现的相关政策制度却极其匮乏。因此，通过相关法律法规规范预警责任制度，有利于明确预警主体的责任，确保预警工作的顺利展开。

（三）预警发布欠及时

突发事件的预警，换言之就是突发事件的事前预防，要讲求时效性。一般而言，这一时效性时间段仅在事故发生前很短的时间内。我国当前的城市公共安全预警虽然借助了相应的先进技术，但是仍旧存在很多影响预警信息及时发布的因素。这些因素包括信息传送到各部门间配合不协调，相关消息发布不及时且存在拦截围堵等现象，部分公众对于相关消息的不理解，预警技术仍有待提高，等等。2010 年 8 月 7 日甘肃省舟曲发生特大泥石流事故，造成重大的人民生命财产安全损失，而当 8 月 11 日再次发生泥石流事故时，成功避险。事故后总结原因发现，造成短时间内两起事故截然不同结果的原因在于预警信息的发布是否及时有效。舟曲 8・7 特大泥石流事故由于未及时提前向社会公众发布预警信息而付出惨重代价。预警发布的不及时现象，由于预警人员失职、预警配套设备落后、错误使用预警信息发布手段等原因，在我国仍旧时有发生，错失最佳应对时机，未能将本可避免的损失降到最低。

（四）信息传递欠精准

由于我国对于处理公共安全事件的各部门之间职能划分不明确，在部分领域存在职能重合，且没有常设的主管部门来协调组织并进行管理，各部门间信息沟通匮乏，同级部门间相互协调困难，在对于公共安全预警信息的处理上难免会出现信息不完整，出现误判等状况，并且由于现有的信息系统缺乏主管部门的统一规划管理，信息传递渠道单一，从而造成预警信息经传递后残缺不全或不准确。

预警信息传递的精准性主要从两个方面来考虑：第一，所传递的预警信息的真实性；第二，真实的预警信息是否被完整、准确传递。在微博、微信等网络平台日益普及的今天，越来越多的人有机会向公众传递自己的声音，拉近彼此之间距离，但同时不免存在传播虚假信息、传播不完整信息的现象。这种不和谐行为的存在会造成社会恐慌，影响公共安全。

三、我国城市公共安全预警机制存在问题的原因

目前仍有许多问题存在于我国城市公共安全预警机制中，究其原因主要有以下几个方面。

（一）危机教育缺乏

预警意识淡薄的主要原因在于我国目前对于危机预警的相关教育较为缺乏。一方面，在学校教育中，没有开设专门系统的专项教育，并且教师在突发事件预警方面的专业知识匮乏，在一味跟学生强调注意安全的同时，无法正确引导学生如何做到维护自身安全，如何正确应对可能出现的突发事件成为我国教育领域的一大盲区。另一方面，在公众教育中，关于突发事件从预警到应对，再到处置方面的教育几乎是空白的。我国关于突发事件的应对宣传力度严重不足，而普通民众面对预警信息大多持漠视态度，对于如何应对突发事件更是一脸茫然。与此同时，企事业单位等微观社会主体，没有一套健全的危机预警方案，预警演练流于形式，从上到下的重视不足使预警成为无人问津的摆设。相比之下，发达国家却非常重视对公民的危机预警教育与培训。一方面，发达国家每年都在危机预警教育与培训上投入大量的资金；另一方面，通过多种渠道向公民宣传安全教育，做好预警培训工作。这些先进的经验，都是值得我们学习的。

（二）法律体系不完善

近年来，我国颁布的应急管理方面相关的法律法规日趋增多，尤其在 2007 年《中华人民共和国突发事件应对法》对突发事件应急做出总体规划后，关于公共安全突发事件方面的立法不仅数量增多，覆盖面也逐步扩大了。这些立法涵盖了自然灾害、事故灾难、公共卫生事件和社会安全事件等各方面，如《突发公共卫生事件应急条例》《中华人民共和国突发事件应对法》《生产安全事故报告和调查处理条例》《中华人民共和国食品卫生法》等，这些法律法规对突发公共安全事件的应急处置进行了较为详细的规定，但是也不难发现其中存在的问题。第一，权责规定不明确。突发公共安全事件往往会涉及多个部门，需要多部门相互协作。然

而，相关法律法规并没有明确厘清各部门之间的权责关系，以致各部门之间相互推诿。第二，相关立法偏向于事后应急处置，而对突发公共安全事件的预警涉及较少，难以达到预警的效果。第三，大部分立法仅仅是独立针对某一类突发事件，这虽然能够对某一类事件做较为具体详细的规定，但是不可忽视的是，当前的城市突发公共安全事件往往涉及众多领域和众多类别，彼此独立的立法体系难以实现融通。第四，在众多突发事件应急管理法律法规中，真正以“法”命名的不足50%，不得不承认，关于突发事件应急的法律体系仍旧处于相对较低的水平。

（三）预警机构不统一

长期以来，我国一直采用分部门、分灾种、分行业的预警模式，并没有一个独立的、统一的公共安全预警综合协调机构。从表面上看，这种预警模式具有分工明确、专业高效等优点。然而，一旦突发性的公共安全事件发生，政府部门之间往往各自为政，缺乏统一、有效的管理，难以形成合力，势必会影响到预警的效率，导致更大的经济和人员损失。近几年来，我国进行大部制改革等举措，力求实现机构精简、审批手续简化、工作效率提高的目标，但是不得不承认，这一局面并没有从根本上得到扭转，尤其是处于行政工作第一线的机构，烦琐复杂。单从突发事件预警方面来说，牵扯到公安、消防等众多一线工作机构，这就不可避免地会产生很多麻烦。第一，责任主体不明确。正所谓“一个和尚挑水喝，两个和尚抬水喝，三个和尚没水喝”，预警工作牵涉机构不单一，导致“扯皮”“踢皮球”等现象的产生，难以明确责任主体。第二，预警信息共享不及时。信息共享需要各部门之间的主动配合，而在大多数部门中存在着这样的心理：“等其他部门先共享，我们再共享。”这使得信息共享的步伐停滞不前，严重延误了突发事件信息的搜集和预警信息的及时发布。第三，专业领域难以跨越。多部门协作不可避免的一个问题就是不了解彼此的工作内容，难以保证工作进度。

（四）信息系统不健全

要确保城市公共安全预警机制的良好运行，离不开健全完善的公共安全预警信息系统，以便及时、全面地掌握相关信息并根据信息做出相应的应对措施。只有在获得对公共安全事件正确认识的基础上，才能制定科学有效的应急对策和计划。现今社会互联网、云计算、物联网等信息技术飞速发展，信息化在处理公共安全事件中显得愈发重要。目前，由于技术等各方面的不足，我国预警信息系统尚不完善，还有待提高，还存在着信息收集不及时，处理、反馈效率低下；没有明确的信息报告流程及时限、责任的具体要求；各部门之间职能不明确，没有特定的部门进行协调管理；各部门之间缺乏信息共享等问题。与此同时，伴随着网络媒体的高速发展，新闻媒体在社会生活中的作用日益加深，而目前我国尚未将新闻媒体完美地应用于公共安全事件的处理中，这也导致了我国尚未形成完善的信息披露机制。此外，在信息收集过程中，由于未能发挥网络媒体的作用，预警信息系统的不完善、不健全在一定程度上造成信息的收集、反馈、处理的不及时，这也进一步加大了预警工作的难度，对我国公共安全预警机制的完善形成了巨大的阻力，带来了巨大的负面影响。

四、大数据时代城市公共安全预警理念

如果城市公共安全管理中出现预警失效的情况，不但会影响政府和民众及时获取有效的预警信息，失去预警作用，而且整个应急预警体系将无法有效运行，最终因防不胜防而付出惨痛的代价。优化大数据时代城市公共安全预警机制，是提升城市应急管理能力的重要保障，同时能够大幅提高现代城市公共安全治理水平。为此，我们应树立以下理念。

（一）精准预警

城市公共安全预警机制最重要和最主要的功能是对公共安全事件的事前预报，预警工作的重点便是能够在一定时间内预测公共危机事件，即能够通过各类信息与数据做出准确精细化的预测与研究，防微杜渐，为提早做好各种防范准备工作争取时间和机会。精准预警的理念就是要求预警机制能准确、全面、及时地监测出异常情况，并依据危机事件可能出现的范围、影响程度进行科学分级，按不同等级发出警报，以指导政府相关部门制定科学、合理的分级预案，采取妥善措施防控危机。

（二）协同预警

城市公共安全预警机制是一个高度复杂的系统，需要部门与部门、政府与多元主体的参与和通力合作才能实现预警机制的高效运转。协同预警的理念首先要求加强大数据时代的预警数据、预警信息、预警技术、预警资金、预警人员的协调配合与共享共用；其次，要构建城市公共安全预警统一指挥协调机构，实现各种资源与信息的及时调度与共享，明确各部门职责与权限，防止政出多门、相互扯皮的现象影响资源利用效率；最后，要加强部门横向与纵向的统筹联动，搭建多元主体参与平台，增强透明度，广泛收集民意、汇聚民智、依靠民力，实现政府与社会多元主体共同参与、安全成果共同享有的互动格局。

（三）规范预警

要实现大数据时代的城市公共安全预警机制的优化，数据的开放和共享是必不可少的，而实现各类公共大数据的开放，必须做到有法可依，实现开放有据、共享有效的和谐局面。另外，城市公共安全预警机制的建设是一个涉及政府、社会、公民等多个主体的综合体系，没有一个统一的标准和规范的章程，各种信息就会杂乱无章，公共安全管理就会无序发展。为此，必须以法律法规为指引，从国家和个人层面完善城市公共安全预警机制相关规章制度，厘清各个部门的责权利，规范各类信息与流程的运行。让城市公共安全预警机制建设有法可依、有章可循，在规范化的轨道上正常运转。

（四）快速预警

大部分城市公共安全事件的爆发非常迅速，预警机制需要有快速的反应能力。这就要求我们必须以快速预警的理念为指导，优化城市公共安全预警机制，坚持快速预警的理念：一要树立时间第一的观念。确保公共安全事件得到及时控制，最大限度地避免或降低因为公共安全事件的爆发而带来的经济、人员的损失，维护社会秩序的稳定，保护公众不为所害，推动安全措施有序开展。二要秉持果断抉择的理念。在城市公共安全事件出现之时必须果断决策，绝不能贻误战机。确保各部门协同作战，高效沟通，准确及时应对。

五、大数据时代城市公共安全预警内容

大数据时代城市公共安全预警机制的优化是一项复杂的系统工程，主要包含了搜集信息、监测、筛选、解析、评析、决策预案、信息反馈和危机警报等机制。从城市公共安全预警历经数年实践并汇集资源可知，信息机制完全贯通预警机制的全部过程，其中整个机制结构中最为重要的环节是辅助决策机制，主要是从城市海量大数据中准确提取有价值的信息，进行加工并解析，明确公共安全事件可能出现的范围、影响程度，进行科学分级；信息反馈警报、决策预案等机制主要包括预警的辅助预防这一微观层面和确保城市公共安全问题的宏观困难的顺利解决与处理。

（一）预警信息采集监测机制

在城市公共安全事件发生之前，各类信息错综复杂，类型繁多，数量庞大，并且作为城市公共安全危机变化过程中最紧要、最匮乏的资源，各类信息通常会

随时间推进变化而逐步改变。为此，必须基于大数据技术将各类信息进行收集、整理，及时监测相关信息的变化与发展。引入现代管理思想将各类数据收集分类后搭建城市公共安全信息数据库进行处理，以方便后期能够及时准确地调取相关数据。在数据收集分类之前应该根据当前城市公共安全管理过程中出现的问题设计敏感性客观预警指标体系，作为对预警信号的识别标准。加强预警信息监测，还需执行不同部门之间的联动工作办法。

第一，需要强化气象预报、地震、卫生医疗、安全生产、食品监督、建筑消防、公安等专业部门实行数据化的监测，通过不同部门间的数据融合，打通各部门间的壁垒，联合搜集、汇整、解析并反馈本区域范畴或者本系统组织之内出现的可能影响公共安全的因素，同时结合当前已有的相关信息资源，互助分享资源，强化现代科技的体系化升级，形成具有完善功能、敏锐反馈应对的预警平台。遵从早预测、早发现、早汇报、早掌控，对其中可能在本区域范畴之内造成严重影响的公共安全事件的特点，及时汇整呈报，强化监管控制。

第二，建立起及时汇报突发事件的规章制度，并保证充分宽广的监控视野，利用灵活沟通的体制和快速响应机制，打开多样化的信息收集通道，改善获取信息的质量。构架完善的搜集信息的系统式网络，运用诸多手段（包括未公开的），结合传统工具和现代科技，构建起灵敏度高、流转顺畅的信息情报中心，帮助政府及时掌控第一手资料情报，提升决策的科学性，提高效率水平以及精准度。

第三，随时了解并掌握本地学校、社区、企事业组织、派出所等基础社会信息，必须重点关注民意改变的趋势，经常进行调研，积极正确疏导民意，消除利益各方间相互摩擦产生的冲突。另外，政府部门应当加快推动信息公开工作，全力强化与公众的信息沟通，借助社会广泛的支持，准确及时了解舆情，获得更加深刻的舆情信息。此外，还需建立完善的公众信息报告与反馈制度，依靠公众的力量，及时找到问题，掌控趋向，在更短的时间之内迅速处理，有效调动民众智慧以及力量。

（二）预警信息分析评估机制

为确保预警信息评测所得结果的公正与准确，充分利用大数据分析平台与方法对信息进行深入挖掘，并以此制定详细的行为准则与信息处理规范，完善信息分析评估流程，以便指导预警信息分析业务，推进分析工作高效搜集、汇整、筛选并分类不同初始数据，除去已过期或者没有较高准确度的无效信息，运用大数据技术对信息进行分类识别，构建预警知识库，通过将即时信息与历史信息进行对比分析，把分析结果上传至预警平台，城市公共安全预警部门通过人工审核实时监控预警险情。其具体操作流程就是先将原始数据录入到预警系统中，得出预警等级指标系数；然后，用数理统计方法计算出具体的分数；最后，再对城市公共安全状况给出客观公正的评价。其中，评估机制的功能也包含决策分析，也就是为政府预警机构决策提供宝贵的意见，并分析当前影响社会公共稳定和安全的主要因素，同时预测其未来变化发展的趋向。

（三）预警信息决策预案机制

预警信息决策机制一方面关注城市公共安全事件本身的一些特点以及可能造成的影响，另一方面也涉及城市公共安全事件在一段时间内的变化以及未来可能会发生变化的方向，事物的发展变化往往都伴随着一定的量变到质变，因此，这一辅助预警决策机制是对事实上已经发生或者根据未来的变化趋势可能发生的公共安全事件进行预案制定并从中选取优良方案与执行的预警过程。

所谓应急预案，就是事前经过仔细论证且提前制定出应对突发公共安全事件的计划与措施。一般来说，应急预案有如下几个方面的作用：一是可以提高政府应对城市公共安全事件的能力；二是可以规范政府应对城市公共安全事件的管理行为，防止其各行其是、滥用权力；三是可以明确各部门职责，提高管理效率，也便于对城市公共安全管理绩效进行考核评估。所以，应急预案的质量高低关系到是否能够有效应对突发公共安全事件。为此，在制定应急预案之时，首先要构建全面、科学、适宜的预警评估指标体系，完善预警方法，充分发挥决策者、研究专家、社会公众三者的作用，从数据挖掘、网络科学、系统科学、移动互联网技术等新型信息技术入手，构建适宜的应急预警决策模型，促使预警决策从依赖经验向依靠科学转变。其次要不断修改、完善应急预案，以便在公共安全事件或危机爆发时，能够采取有效措施进行应对，从而减少公共安全事件或危机所带来的危害。最后政府部门要重视搜集与预警相关数据资料，以便随时掌握警情，掌控警情变化，做出正确决策并采取相应行动。

（四）预警信息反馈警报机制

预警信息反馈警报机制的主要作用是得到精准警报，帮助获取警报者挑选正确方法处置，以便于对险情的提前警报。一般情况下是依据可能发生危机的评估所得结论的级别做出判定，从而计算出其概率与危害程度，快速响应并向组织发出警示，当警报准确反馈到预警工作人员时，必然要及时调整监控举措，避免诸多风险。根据危机的影响程度和发生的概率，及时通知可能受到伤害的集体，以便共同做好准备，应对危机。处置结果的好坏一般需要在事后进行分析并做出总结，才可能获得公正、科学的评价，所以应就任何不确定性采取有关措施，完善整个反馈响应系统。通过事后评测，还需要经常修正并改善欠缺考虑和并不妥当的问题，以便未来真正发生类似事件的解决过程和方案更为完善；那些已经成功处理的事件和问题，必须在事后进行有效积累和总结，记录汇编成机制样板，为其他工作提供样本。由此可知，分析社会经济中存在的不确定风险并进行预警时，传导与反馈机制显得尤为重要。第一，相关政府部门必须按照法律规章制度办事，切实了解民众所关心的问题，与社会各组织代表进行交流沟通，寻找解决问题的方案，减少摩擦；第二，政协组织可以运用自身所具有的优势，促进社会各组织之间相互协调发展；第三，必须建立高效运作的信息反馈机制。对于城市内有关公共安全的沟通协调工作，需要联合人大、政协、新闻媒体以及街道社区统筹协调，切实依据具体预警状况，按照法律流程各自负责。立法监管部门必须建立相应的机构，制定相关法案；媒体部门应该正确引导舆论，营造良好的舆论环境；街道派出所需要积极主动帮助民众解决问题，同时完善渠道通畅、覆盖面广的矛盾疏导机制，减轻民众压力，缓解矛盾。

六、大数据时代城市公共安全预警策略

大数据时代城市公共安全预警机制的优化与完善并不是一蹴而就的事情，需要我们从加强多元主体相互协同、应用大数据先进技术、挖掘海量信息、培养预警专业人才、提升预警意识、完善法律法规、规范预警机制运行等多个方面进行发力，以保障城市公共安全预警机制实现精准、法治、专业、高效运行。

（一）加强城市公共安全多元主体相互协同预警

城市突发公共安全事件不仅仅是对政府部门应急能力的考验，更是对社会整体能力的综合考验。城市公共安全预警也不纯粹是政府部门的职责，而应当让全体社会成员积极参与到预警工作中来。仅仅依靠政府部门的力量很难高效、快速应对突发安全事件，需要社会各组织的积极参与。在大数据时代背景下，城市公共安全预警工作更离不开各社会力量的参与。

第一，强化部门与部门之间的预警协作能力。一是要破解传统城市公共安全预警不同层级部门之间信息传递渠道不通畅、信息传递欠精准等难题，整合、利用各层级组织部门信息。为保证各层级组织部门之间预警工作的协调与统一，建立覆盖各层级组织部门的城市公共安全预警大数据中心，有效利用数据信息，运用大数据助力城市公共安全预警，提升各层级组织部门的预警能力。城市公共安全预警大数据中心是跨地区、跨层级信息整合的数据中心，各层级政府应积极推进本区域城市公共安全信息数据库建设，建立统一的数据管理中心，为打造高效、

精准的城市公共安全预警系统打下基础。二是传统的城市公共安全预警采取的是一种分行业、分灾种的预警模式，不利于横向资源整合。通过构建各部门、各单位之间的协同联动工作格局，整合各部门的核心信息资源，建立健全跨部门、跨地区的突发公共安全事件联动体系，实施协同预警。一方面，要在城市建立专业、综合的预警管理机构，整合公安、消防、环保、城管、水利、交通、质监、气象、卫生医疗等部门的力量，从而形成总体性预警力量；另一方面，不断强化跨区域、跨部门之间的横向信息共享，加强与毗邻城市公共安全预警部门之间的联系，积极参与跨区域预警合作。

第二，加强其他社会主体的参与力度。一直以来，政府部门由于拥有人力、财力、物力等优势，承担着各式各样的社会责任，从而使得人们以为政府就是各种社会事务的唯一管理者，认为城市公共安全预警就是政府的责任，社会公众对预警的参与力度不强。随着时代的不断变迁，政府在城市公共安全预警工作中也面临着巨大的挑战。城市是一个复杂的区域，充满众多不确定的因素，稍有不慎就会引发严重的公共安全事件。因此，要加强其他社会主体的参与力度，积极调动各社会主体参与城市公共安全预警工作，也就是要充分调动企事业单位、非政府组织、新闻媒体、社区组织等主体的积极性。在城市公共安全预警中，充分发挥其他社会主体的作用，有利于政府及时获取大量相关预警信息，增强反应能力，及时制定应对方案，最大限度地减少突发公共安全事件带来的损失。

第三，积极发挥公民的作用。在城市公共安全预警过程中，如何最大化地发挥公民个体的作用对于有效应对突发公共安全事件至关重要。国外许多国家都非常注重培养公民的危机意识，加强对公民的危机教育培训，提高公民的危机应对能力。例如，日本政府每年投入大量的人力、财力、物力，对公民进行危机教育培训，组织公民进行防灾演练；美国政府也强调公民要积极参与，共同应对危机事件。在突发公共安全事件中，公民在整个过程中担任着重要的角色。事件发生之前，公众是事件预警发出者；事件发生之时，公众是事件发生的目击者和受害者；事件发生之后，公众是事件的最直接参与者。因此，政府应不断加强公民的危机教育，提高公民的危机预警意识，调动公民参与城市公共安全预警工作的积极性。

（二）推进城市公共安全海量信息深挖掘预警

信息是我们开展城市公共安全预警工作的基础和根据，城市公共安全预警机制的顺利运行离不开一个高效的预警信息系统，主要包括预警信息搜集网络、预警信息传播渠道、预警信息处理系统。在大数据环境下，由于大数据相关技术能对搜集到的海量信息进行加工、分析、处理、挖掘出有价值的信息，有利于实现信息深挖掘预警。因而，可以运用大数据技术优化城市公共安全预警信息系统。

第一，基于大数据技术建立条块结合、反应敏捷、触角丰富、开放共享的预警信息搜集网络。一方面，要加大资金投入，推进大数据技术的研发与应用，加快大数据技术应用平台的建设，完善以云计算、物联网、泛在网等作为支撑的大数据技术应用平台。让城市公共安全预警体系能够依托感知设备，如视频监控、移动运营商的手机基站、社交媒体等方式进行相关数据的采集、识别、分析、加工、预测与处置，为大数据分析、风险评估提供强大的数据支撑。另一方面，通过建立相应的制度，成立专门机构并安排专人进行公共安全预警信息搜集，依托数据技术对预警信息进行监测收集。此外，还应成立城市公共安全预警信息门户网站，拓宽信息搜集渠道，建立集信访部门、公安机关、民情反馈、大众传媒、社交网络、国际交流为一体的专业监测、信息搜集网络体系，运用现代化技术综合管理城市公共安全预警信息。

第二，搭建高效畅通的预警信息传播渠道。及时发布城市范畴之内的公共安全预警信息能够帮助民众最快了解可能出现的危机种类和变化趋向，以免虚假情报扰乱社会公共秩序，导致民众出现不必要的恐慌，甚至产生远超危机本身的危害。公开预警信息是建设公共安全预警机制的关键内容，信息公开也是信息传播的重要核心，包括建立完善的预警信息公开制度，打造专用的城市公共安全预警信息网站，让民众获得充分知情权，确保相关信息高度透明，从而逐步提高民众对危机的心理承受能力以及预警意识。城市公共安全预警信息的传播渠道主要有广播、电视、报纸、网络、热线等。据调查表明，在城市公共安全事件发生时，公众获取相关信息的渠道主要有电视（占 50%）、网络（占 39.4%）、报纸（占 7.6%）、专家（占 1.5%）、亲戚朋友（占 1.5%）。由此可知，畅通、高效的信息传播渠道的搭建必须充分考虑诸多渠道，提供多个政府和公众互动的平台，保证预警信息充分透明并实现高效传播，确保信息能够连续、真实、充分传播，保证信息网络渠道的畅通与高效运转。

第三，建立科学完善的预警信息处理系统。公共安全预警系统在搜集到海量信息以后，要依托相关数据技术平台，对搜集到的海量信息进行分析、处理，挖掘出有价值的预警信息，从而为预警提供决策依据。此外，还应对所获取的混乱且真假有待判定的信息进行整理归类，去伪存真，找到其中的问题，并挖掘出产生问题的来源，将其转化成有效的信息，同时将此信息转换成更加直观的指标和信号，并建立相关的数据模型，为实现有效的公共安全预警提供保障。公共安全预警信息分析的主要内容是将所监测搜集到的信息进行科学化的分析，做出具有针对性和预判性的综合评测与科学判定，从而保证政府职能机关能及时采取措施，趋利避害，尽可能将危机消灭于萌芽状况并尽可能减小可能的危害，防止事件的发生和扩散。

（三）深化城市公共安全大数据技术“一窗式”预警

在大数据时代背景下，政府可以设立一个常设的预警中心，依托数据技术打造规范统一的预警信息平台，对预警信息的监测、收集、加工、分析、决策、警报发布等整个流程进行控制，以期实现“一窗式”预警。具体应从以下几个方面来努力。

第一，要设立大数据时代的城市公共安全预警机制顶层和配套统筹机构。从西方发达国家城市公共安全预警体系建设来看，它们都设置了专门的用于预警的常设机构，以便能够随时处理安全问题。对于一个城市，我们可以通过地方政府牵头，联合公安、武警、消防、交通、安全、卫生等部门成立城市公共安全预警领导小组，成立一个常设的预警中心。在国家安全委员会的统一领导下制定地方城市安全战略，负责组织所有救援体系参与处置过程，以便及时反馈信息，有效处置危机。一是要依托当前高度发达的信息网络，搜集、整合各部门之间的信息资源，将搜集、整合的信息数据统一储存到数据库中心。二是要搭建城市公共安全综合评估处置应急平台，通过相应的信息搜集监测点，依托信息搜集及处理中心、动态监测中心以及风险评估中心完成信息搜集及初步的研判工作，快速响应警情并导出最优决策，将城市公共安全事件带来的损失降到最低。三是要增加对公共安全事件的预警投入，储备充足的应急物资，提升整个保障体系的综合能力。

第二，城市公共安全“一窗式”预警的实现，离不开预警专业技术人才的支撑。政府要强化对预警人才队伍的组建与培训，通过建立不同层次的培训基地来培养专门的公共安全预警人才，避免决策者“灯下黑”、不熟悉业务的情况。由于城市公共安全事件本身的复杂性，一般情况下会涉及不同的专业知识领域，同时会牵扯到多个部门。因此，政府应当将不同专业的危机预警人才进行整合，促进彼此之间的交流，同时应加强与国内外的沟通交流，学习其他城市相关先进经验，充分发挥各专业人才的优势，从而提高城市公共安全预警的精准性、及时性。

第三，要充分发挥高校、科研机构在大数据研发应用上的软硬件设施和技术人才配置上的先发优势，创新人才培养模式。要加强大数据与预警学科建设，加大资金投入力度，选择合适的院校开设大数据与城市公共安全预警专业，培养危机预警和大数据方面的专门人才。例如，复旦大学依托其特有的教学资源，率先成立大数据学院和大数据研究中心，并设置了大数据与危机预警相关专业，以更好地培养高精尖预警人才。这为我国高校推动大数据技术在城市公共安全预警的开发应用上起到了带头作用，相信未来一段时间里会有越来越多的高校加入这个行列，培养更多的优秀人才。

（四）完善城市公共安全地理空间全方位预警

城市不仅是人口、交通、卫生医疗等资源的集聚地，也是呈地理空间分布的，城市交通、建设、城管、市政、环保等部门在开展城市公共安全预警工作时，都离不开地理空间信息。因此，要实现对城市公共安全地理空间全方位的预警，需要从以下几个方面着手。

第一，不断加强海啸、风暴潮、台风等海洋灾害预警。这些灾害不仅威胁海上及海岸带，还危及沿海城市经济以及人民的生命财产安全。例如，2004 年印度洋海啸，由于缺乏相应的预警系统，未能及时发布警情，从而造成了严重的损害。因此，要强化对海洋灾害的预警，可以从以下两个方面入手：一是设置监测中心，将所监测的区域划分成不同的小区域，安排专人负责监测，将所监测到的信息及时反馈给监测中心，监测中心再根据收集的信息进行决策，以便及时向相关部门及社会公众发布警报。二是运用先进技术打造高效的预警系统，要充分发挥先进技术的作用，实现全天候的监测，一旦出现紧急情况，及时将相关信息传递给相关部门，以便在第一时间采取应对措施。

第二，加大对城市街道、人口密集等区域的预警力度。城市内部街道众多、人口分布复杂，一些极小的安全隐患都能引发严重的公共安全事件。例如，2014 年上海外滩踩踏事件，由于相关部门对群众性活动预防准备不足、现场管理不力、处置不当，造成了严重的后果。因此，对城市内部的公共安全管理也不容小觑。一是要加大人力投入，在街道、人口密集的区域要多增派警力巡逻，对存在安全隐患的区域要进行重点排查。二是建立完善的立体防控网络，借助城市各区域内的视频监控探头，对车辆、人员等实现全天候的动态监测，对人流量、车流量密集的区域，要提前做好分流工作，一旦出现突发公共安全事件，要快速解决，以免造成公众不必要的恐慌，防止事件进一步扩大。

第三，强化对暴雨、洪涝、强对流天气等气象灾害的预警。城市是一个人口、教育、交通、医疗等资源分布密集的区域，一旦出现暴雨、洪涝、冻雨等极端天气，将造成严重的后果。例如，2012 年北京特大暴雨造成多人死亡，经济损失近百亿元。因而，事前能够做到有效预警，采取相应措施，能最大限度地减少损失。一是要加强监测力度，暴雨、强对流天气等气象灾害的状况是不断变化的，因此要安排专职人员轮流值班，实现无缝对接。二是要利用数据技术，如运用遥感技术，实现全天候、全天时的监控，做到提前预测、精准推送。

（五）强化城市公共安全规范管理统一预警

党的十八届四中全会强调要加强公共安全方面的立法，推进公共安全法治化进程。而在大数据时代背景下，我们更应重视城市公共安全预警工作，不断强化规范管理统一预警价值理念。

第一，要推进城市公共安全预警的法治化进程，建立和完善相关法律法规，构建具有权威性、系统性、有效性的法律架构。将政府的职权分散化并将每个子部分与职责对应起来，做到政府权责统一，强化依法预警思想，可以效仿西方发达国家（如美国）在完善公共安全预警法律机制方面的做法。一是通过颁布《全国紧急状态法》《国家安全法》《反恐怖主义法》完善社会安全法体系；二是制定与社会治安、自然灾害等应急事件相关的法律法规；三是制定大数据时代城市公共安全预警单行法。预警单行法是一种针对性较强的法律法规，它主要强调的是应对和处理突发公共安全事件的细节，从而能够更为具体地指导城市公共安全管理实践。这有利于确保大数据时代城市公共安全大数据的信息安全，保障大数据技术在城市公共安全管理中的开发和应用。

第二，系统完善城市公共安全应急预案。应急预案是城市公共安全预警的核心所在，我们要不断丰富并加强应急预案设置。一是对应急预案进行科学分类并细化预案内容。对自然灾害、城市消防、社会治安、卫生防疫、基础设施、环境污染、恐怖主义和社会动乱分别进行应急预案设置。在设置过程中，要确定问题及等级；要确定目标和任务；要制定方案的执行规划；要做好各种预算。二是加强应急预案数据库建设，对每类典型事件与案例进行预案汇总整理，形成统一预警思路。加强应急预案内容更新，及时调整、修订预案内容，以使其更加具有指导性、针对性、实效性。三是要通过多种方式进行应急预案演练，包括桌面演练、功能演练和全面演练。通过演练，探索当前城市公共安全事件潜在的隐患，测试预案的可行性和管理工作的预备能力，以此为依据完善应急预案，提高应急管理水平。

第三，不断健全城市公共安全预警责任机制。完善的预警责任机制能有效保障城市公共安全预警机制有序运行，只有明确责任才能真正落实预警工作。由于城市突发公共安全事件类型多样，涉及范围广，牵扯到不同的主体，承担着不同的预警责任，因此要不断完善预警责任机制。一是要逐步强化对预警责任主体的监督，落实责任追究工作，充分调动多元化问责主体的积极性，加强企事业单位、新闻媒体、社区组织、公众等主体对预警工作的问责力度。二是要明确划分不同部门、不同负责人在具体的公共安全预警工作中的职责、权限，防止在对相关部门、相关负责人进行责任追究时产生不必要的混乱，以保证预警工作的有序开展。三是要明确规定预警工作的问责程度与问责方式，对预警工作进行科学合理的问责，从而不断完善城市公共安全预警责任机制。

随着我国城市化进程的不断加快，各类突发公共安全事件层出不穷。城市一旦发生公共安全事件，后果不堪设想。然而，传统的城市公共安全预警机制多是基于经验预警，已无法满足大数据时代城市公共安全预警的精准化、专业化需求。在大数据时代背景下，城市公共安全预警面临着巨大的挑战，但也迎来了难得的机遇。运用大数据优化公共安全预警机制必将带来一场具有划时代意义的城市公共安全治理改革。

本部分针对大数据时代城市公共安全预警机制优化研究这一主题，通过整合相关研究结果，对大数据时代城市公共安全预警机制进行了探讨，可以初步得出以下结论：第一，我国城市公共安全预警机制建设起步较晚，但也取得了一些成效。第二，当前我国城市公共安全预警机制还存在预警意识淡薄、预警责任不明确、预警发布不及时、信息传递不精准等问题。第三，应重点从预警主体多元化、预警制度规范化、预警数据人才专业化等方面优化大数据时代城市公共安全预警机制。

第七章　大数据与云计算的结合

第一节　大数据与云计算的联系

大数据复杂的需求对技术实现和底层计算资源提出了高要求。而云计算所具备的弹性伸缩、动态调配、资源虚拟化、支持多租户、支持按量计费或按需使用以及绿色节能等基本要素正好契合了新型大数据处理技术的需求，也正在成为解决大数据问题的未来计算技术发展的重要方向。

一、大数据与云计算的关系

（一）大数据与云计算的区别

1. 目的不同

大数据的目的是充分挖掘海量数据中的信息，以发现数据中的价值；云计算的目的是通过互联网更好地调用、扩展和管理计算及存储方面的资源与能力，以节省企业的 IT 部署成本。

2. 对象不同

大数据的处理对象是数据；云计算的处理对象是 IT 资源、处理能力和应用。

3. 推动力量不同

大数据的推动力量是从事数据存储与处理的软件厂商和拥有大量数据的企业；云计算的推动力量是 IT 设备厂商以及拥有计算和存储资源的企业。

4. 带来的价值不同

大数据能发现数据中的价值，从而带来收益；云计算则节省了 IT 部署成本。

（二）大数据与云计算的联系

大数据和云计算除了有区别外也有联系。它们都是为数据存储和处理服务，都需要占用大量的存储和计算资源，因而都要用到海量数据存储技术、海量数据管理技术、MapReduce 等并行处理技术。

如果说大数据是一座蕴含巨大价值的宝藏，云计算则可以被看作挖掘的得力工具，即云计算为大数据提供了有力的工具和途径，大数据为云计算提供了有价值的用武之地。从所使用的技术来看，大数据可以理解为云计算的延伸。云计算能为大数据提供强大的存储和计算能力以及更高速的数据处理，更方便地提供服务；而来自大数据的业务需求则为云计算的落地找到更多更好的实际应用。大数据若与云计算相结合，将相得益彰，互相都能发挥最大的优势。

二、大数据与云计算对电信运营商的影响

（一）提升网络质量

随着互联网以及移动互联网的持续发展，运营商的网络将会更加繁忙，用于监测网络状态的信令数据也会快速增长。通过对海量运维信息以及信令数据的智能分析，能够提高网络维护的实时性，预测网络流量峰值，预警异常流量，从而有效地防止网络拥塞和系统宕机，从而提高网络服务质量，提升用户体验。

（二）提升客户价值

通过使用大数据分析、数据挖掘等工具和方法，电信运营商能够整合来自市场部门、销售部门、服务部门的数据，从各种不同的角度全面了解自己的客户，对客户形象进行精准刻画，以寻找目标客户，制订有针对性的营销计划、产品组合或进行商业决策，提升客户价值。

（三）提升行业信息化水平

智慧城市的发展以及教育、医疗、交通、环境保护等关系到国计民生的行业，都具有极大的信息化需求。目前，电信运营商针对智慧城市及行业信息化服务虽

然能够提供一揽子解决方案，但主要还是提供终端和通信管道，行业应用系统以及集成需要整合第三方实现，用户价值较低。电信运营商如能把大数据技术整合到行业信息化方案中，帮助用户通过数据采集、存储和分析更好地进行决策，将能极大提升行业信息化水平及信息化服务的价值。

（四）大数据与云计算带来的风险和挑战

大数据在蕴含丰富价值内涵的同时，也给电信运营商带来了前所未有的挑战。传统的数据分析手段都是针对结构化数据，不具备处理越来越多的非结构化数据的能力。因此，要结合企业实际，在保证各方利益的基础上，提出符合企业发展的大数据战略，引导主流文化，帮助员工强化自我管理和心智成长意识，提高变革适应力，最大限度地促进改革顺利进行，以得到领导和员工认可。

第二节　云资源的管理与调度

一、云资源调度概述

针对传统云计算系统中调度系统结构的优缺点，云计算提出了一种综合考虑用户的服务质量（SLA）、应用性能和资源需求、负载平衡、节点个数、虚拟机性能等多个因素的云计算调度系统框架，在云计算系统中调度分为两级调度：一级调度是任务级虚拟资源调度，二级调度是物理资源调度。

虚拟资源调度的主要作用是把虚拟机资源分配给用户提交的任务，建立起虚拟资源与用户任务之间的映射，以达到虚拟机资源的有效使用。

物理资源调度的主要功能是把虚拟资源合理布置到物理机资源上，以达到物理机资源的最优配置。

二、云资源调度框架

整个调度系统框架主要由以下部分组成。

（一）云计算平台门户

主要通过 Web 方式负责接收用户提交的各类任务，平台门户中包括 SaaS、PaaS、IaaS 等各类应用服务。

（二）资源描述模块

资源描述模块接收到任务后，首先判断任务所调度应用的类型，从而获取应用性能（应用所需资源情况）；然后根据用户的服务质量（SLA），得到用户所能接受的任务处理结果，如最小完成时间或最低费用等。

（三）虚拟化资源调度模块

对于云计算中心，一方面要保证云计算用户的服务质量（SLA），另一方面还需要保证资源利用率的最大化，然而云资源利用的提高往往会带来云计算用户服务质量的下降。因此，为了获得多目标的优化，该模块主要根据资源预测模块预测的结果和 VM 资源的使用情况，包括 VM 的 CPU 利用率、内存使用情况和 I/O 使用情况等信息，采用多目标优化方法，得到相应资源池。在相应的资源池中，获取云环境中最优的虚拟资源，进行资源配置并布置任务。

调度系统设计了不同应用类型的资源池，包括计算密集型（POOL1）、存储密集型（POOL2）和应用密集型等各类资源池。调度系统根据用户提交任务的情况，进行不同资源池的调度，这时，资源池也将把本资源池的情况发布给 VM Moniter 模块。每个 POOL 都会设置加入的服务级目标（SLO）。加入 POOL 中虚拟机上的应用性能指标（PI）都应该至少达到所设置的 SLO。当无法保证应用的服务级目标时，可以以此预测某个节点负载的处理能力和预判出对哪些虚拟机进行迁移，并可以为物理资源调度中虚拟机放置策略的制定提供支持。

（四）资源监视模块（VM Moniter）

主要功能包括以下方面。第一，VM Moniter 监视虚拟资源和物理资源节点（PM）的使用情况，提供所监视的信息，并确定什么时候进行全局的 VM 布置；第二，监视虚拟资源（VM）的过载或低载，确定什么时候进行 VM 迁移；第三，基于虚拟机规则器产生的布置策略，进行全局虚拟机放置；第四，基于虚拟机规则器产生的迁移策略，进行虚拟机迁移及将这些虚拟机迁移到哪个节点。

（五）资源预测模块（Resource Predict）

该模块主要根据 POOL 模块提供虚拟机和应用的信息预测应用负载情况和应用资源需求量等信息，并把预测结果发送给两级调度模块，对于一级调度来说，预测结果为用户提交的任务进行更准确的资源分配；相对于二级调度，预测结果是对应用的资源需求量的预测，实现了虚拟机放置的准确性，避免不必要的虚拟机迁移开销，以实现更有效的资源配置和提高资源利用率。

（六）物理资源调度模块

物理资源调度模块实质上是 VM 放置模块，主要是将 VM 映射到 PM，其主要任务是通过 Resource Predict 模块预测应用的资源需求量，并应用多目标优化算法针对应用服务质量（执行的时间和效率）和资源利用率（节点的数量和虚拟机迁移次数）两个目标进行优化，并把形成的调度优化策略发送给虚拟机规则器模块。

（七）虚拟机规则器模块

虚拟机规则器模块根据物理资源调度模块提供的多目标优化产生的策略，通知 VM Moniter 进行资源的布置或迁移。策略主要刻画了应用性能与所需资源关系模型，实现了在虚拟机资源配置中满足一定性能的条件下，提高资源的使用效率。

（八）物理资源模块（PM）

物理资源模块主要包括一些服务器、存储空间等硬件设备，这些设备分布在各个节点，统一作为云计算中心的基础设施，供虚拟资源使用。

一级资源调度是从已有的虚拟机模板中选择虚拟机资源来满足用户任务资源需求，即建立虚拟机资源与用户任务之间的映射。这里主要研究的是第二级资源调度的方法，根据虚拟机资源所承担的任务要求，以提高服务质量、应用性能和资源利用率为目标，寻找最合适的物理资源。

第三节　云存储系统的技术与分类

云存储是在云计算概念基础上延伸和发展出来的一个新概念，是指通过集群应用、网格技术或分布式文件系统等功能，将网络中大量各种不同类型的存储设备通过应用软件集合起来协同工作，共同对外提供数据存储和业务访问功能的一个系统。

一、什么是云存储技术

当云计算系统运算和处理的核心是大量数据的存储和管理时，云计算系统中就需要配置大量的存储设备，那么云计算系统就转变成为一个云存储系统，所以云存储是一个以数据存储和管理为核心的云计算系统。简单来说，云存储就是将储存资源放到网络上供人存取的一种新兴方案。使用者可以在任何时间、任何地方透过任何可联网的装置方便地存取数据。然而在方便使用的同时，我们不得不重视存储的安全性、兼容性以及它在扩展性与性能聚合等方面的诸多问题。

首先，存储最重要的就是安全性。尤其是在云时代，数据中心存储着众多用户的数据，如果存储系统出现问题，其所带来的影响会远超分散存储的时代，因此存储系统的安全性就显得愈发重要。

其次，云数据中心所使用的存储必须具有良好的兼容性。在云时代，计算资源都被收归到数据中心之中，再连同配套的存储空间一起分发给用户，因此站在用户的角度上是不需要关心兼容性的问题的，但是站在数据中心的角度，兼容性却是一个非常重要的问题。众多的用户带来了各种各样的需求，Windows、Linux、UNIX、Mac OS，存储需要面对这些各种不同的操作系统，如果给每种操作系统都配备专门的存储的话，无疑与云计算的精神背道而驰。因此，在云计算环境中，首先要解决的就是兼容性问题。

再次，存储容量的扩展能力。由于要面对数量众多的用户，存储系统需要存储的文件将呈指数级增长态势，这就要求存储系统的容量扩展能够跟得上数据量的增长，做到无限扩容，同时在扩展过程中最好还要做到简便易行，不能影响到数据中心的整体运行。如果容量的扩展需要复杂的操作，甚至停机，这无疑会极大地降低数据中心的运营效率。

最后，云时代的存储系统需要的不仅仅是容量的提升，对于性能的要求同样迫切。与以往只面向有限的用户不同，在云时代，存储系统将面向更为广阔的用户群体。用户数量级的增加使得存储系统也必须在吞吐性能上有飞速的提升，只有这样才能对请求做出快速的反应。这就要求存储系统能够随着容量的增加而拥有线性增长的吞吐性能，这显然是传统的存储架构无法达成的目标。传统的存储系统由于没有采用分布式的文件系统，无法将所有访问压力平均分配到多个存储节点，因而在存储系统与计算系统之间存在着明显的传输“瓶颈”，由此会带来单点故障等多种后续问题，而集群存储正好解决了这一问题，满足了新时代的要求。

作为最新的存储技术，与传统存储相比，云存储具有以下优点。

（一）管理方便

其实这一项也可以归纳为成本上的优势。因为将大部分数据迁移到云存储上以后，所有的升级维护任务都由云存储服务提供商完成，降低了企业花在存储系统管理员上的成本压力；还有就是云存储服务强大的可扩展性。当企业用户发展壮大后，突然发现自己先前的存储空间不足，就必须考虑增加存储服务器满足现有的存储需求。而云存储服务则可以很方便地在原有基础上扩展服务空间，满足需求。

（二）成本低

就目前来说，企业在数据存储上所付出的成本是相当大的，而且这个成本还在随着数据的暴增而不断增加。为了降低这一成本压力，许多企业将大部分数据转移到云存储上，让云存储服务提供商为它们解决数据存储的问题。这样就能花很少的价钱获得最优的数据存储服务。

现代企业管理强调设备的整体拥有成本（TCO），而不像过去只强调采购成本。而云存储技术管理的成本节约可分为两种：一种是系统管理人力及能源需求的降低；另一种是减少因系统停机造成的业务中断所增加的管理成本。

Google 的服务器超过 200 万台，其中 1/4 用来作为存储，这么多的存储设备，如果采用传统的盘阵，管理是个大问题，更何况如果这些盘阵还是来自不同的厂商所生产，那管理难度就更无法想象了。为了解决这个问题，Google 发展了“云存储”这个概念。

云存储技术针对数据重要性采取不同的复制策略，并且复制的文件存放在不同的服务器上，因此遭遇硬件损坏时，不管是硬盘或是服务器坏掉，服务始终不会终止，而且因为采用索引的架构，系统会自动将读写指令导引到其他存储节点，读写效能完全不受影响，管理人员只要更换硬件即可，数据也不会丢失，换上新的硬盘或是服务器后，系统会自动将文件复制回来，永远保持多份的文件，以避免数据的丢失。

扩容时，只要安装好存储节点，接上网络，新增加的容量便会自动合并到存储中，并且数据自动迁移到新存储节点，不需要做多余的设定，大大地降低了维护人员的工作量。在管理界面中可以看到每个存储节点及硬盘的使用状况、读写带宽，管理非常容易，不管使用哪家公司的服务器，都是同一个管理界面，一个管理人员可以轻松地管理几百台存储节点。

（三）量身定制

这个主要是针对私有云。云服务提供商专门为单一的企业客户提供一个量身定制的云存储服务方案，或者可以是企业自己的 IT 机构部署一套私有云服务架构。私有云不但能为企业用户提供最优质的贴身服务，还能在一定程度上降低安全风险。

传统的存储模式已经不再适应当代数据暴增的现实问题，如何让新兴的云存储发挥它应有的能力，在解决安全、兼容等问题上，我们还需要不断努力。就目前而言，云计算时代已经到来，作为其核心的云存储将成为未来存储技术的必然趋势。

二、云存储技术与传统存储技术的比较分析

传统的存储技术把所有数据都当作对企业同等重要和同等有用来进行处理，所有的数据都集成到单一的存储体系之中，以满足业务持续性需求，但是在面临大数据难题时会显得捉襟见肘。

（一）成本激增

在大型项目中，前端图像信息采集点过多，单台服务器承载量有限，会造成需要配置几十台甚至上百台服务器的状况。这就必然导致建设成本、管理成本、维护成本、能耗成本的急剧增加。

（二）磁盘碎片问题

由于视频监控系统往往采用写入方式，这种无序的频繁读写操作导致了磁盘碎片的大量产生。随着使用时间的增加，将严重影响整体存储系统的读写性能，甚至导致存储系统被锁定为只读，而无法写入新的视频数据。

（三）性能问题

由于数据量的激增，数据的索引效率也变得越来越为人们所关注。而动辄上TB级的数据，甚至是几百TB级的数据，在索引时往往需要花上几分钟的时间。

云存储提供的诸多功能和性能旨在满足和解决伴随海量非活动数据的增长而带来的存储难题，诸如随着容量增长，线性地扩展性能和存取速度；将数据存储按需迁移到分布式的物理站点；确保数据存储的高度适配性和自我修复能力，可以保存多年之久；确保多租户环境下的私密性和安全性；允许用户基于策略和服务模式按需扩展性能和容量；改变了存储购买模式，只收取实际使用的存储费用，而非按照所有的存储系统（包含未使用的存储容量）收取费用；结束颠覆式的技术升级和数据迁移工作。

三、云存储技术的分类

云存储可分为以下三类。

（一）公共云存储

像亚马逊公司的Simple Storage Service（S3）、Nutanix公司提供的存储服务

一样，它们可以低成本提供大量的文件存储。供应商可以保持每个客户的存储、应用都是独立的、私有的。其中以 Dropbox 为代表的个人云存储服务是公共云存储发展较为突出的代表，国内比较突出的云存储有百度云盘、新浪微盘、360 云盘、腾讯微云、华为网盘等。

公共云存储可以划出一部分用作私有云存储。一个公司可以拥有或控制基础架构以及应用的部署，私有云存储可以部署在企业数据中心或相同地点的设施上。私有云可以由公司自己的 IT 部门管理，也可以由服务供应商管理。

（二）内部云存储

这种云存储和私有云存储比较类似，唯一的不同点是它仍然位于企业防火墙内部。

（三）混合云存储

这种云存储把公共云和私有云 / 内部云结合在一起，主要用于按客户的要求访问，特别是需要临时配置容量的时候。从公共云上划出一部分容量配置一种私有或内部云，对帮助公司面对迅速增长的负载波动或高峰时很有帮助。尽管如此，混合云存储也带来了跨公共云和私有云分配应用的复杂性。

上述三种类型的云端，如果是供企业内部使用，即为私有云端（Private Cloud）；如果是运营商专门搭建以供外部用户使用，并借此营利的称为公共云端（Public Cloud），具体说明如下。

1. 公共云端

一般云运算是对公共云端而言，又称为外部云端（External Cloud）。其服务供应商能提供极精细的 IT 服务资源动态配置，并透过 Web 应用或 Web 服务提供网络自助式服务。对于使用者而言，无须知道服务器的确切位置或什么等级服务器，所有 IT 资源皆由远程方案商提供。而且该厂商必须具备资源监控与评量等机制，才能采取如同公用运算般的精细付费机制。

对于中小型企业而言，公共云端提供了最佳 IT 运算与成本效益的解决方案；但对有能力自建数据中心的大型企业来说，公共云端难免仍有安全与信任上的顾虑。无论如何，公共云端改变了市场的产品内容与形态，提供装置设定以及永续 IT 资源管理的代管服务，对于主机代管等市场会产生影响。

2. 私有云端

私有云端又称为内部云端（Internal Cloud），相对于公共云端，此概念较新。许多企业由于对公共云端供应商的 IT 管理方式、机密数据安全性与赔偿机制等会有信任上的顾虑，所以纷纷开始尝试透过虚拟化或自动化机制来仿真搭建内部网络中的云运算。

内部云端的搭建不但要提供更高的安全掌控性，同时内部 IT 资源不论在管理、调度、扩展、分派、访问控制还是成本支出上都应更具精细度、弹性与效益。其搭建难度不小，当前已有 HP BladeSystem Matrix、NetApp Dynamic Data Center 等整合型基础架构方案推出。以 HP BladeSystem Matrix 为例，其组成硬件包括 BladeSystem c7000 机箱，搭配 ProLiant BL460c G6 刀锋型服务器、StorageWorks Enterprise Virtual Array 4400 以及管理软件工具 HP Insight Dynamics-VSE，即试图借此方案得以减低搭建技术的门槛，在可见的未来取代数据中心，成为数据中心未来蜕变转型的终极样貌。

3. 混合云端

混合云端（Hybrid Cloud）是指企业同时拥有公共与私有两种形态的云端。当然在搭建步骤上会先从私有云端开始，待一切运作稳定后再对外开放，企业不但可提升内部 IT 使用效率，也可通过对外的公共云端服务获利。

原本只能让企业花大钱的 IT 资源也能转而成为营利的工具。企业可将这些收入的一部分继续投资在 IT 资源的采购及改善上，不但内部员工受益，也可提供更完善的云端服务。也因为如此，混合云端或许会成为今后企业 IT 云搭建的主流模式。此形态的最佳代表莫过于提供简易储存服务（Simple Storage Service，S3）和弹性运算云端（Elastic Compute Cloud，EC2）服务的亚马逊。

四、云存储的技术基础

（一）宽带网络的发展

真正的云存储系统将会是一个多区域分布、遍布全国甚至遍布全球的庞大公用系统，使用者需要通过 ADSL、DDN 等宽带接入设备连接云存储。只有宽带网络得到充足的发展，使用者才有可能获得足够大的数据传输带宽，实现大容量数据的传输，真正享受到云存储服务，否则只能是空谈。

（二）Web3.0 技术

Web3.0 技术的核心是分享。只有通过 Web3.0 技术，云存储的使用者才有可能通过 PC、手机、移动多媒体等多种设备实现数据、文档、图片和音视频等内容的集中存储和资料共享。

（三）应用存储的发展

云存储不仅仅是存储，更多的是应用。应用存储是一种在存储设备中集成了应用软件功能的存储设备，它不仅具有数据存储功能，还具有应用软件功能，可以看作服务器和存储设备的集合体。应用存储技术的发展可以大量减少云存储中服务器的数量，从而降低系统建设成本，减少系统中由服务器造成的单点故障和性能“瓶颈”，减少数据传输环节，提高系统性能和效率，保证整个系统的高效、稳定运行。

（四）集群技术、网格技术和分布式文件系统

云存储系统是一个多存储设备、多应用、多服务协同工作的集合体，任何一个单点的存储系统都不是云存储。

既然是由多个存储设备构成的，不同存储设备之间就需要通过集群技术、分布式文件系统和网格计算等技术，实现多个存储设备之间的协同工作，多个存储设备可以对外提供同一种服务，提供更大、更强、更好的数据访问性能。如果没有这些技术的存在，云存储就不可能真正实现，所谓的云存储只能是一个一个的独立系统，不能形成云状结构。

（五）CDN 内容分发、P2P 技术、数据压缩技术、重复数据删除技术和数据加密技术

CDN 内容分发系统、数据加密技术保证云存储中的数据不会被未授权的用户所访问，同时，通过各种数据备份和容灾技术保证云存储中的数据不会丢失，保证云存储自身的安全和稳定。如果云存储中的数据安全得不到保证，想必也没有人敢用云存储了。

（六）存储虚拟化技术和存储网络化管理技术

云存储中的存储设备数量庞大且多分布在不同地域，如何实现不同厂商、不同型号甚至不同类型（如 FC 存储和 IP 存储）的多台设备之间的逻辑卷管理、存

储虚拟化管理和多链路冗余管理将会是一个巨大的难题，这个问题得不到解决，存储设备就会是整个云存储系统的性能“瓶颈”，结构上也就无法形成一个整体，还会带来后期容量和性能扩展难等问题。

云存储中的存储设备数量庞大、分布地域广造成的另外一个问题就是存储设备运营管理问题。虽然对云存储的使用者来讲，他们根本不需要关心这些问题，但云存储的运营单位却必须通过切实可行和有效的手段来解决集中管理难、状态监控难、故障维护难、人力成本高等问题。因此，云存储必须具有一个高效的、类似于网络管理软件的集中管理平台来实现云存储系统中存储设备、服务器和网络设备的集中管理和状态监控。

五、云存储技术的结构模型

云存储系统的结构模型由 4 层组成，分别是存储层、基础管理层、应用接口层和访问层，如图 7–1 所示。

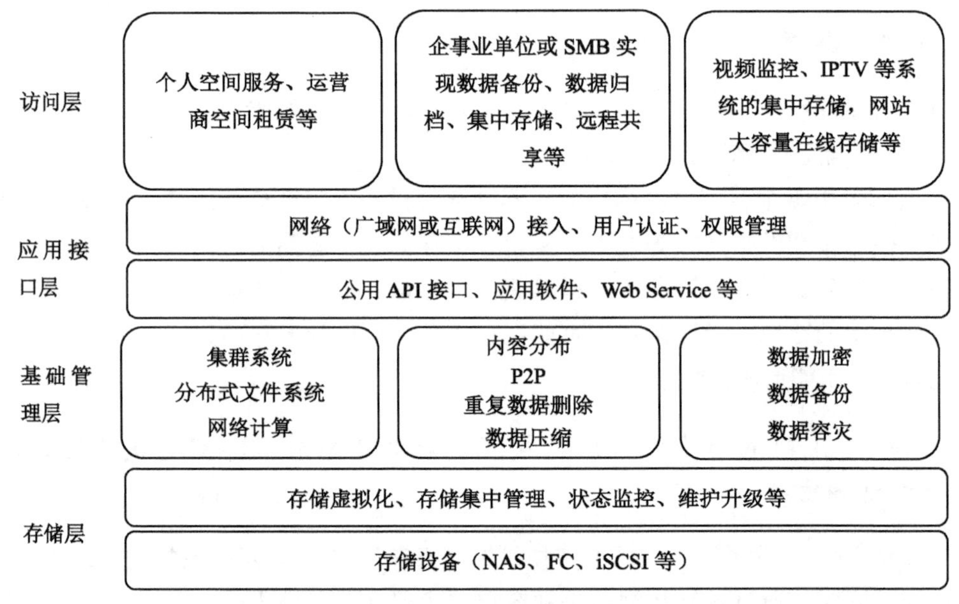

图 7–1　云存储系统的结构模型

（一）存储层

存储层是云存储最基础的部分。存储设备可以是 FC 光纤通道存储设备，可以是 NAS 和 iSCSI 等 IP 存储设备，也可以是 SCSI 或 SAS 等 DAS 存储设备。云存储中的存储设备往往数量庞大且分布在多个不同地域，彼此之间通过广域网、互联网或者 FC 光纤通道网络连接在一起。

存储设备之上是一个统一存储设备管理系统，可以实现存储设备的逻辑虚拟化管理、多链路冗余管理以及硬件设备的状态监控和故障维护。

（二）基础管理层

基础管理层是云存储最核心的部分，也是云存储中最难实现的部分。基础管理层通过集群系统、分布式文件系统和网格计算等技术，实现云存储中多个存储设备之间的协同工作，使多个存储设备可以对外提供同一种服务，并提供更大、更强、更好的数据访问性能。

（三）应用接口层

应用接口层是云存储最灵活多变的部分。不同的云存储运营单位可以根据实际业务类型开发不同的应用服务接口，提供不同的应用服务，如视频监控应用平台、IPTV 和视频点播应用平台、网络硬盘应用平台、远程数据备份应用平台等。

（四）访问层

任何一个授权用户都可以通过标准的公共应用接口来登录云存储系统，享受云存储服务。云存储运营单位不同，云存储提供的访问类型和访问手段也不同。

六、云存储技术的解决方案

云存储是以数据存储为核心的云服务，在使用过程中，用户并不需要了解存储设备的类型和数据的存储路径，也不用对设备进行管理、维护，更不需要考虑数据备份容灾等问题，只需通过应用软件便可以轻松享受云存储带来的方便与快捷。

（一）云状的网络结构

相信大家对局域网、广域网和互联网都已经非常了解了。在常见的局域网系统中，我们为了能更好地使用局域网，一般来讲，使用者需要非常清楚地知道网络中每一个软硬件的型号和配置，如采用什么型号的交换机，有多少个端口，采用了什么路由器和防火墙，分别是如何设置的；系统中有多少个服务器，分别安装了什么操作系统和软件；各设备之间采用什么类型的连接线缆，分配了什么 IP 地址和子网掩码等。

但当我们使用广域网和互联网时，我们只需要知道什么样的接入网和用户名、密码可以连接到广域网和互联网，并不需要知道广域网和互联网中到底有多少台交换机、路由器、防火墙和服务器，不需要知道数据是通过什么样的路由到达我们的电脑的，也不需要知道网络中的服务器分别安装了什么软件，更不需要知道网络中各设备之间采用了什么样的连接线缆和端口。

广域网和互联网对于具体的使用者来讲是完全透明的，我们经常用一个云状的图形来表示广域网和互联网，如图 7–2 所示。

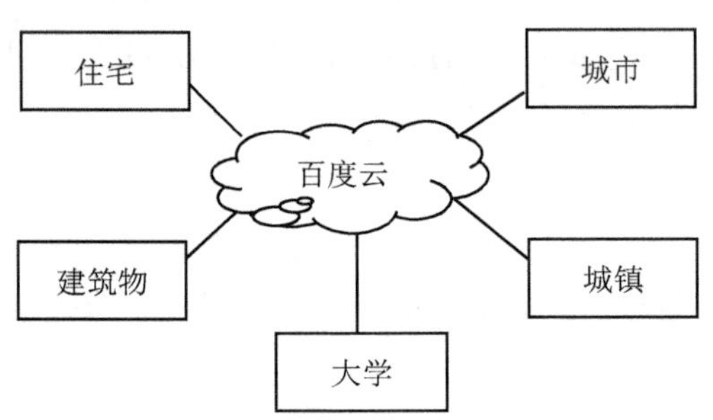

图 7–2　广域网和互联网表示图形

虽然这个云状图形中包含了许许多多的交换机、路由器、防火墙和服务器，但对具体的广域网、互联网用户来讲，这些他们都不需要知道。这个云状图形代表的是广域网和互联网带给大家的互联互通的网络服务，我们在任何地方都可以通过一个网络接入线缆和一个用户名、密码来接入广域网和互联网，享受网络带给我们的服务。

参考云状的网络结构，创建一个新型的云状结构的存储系统，这个存储系统由多个存储设备组成，通过集群功能、分布式文件系统或类似网格计算等功能联合起来协同工作，并通过一定的应用软件或应用接口为用户提供一定类型的存储服务和访问服务。

当我们使用某一个独立的存储设备时，我们必须非常清楚这个存储设备是什么型号、什么接口和传输协议，必须清楚地知道存储系统中有多少块磁盘，分别是什么型号、多大容量，必须清楚存储设备和服务器之间采用什么样的连接线缆。为了保证数据安全和业务的连续性，我们还需要建立相应的数据备份系统和容灾系统。除此之外，定期对存储设备进行状态监控、维护、软硬件更新和升级也是必需的。

如果采用云存储，那么上面所提到的一切对使用者来讲就都不需要知道了。云状存储系统中的所有设备对使用者来讲都是完全透明的，任何地方的任何一个经过授权的使用者都可以通过一根接入线缆与云存储连接，对云存储进行数据访问。

（二）云存储不是存储，而是服务

如同云状的广域网和互联网一样，云存储对使用者来讲，不是指某一个具体的设备，而是指一个由许许多多的存储设备和服务器所构成的集合体。使用者使用云存储，并不是使用某一个存储设备，而是使用整个云存储系统带来的一种数据访问服务。所以严格来讲，云存储不是存储，而是一种服务。

云存储的核心是应用软件与存储设备相结合，通过应用软件来实现存储设备向存储服务的转变。

（三）弹性云存储系统架构

图 7–3 所示是一个弹性云存储系统架构。在这个弹性云存储系统架构中，万千个性化的需求都能从中得到一一满足。从客户端来看，创新的云存储系统架构可以提供更灵活的服务接入方式，个人用户通过客户端软件，企业用户通过客户端系统，以 D2D2C（硬盘—硬盘—云）的模式，方便地连接云存储数据中心的服务端模块，将数据备份到 IDC 的数据节点中。而对于那些建设私有云的大型企业来说，系统可以支持私有云的接入，实现企业私有云和公有云之间的数据交换，以提高数据安全和系统扩展能力。从数据中心来看，创新的云存储系统架构用大型分布式文件系统进行文件管理，并实现跨数据中心的容灾。

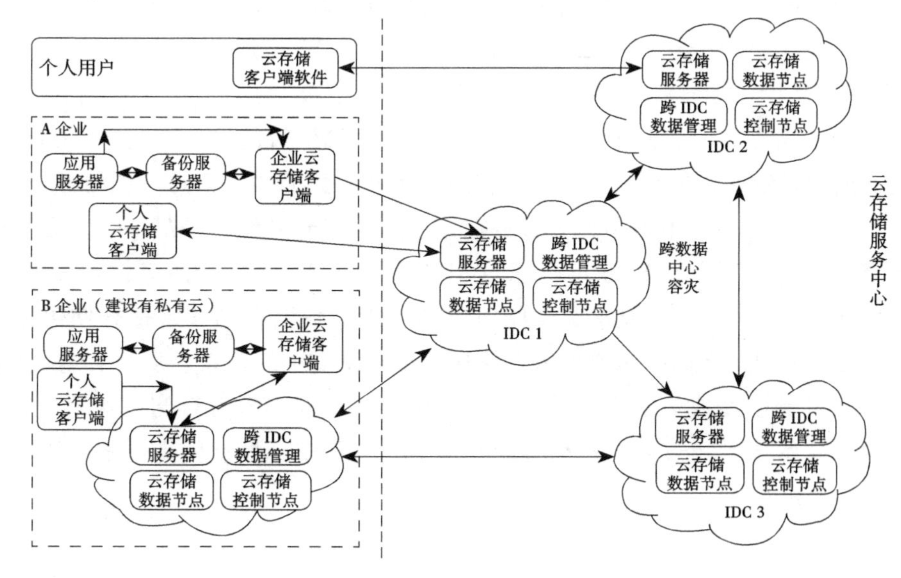

图 7–3　弹性云存储系统架构

创新的弹性云存储系统架构首先满足了云存储时代容量动态增长的需求，让所有类型的客户能够轻松满足需求；其次，这个架构具有高性能和高可用性，这是云存储服务的根本，而易于集成、灵活的客户接入方式使这个架构更易于普及和推广。

无论是企业客户、中小企业和个人用户的数据保护、文件共享需求，还是Web3.0企业的海量存储需求、视频监控需求等，都能够从这个架构上得到满足。

七、云存储的用途与发展趋势

云存储通常意味着把主数据或备份数据放到企业外部不确定的存储池里，而不是放到本地数据中心或专用远程站点。有的专家学者认为，如果使用云存储服务，企业机构就能节省投资费用，简化复杂的设置和管理任务，把数据放在云中还便于从更多的地方访问数据。数据备份、归档和灾难恢复是云存储可能的三个用途。

云的出现主要用于任何种类的静态类型数据的各种大规模存储需求，即使用户不想在云中存储数据库，也可能想在云中存储数据库的一个历史副本，而不是使用SAN或NAS技术来进行存储。

一个好的概测法是将云看做只能用于延迟性应用的云存储。备份、归档和批量文件数据可以在云中很好地处理，因为可以允许几秒的延迟响应时间。而由于延迟的存在，数据库和“性能敏感”的任何其他数据都不适合云存储。

但是在将数据迁移至云中之前，无论是公共云还是私有云，用户都需要解决一个更加根本的问题。如果你进入云存储，你需要明白存储空间的增长在哪里失去控制，或者为什么会失去控制，以及在整个端到端的业务流程中存储一组特殊的数据的时候，价值点是什么。仅仅将技术迁移到云中并不是最佳的解决方案。

减少工作和费用是预计云服务在接下来几年会持续增长的一个主要原因。据研究公司IDC声称，2016年全球IT开支当中有4%用于云服务；到2017年，这个比例达到9%。由于成本和空间方面的压力，数据存储非常适合使用云解决方案。IDC预测，在同一时期，云存储在云服务开支中的比重会从8%增加到13%。

云存储已经成为未来存储发展的一种趋势。但随着云存储技术的发展，各类搜索、应用技术和云存储相结合的应用，还需从安全性、便携性及数据访问等角度进行改进。

（一）安全性

从云计算诞生以来，安全性一直是企业实施云计算首要考虑的问题之一。同样，对于想要进行云存储的客户来说，安全性通常是首要的商业考虑和技术考虑。但是许多用户对云存储的安全要求甚至高于它们自己的架构所能提供的安全水平。即便如此，面对如此高的不现实的安全要求，许多大型、可信赖的云存储厂商也在努力满足这些要求，构建更安全的数据中心。用户可以发现，云存储具有更少的安全漏洞和更高的安全保障，云存储的安全水平比用户自己的数据中心的安全水平还要高。

（二）便携性

一些用户在托管存储的时候还要考虑数据的便携性。一般情况下这是有保证的，一些大型服务提供商所提供的解决方案承诺其数据便携性可媲美最好的传统本地存储。有的云存储结合了强大的便携功能，可以将整个数据集传送到用户所选择的任何媒介，甚至是专门的存储设备。

（三）性能和可用性

过去的一些托管存储和远程存储总是存在着延迟时间过长的问题。同样，互联网本身的特性也严重威胁着服务的可用性。云存储通过将经常使用的数据保存在客户端或本地设备上，从而有效地缓解了互联网延迟问题。通过本地高速缓存，即使面临最严重的网络中断，这些设备也可以缓解延迟性问题。这些设备还可以让经常使用的数据像本地存储那样快速反应。通过一个本地 NAS 网关，云存储甚至可以模仿终端 NAS 设备的可用性、可视性等性能，同时将数据予以远程保护。随着云存储技术的不断发展，各厂商仍将继续努力实现容量优化和 WAN（广域网）优化，从而尽量减少数据传输的延迟性。

（四）数据访问

现有对云存储技术的疑虑还在于，如果执行大规模数据请求或数据恢复操作，那么云存储是否可正常提供服务。按照现在的技术条件，这点大可不必担心，现有的厂商可以将大量数据传输到任何类型的媒介，可将数据直接传送给企业，且其速度之快相当于复制、粘贴操作。另外，云存储厂商还可以提供一套组件，在完全本地化的系统上模仿云地址，让本地 NAS 网关设备继续正常运行而无须重新设置。未来，如果大型厂商构建了更多的地区性设施，那么数据传输将更加迅捷。如此一来，即便是客户本地数据发生了灾难性的损失，云存储厂商也可以将数据重新快速传输给客户数据中心。

云存储与云运算一样，必须经由网络提供随机分派的储存资源，而且该网络必须具备良好的 QoS 机制。对于用户来说，具备弹性扩展与随使用需求弹性配置的云存储，可节省大笔的储存设备采购及管理成本，甚至因储存设备损坏所造成的数据遗失风险也可因此避免。总之，不论是端点使用者将数据备份到云端，还是企业基于法规遵循或其他目的的数据归档与保存，云存储皆可满足需求。

第四节　大数据与云计算结合的必要性

一、大数据与云计算结合的必然

2016 年无疑是机器学习之年，每一家初创企业都成为了“机器学习公司”，“.ai”变成了必备域名，而“可是我们是用机器学习做到这个的”也成为演示文档的必备幻灯片。机器学习正在迅速成为许多应用的关键建构块。相应地，一个新兴的技术栈正在出现，在这个技术栈里面，大数据被用于处理核心的数据工程，而机器学习则以分析洞察或者行动的形式从数据中析取出价值。换言之，大数据提供管道，AI 提供智能。当然，这种共生关系已经出现多年，只是能实现的目前还不多而已。但是，现在这些技术开始大众化的普及。“大数据 +AI”正在成为众多现代应用（不管是消费者型还是企业型）的默认技术栈。无论是初创企业还是一些财富 1000 强公司都在利用这一新的技术栈，而且在云巨头的努力下，这个技术栈往往加入了云计算这个更基础的建构块，以机器学习云的形式出现。

但是 AI 的大众化是否就意味着这种技术在短期内能实现商品化呢？现实是 AI 在技术上仍然存在很大困难。尽管许多工程师都在争先培养 AI 技能，但全球这一领域的专家仍然十分稀缺。不过这股大众化的趋势已经不可逆转，而机器学习早晚都要从竞争优势演变成桌面筹码。这对初创企业和大公司都会产生影响。对于初创企业来说，除非把 AI 软件做成自己的最终产品，否则自我标榜为“机器学习公司”将变得毫无意义。对于大公司来说，如果现在不积极推进大数据 +AI 的战略，就会有落后于人的危险，因为 AI 已经是下一个风口了。

二、数据生态体系

在流处理技术领域，Spark 目前是主宰，不过，像 Flink 这样的竞争者正在出现。此外，还有以下一些趋势：在给 NoSQL 当了 10 年副手之后，曾经的霸主 SQL 数据库正式吹响了回归的号角。Google 发布了 Spanner 数据库的云端版。Spanner 和 CockroachDB（Spanner 的开源版）都提供了可行的、强一致性的、可伸缩的 SQL 数据库。Amazon 推出了 Athena，与 Snowflake 等产品类似，这是一款 SQL 数据引擎，可直接查询 S3 下的数据。Google BigQuery、SparkSQL 以及 Presto 等在企业中逐渐获得采用——这些都是 SQL 产品。

与公有云的采用相关的一个趋势是数据可视化。旧的 ETL 处理需要转移大量的数据（而且往往要建立冗余数据集）并且建立数据仓库，而数据可视化可以在数据保持不动的情况对其进行分析，提高了速度和敏捷性。许多下一代的分析供应商现在都可以同时提供数据可视化和数据准备服务，并让客户可访问存储在云端的数据。

随着大数据在企业侧走向成熟以及数据的多样性和体量的不断发展，像数据治理这样的主题也变得日益重要。许多公司已经选择了将“数据湖”作为收集所有数据的手段。但除非知道里面有什么东西，并且能够访问到合适的数据进行分析，否则数据湖再大也没有意义，而让用户方便地找到想要的东西并管理好权限并不容易。除了数据湖以外，数据治理的另一个集中的主题是以安全的、可审计的方式为任何人提供对可靠数据的便捷访问。Informatica、Collibra、Alation 等大小供应商提供了数据目录、参考数据管理、数据字典以及数据帮助台等服务。

第五节　大数据与云计算融合发展的未来趋势

一、人工智能、大数据和云计算发展中的问题

现阶段，人工智能、大数据与云计算的融合发展还正处于探索阶段，其中存在大量的问题亟待解决。例如，专业人才问题、云计算的安全性问题、大数据的共享与隐私问题、人工智能的费用问题等。人工智能、云计算和大数据在未来具有非常广阔的发展空间，而且各项技术手段逐步趋于成熟，三种技术在各个领域内的应用将带来颠覆性的改变。

互联网技术的出现曾引发一场巨大的技术浪潮，而人工智能、大数据、云计算将会带来新一轮的技术浪潮，社会生产生活对人工智能、大数据和云计算的需求正在逐步上升，三者也将会逐步呈现出融合发展的趋势，并形成新的 IT 格局。在未来的发展中，“ABC 金三角”（人工智能、大数据和云计算）将会成为信息通信行业发展的重点，在传统企业中的应用将会越来越普遍，而且会使我们的生活更加便利，社会快速发展。

二、人工智能、大数据和云计算融合发展

云计算为大数据的发展奠定了坚实的基础，云计算的发展与大数据的积累为人工智能的发展提供了非常有力的支持，而且也是人工智能实现实质性突破的关键。云计算应用的深度与广度的拓展依赖于大数据与人工智能的发展和进步。当前我国科技水平的发展已经相对成熟，强有力地推动了人工智能、大数据与云计算的发展，特别是人工智能，其发展速度完全超出人们的预期，未来的人工智能将会和电力一样，对人们的生产生活产生巨大的影响。人工智能的内涵逐步趋于多样化，其细分领域包括语音识别、用户画像等。此外，人工智能与大数据、云计算之间的界限越来越不清晰，难以区分。

大数据在各个领域内的应用也越来越普遍，所产生的影响也极为深刻，其所具有的商业价值也是无限量的。云计算为大数据的应用奠定了基础，而人工智能则为大数据提供了应用的环境。

现阶段，云计算的应用范畴已经不再限于存储和计算，人工智能与物联网的大范围应用使连接的网络设备逐步增多，需要进行计算的数据也呈现出较为明显的上升趋势。云计算已经成为数字经济时代中非常重要的技术，同时也是实现“互联网 +”的核心要素。从当前的情况来看，云已经成为各个产业发生变革的重要推动力，而且成为人工智能非常强有力的承载体。“接入云”对产业数字化转型和智能化升级具有极大的推动作用，今后“用云量”必将成为一个行业数字经济发展水平的重要经济参考指标。

在运用人工智能时，必须依赖大数据帮助人工智能完成对行为智能的判断。云计算则主要以大数据运算为基础，并将运算的结果保存在云网络中，从而为人工智能的实现提供更为坚实的保障。人工智能实现突破发展的原因在于得到了云计算和大数据的有力支持。如果将人工智能比喻为火箭，那么大数据就是火箭的燃料，云计算就是火箭的引擎，为其提供动力。从这一角度来讲，云计算与大数据是促使人工智能快速发展的主要推动力，反过来，人工智能以及大数据的快速发展也给云计算的发展带来更多的机遇。在未来的时间里，人工智能、大数据和云计算的融合发展必将使人类迈入一个全新的智能时代。

第八章　大数据技术发展趋势

第一节　实时计算

一、实时计算时代

随着数据的爆发和迅速增长，用户对海量数据的实时处理的要求越来越迫切，实时计算的应用场景也越来越多。实时计算要求对用户的响应接近零延时，给人们提供的内容都是最新的。未来，互联网与物联网、虚拟现实和流媒体技术的结合都需要实时计算。

在实时计算时代，企业应该大力改进自己的实时搜索、实时预测、实时服务等实时计算能力。电子商务网站应能够实时处理并挖掘用户行为产生的数据，能够对用户行为进行预测，并实时为用户推荐可能感兴趣的商品和广告；新闻类网站需要保证新闻的时效性，将最新的新闻推送给用户；社交网站可以将一个实时热点进行聚合，将用户聚集为一个圈子。在实时预测方面还包括实时预测股价变化、商品价格变化、人流变化、路况变化、交通情况和更短时间内的天气预测等，这些预测可以帮助人们提早做出决策。在实时服务方面，商家应能够与用户实时沟通，使用户获得更好的体验。这些业务对时效性提出了很高要求，也对实时计算技术提出了新的挑战。

二、实时计算处理

目前已经有许多的实时计算框架，如 Spark，它是一个实时计算系统，可支持流式计算、批处理和实时查询。除了 Spark，还有 Yahoo 的 S4、Twitter 的 Storm、IBM 的 StreamBase 等。

Spark 诞生于 2009 年，2010 年开源，2013 年成为 Apache 的孵化项目，2014 年成为 Apache 的顶级项目，前后用了不到 5 年的时间。与 Hadoop 相比，Spark 在性能和方案的统一性方面都具有较大的优势。它提供基于 RDD 的一体化解决方案，将 MapReduce、流式计算、SQL、机器学习等模型进行统一，以一致的 API 公开，并提供相同的部署方案，使得 Spark 的工程应用领域相当广泛。同时，Spark 还提供了对 Java、Scala、Python 和 R 语言的支持。在 Spark 的当前版本中，在机器学习方面已经支持了超过 15 种算法，包括决策树、PCA、SVD、L-BFGS 等。

在大数据领域，目前最火的应该就是 Spark，Spark 的发展速度也极其惊人。在 2015 年，Spark 的新方向是数据科学与平台化。Spark1.3 正式发布了 DataFrame，在 Spark1.4 中会将 Spark 和 R 相结合，推出 SparkR。另外，Spark 也会基于 DataSource 接口无缝接入各个不同的数据源，这不仅给不同数据源的使用者提供了更便利的 Spark 使用方式，更给那些需要从不同数据源收集数据，并结合起来进行分析挖掘的用户提供了一个极其简单的实现。目前，Spark 已经得到了业界的广泛认可，在 IBM、MapR、Pivotal 等企业的 Hadoop 版本中都已经包含了 Spark。Spark 也已经被许多互联网企业应用在商业项目中，国内包括百度、阿里、腾讯、网易、搜狐等。Spark 还被应用在音乐推荐、文本分析、客户智能实时推荐、实时审计的数据分析等多个方面。

除了 Storm 和 Spark Streaming 以外，还有其他一些实时处理框架，具体如下。

Impala：Google Dremel 的开源实现（与 Apache Drill 类似）。因为交互式实时计算需求，Cloudera 推出了 Impala 系统，该系统适用于交互式实时处理场景，要求最后产生的数据量一定要少。

StreamBase：由 IBM 开发的一个商业流式计算系统，应用于金融行业和政府部门。使用 Java 开发，它提供了较多的算子、功能和其他组件来帮助构建应用程序，并且提供了类 SQL 语言来描述计算过程。

Stinger Initiative：由 Hortonworks 开源，可以理解为 Google Pregel 的开源实现。它可以像 MapReduce 一样用来设计 DAG 应用程序，但 Tez 只能运行在 Yarn 上。Tez 的一个重要应用是优化 Hive 和 PIG 这种典型的 DAG 应用场景，它通过减少数据读写 I/O 优化 DAG 流程，使 Hive 速度提高了很多倍。

Presto：它是一个分布式的 SQL 查询引擎，于 2013 年 11 月由 Facebook 开源。它专门用来进行高速、实时的数据分析。支持标准的 ANSI SQL，包括复杂查询、聚合、连接和窗口函数。Presto 设计了一个简单的数据存储的抽象层，以在不同数据存储系统（包括 HBase、HDFS、Scribe 等）之中都可以使用 SQL 进行查询。

大数据技术的发展让实时分布式计算系统开始占有举足轻重的地位。用户对于数据实时处理的需求必将推动实时计算技术的快速发展，未来在实时计算系统方面必然会出现更多产品和应用。

第二节　内存计算

由于目前廉价计算机的运行环境和批处理高度优化的系统结构的限制，现有的数据管理技术和解决方案不能很好地满足实时、交互式的复杂业务的需求，而更适用于对 Web 数据的处理。同时，大数据具有的增长速度快、数据规模大、数据类型多样等特征也对当前的计算模式提出了新的挑战。现有的计算模式存在着内存容量有限、I/O 效率低下、并发控制困难、数据处理总体性能较低等许多问题。因此，基于内存的数据管理技术应运而生。

内存计算是以大数据为中心，通过对体系结构及编程模型等进行重大革新，最终显著提升数据处理能力的新型计算模式。

一、内存计算的机遇与挑战

高效的数据管理技术一直伴随着 IT 技术的发展而发展。在大数据环境下，用数据说话已经成为数字化社会的突出特色，这也就对数据的存储计算能力提出了新的要求，数据管理技术面临着新的、大量的机遇和挑战。

在大数据时代，企业竞争日趋激烈，如果企业不能对用户的需求实时做出反应，将会损失大量的用户。因此，应用对时效性的需求为内存计算提供了发展的内在驱动力。在大数据环境下，挖掘商业价值的方式在逐渐发生变化。企业的需求更多地表现在实时动态计算、交互式分析、即时查询等新的实时业务方面。以风险管理为例，如果企业不能实时地识别出交易中的欺诈行为，或者在交易过程中不能对高风险事件进行实时预警，而只提供一些事后的补救措施，将会给企业和用户带来不可估计的损失。不只是传统应用，一些新兴的业务和行业的出现也使对时效性分析的需求量急剧增多，如电商高频交易分析、社交网络的群体性事件预警、智能电网用电信息采集、基于位置服务的智能推荐与计算广告等。内存计算能够将企业处理信息的质量和速度都提高到前所未有的水平，可以帮助企业实现实时业务信息的快速提取，不但能够为企业带来独特的商机，而且是企业在未来激烈的市场竞争中取胜的关键所在。

除此之外，新型硬件技术的发展也为内存计算的发展提供了强大的支撑。首先，从 2005 年开始，多 / 众核技术、异构多核集成技术和多 CPU 的并行处理技术的发展为提高处理能力和运算速度提供了新的途径。其次，多核共享缓存以及多处理器共享内存的新型架构的出现进一步促进了非一致性内存访问（NUMA）技术的出现与发展。最后，近年来一些新的存储技术也开始产品化，如闪存、相变存储器（PCM）、磁阻式随机存储器（MRAM）和电阻式随机存储器（RRAM）等。它们被称为存储级内存（SCM），具有非易失性、随机访问延迟小、并行度高、功耗低、存储密度高等优良特性。然而对于如何有效地将SCM部署在系统上等问题，还存在着较大的研究空间。

二、内存计算的表现

近年来，计算机硬件迅猛发展，数据处理环境和数据特征已经发生变化，这也为内存计算提供了良好的发展机会。主要表现在以下几个方面。

（1）要处理的数据无法长期存储在内存的场景将发生变化。随着SCM技术的发展，内存容量越来越大，价格也越来越便宜，适于用内存计算的拥有TB级内存容量的服务器正在逐渐普及。

（2）数据处理系统最主要的性能瓶颈由磁盘I/O逐渐向网络和内存间I/O转移。

（3）性能优化的主要目标将不再是磁盘数据访问的局部性，而是内存数据访问的局部性。与磁盘数据访问局部性相比，内存在层次结构、缓存容量、对齐模式、缓存介质等多个方面都存在着较大的差异。

另外，数据处理模式从SQL到NoSQL再到NewSQL的变迁，也为内存计算提供了发展方向。SQL虽然是较为成功的数据存储和处理模式，但在可处理数据类型多样性、实时性和性价比等方面存在着较大的问题。而NoSQL虽然提供了良好的可扩展性，却因一致性保证而使应用范围受到了一定的限制。在保证可扩展性、高性能的前提下，保持事务ACID属性的数据库成为数据库技术新的发展方向。基于内存计算的NewSQL成为新的可选的数据处理模式。

第三节　大数据与人工智能结合

一、数据处理的发展阶段

随着信息技术的蓬勃发展，特别是近十年移动互联技术的普及，运营商、泛金融、政府、大型央企、大型国企、能源等领域数据量呈现几何级数的增长趋势。

数据量的膨胀除了带来数据处理性能的压力外，数据种类的多样性也对数据处理手段提出了新的要求。此外，大量新系统的建设产生了众多数据孤岛，给企业的数据运营维护与价值发掘带来了重大的挑战。

在第一个阶段，即大数据技术发展的早期，为了打破数据孤岛，将各类数据向大数据平台汇集，形成数据湖的概念，作为多源、异构数据的数据归集，在此基础上进行数据标准化，建立企业数据的汇聚中心。在这个阶段，对非结构化数据处理以存储检索为主，对结构化数据处理提供各类 API 和少量 SQL 支持，使海量的以 SQL 实现为主的业务难以迁移到大数据平台，新业务开发使用门槛高，大数据技术的推广受到阻碍。

在第二个阶段，企业客户的需求集中表现为如何更好地处理结构化数据以及将老的 IT 架构迁移到分布式架构中。各大数据平台厂商开始在 SQL on Hadoop 领域进行研发和竞争，不断提高 SQL 标准的兼容程度。在这个过程中，Spark 诞生并逐渐取代了过于笨重且 TB 量级计算性能存在缺陷的 MapReduce 架构，Hadoop 技术开始向结构化数据处理分析更深度的应用领域进发。SQL on Hadoop 技术不断发展，解决了 Hadoop 分布式事务的难题，越来越多的客户在 Hadoop 上构建新一代数据仓库，将 Hadoop 技术应用于越来越多的业务生产场景，技术门槛的降低使越来越多的客户可以利用强大的分布式计算能力轻松分析处理海量数据。在这个阶段后期，随着企业客户对实时数据分析研判需求的不断提高，流处理技术得以蓬勃发展。

在第三个阶段，一部分企业已经完成了由基于关系型数据库为核心的数据处理体系向基于大数据技术的数据处理体系的转变。在本阶段早期，很多企业客户不满足于通过 SQL 基于统计对数据的分析和挖掘，这促使传统的机器学习算法开始实现分布化，但主要还是针对结构化数据的学习挖掘。随着深度学习技术和分布式技术的碰撞，演化出了新一代的计算框架，如 TensorFlow 等。计算能力的提升并结合大量训练数据使机器学习人工智能技术在结构化与非结构化数据领域产生了巨大威力，开始应用于人脸识别、车辆识别、智能客服、无人驾驶等领域；同时，对传统机器学习算法也产生了巨大冲击，在一定程度上减少了对特征工程与业务领域知识的依赖，降低了机器学习的进入门槛，使人工智能技术得以普及。另外，可视化的拖拽页面、丰富的行业模板、高效率的交互式体验等极大地降低了数据分析人员的使用门槛，让人工智能技术进一步走入企业的生产应用。

二、大数据与人工智能相结合

企业内部对于数据资源的应用不再仅仅局限于IT部门，越来越多的内部项目组与分支机构加入大数据平台的使用中，加之数据处理技术的不断发展，如何解决基础平台的资源隔离问题、管理分配问题、编排调度问题；如何将企业业务应用需要的基础服务能力做更好的抽象，降低应用所需的基础服务的环境搭建、开发、测试部署周期，提升IT支撑效能；如何更好地管理众多的基于大数据与人工智能开发的应用等成为企业亟须解决的问题。

大数据技术在发展的早期，仅仅是在计算框架MapReduce中提供简单的作业调度算法，随着资源管理的需求，在Hadoop 2.0时代，Yarn作为单独组件负责分布式计算框架的资源管理。但是，Yarn仅仅能够管理调度计算框架的资源，且资源的管理粒度较为粗放，不能做到有效的资源隔离，越来越不能满足企业客户的需求。

云计算技术作为资源隔离封装虚拟化以及管理调度的技术，本应用于解决上述问题。但是，在Docker容器技术被广泛接受之前，云计算虚拟化技术主要基于虚拟机封装资源，并在其上加载操作系统，资源利用率低。早期有厂商尝试将大数据平台构建在基于虚拟机技术的云化方案上，由于资源利用和稳定性问题，在私有云上的尝试鲜有成功案例。在公有云方面，借助公有云较为强大的基础平台硬件与运维支持能力，有一些非核心业务的应用尝试。

随着Docker、Kubernetes等容器技术的发展与微服务等技术概念的形成，大数据与人工智能基础平台开始基于容器云构建底层资源管理与调度平台。容器云就像一个分布式的操作系统，将集群中的各类硬件资源进行封装、管理以及调度，将封装的资源作为容器承载大数据的相关组件进程，再将这些容器进行编排，组成一个个的大数据和人工智能的基础服务，如分布式文件系统HDFS、NoSQL数据库Hbase、分布式分析型数据库Inceptor、分布式流处理平台Slipstream、分布式机器学习组件Sophon等。由这些基础服务编排构建公共能力服务层，提供数据仓库、数据集市、图数据库、全文搜索数据库、流处理服务、NoSQL数据库、机器学习平台服务、定制图像识别服务等，为企业打造全新的数据处理核心系统，基于这一核心系统服务于各类企业的不同部门。通过资源隔离技术，通过对每个租户的资源分配和权限管理，满足业务分析人员的个性化分析需求，专注于业务逻辑的开发和数据的分析挖掘。

第九章　知名企业大数据架构分析

第一节　淘宝大数据

一、淘宝的个性化营销现状

销售额是评判一个企业发展状况的重要指标之一，淘宝的销售额也一直在发生变化，从 2003 年成立之初的 3400 万元到 2015 年“双十一”当天就到达 912 亿元的销售总额，2015 年美国的“黑五”当天网购的销售额仅相当于 174 亿元人民币，仅为淘宝的 19%。从开始的不被看好，到后来的销售额一路飙升，淘宝可谓电子商务界的奇迹之一。在销售额一路飙升中，个性化营销的作用不容忽视。

淘宝网的相关数据显示，淘宝网页每天的活跃数据量已经超过 80 TB。用户大量交易、点击、评价、反馈等构成了淘宝网主要的数据来源。以淘宝网的数据开放服务为例，“淘宝指数”（淘宝指数已于 2016 年 3 月 23 日正式下线，取而代之的是淘宝最新版的生意参谋，但生意参谋的部分功能是要收费的）提供了对公众的免费信息。另外，针对企业用户，淘宝官方又推出了数据魔方（数据魔方已于 2015 年 12 月底正式下线，并由生意参谋取代），通过该数据产品可以获取行业宏观状况、市场竞争情况、消费者偏好等方面的信息，以便实时调整营销策略，为网站争夺更多流量，最后提高转换率和销量。通过这一系列的行为我们不难发现，淘宝网赖以生存的基石——大数据平台初步成形，淘宝正转型成为电商“生态圈”的基础服务提供商、数据服务商。

（一）行情查询——生意参谋

互联网世界瞬息万变，淘宝网作为电子商务行业中的领军者，也必定会发生变化。卖家以前可能比较依赖淘宝指数，但是在该功能已经停止服务时，卖家要做的就是利用其他淘宝工具进行数据分析，首先不得不介绍的就是生意参谋，它里面的经营分析和专题工具等功能都能给卖家提供很好的导向，子工具栏里的竞争情报、选词助手、行业排行、单品分析等都是很好的数据分析工具。目前这些工具是付费使用的，这些项目收费标准对于一些规模较小的卖家来说可能有点不能接受，不过卖家依然可以使用生意参谋里的一些免费工具和一些第三方数据分析工具，如百度指数、阿里指数、360 指数等。

（二）数据管理平台——达摩盘

达摩盘（DMP）是阿里巴巴基于商业化场景打造的数据管理合作平台，该平台拥有基本信息、地理信息、上网数据、消费数据、店铺数据、O2O 数据等众多数据类型；消费行为、兴趣偏好、地理位置、天气状况等众多数据标签。它不仅可以为推广需求方提供数据和营销支持，实现对各类用户的分析，然后运用第三方应用对特定人群进行个性化营销，进而挖掘潜在的消费用户；同时可以为数据拥有方提供优质的营销方案，数据提供方可以灵活接入各种数据，该平台可以对接入的数据进行人群透视分析，为商业推广提供精准的人群定位，实现数据价值的最大化。

（三）付费推广——淘宝直通车

淘宝直通车是一款帮助商家推广商品 / 店铺的营销工具，卖家可自行选择自己的商品要出现在哪些买家网页上，精准定位用户，把自己的商品呈现在最需要它的用户眼前。这种精准定位依据的是用户以往浏览的网页内容和购买习惯，由系统自动计算匹配得出相关性较高的商品。

二、淘宝的个性化营销资本

淘宝网不止是一个网络购物平台，更是一个数据生产工厂。淘宝网依靠不断壮大的移动互联网生态环境，打造了一个数据驱动的市场营销系统。在电商领域之外，阿里巴巴集团更是拥有一系列不同领域的移动互联网资产，如新浪微博、优酷、UCWeb、高德地图等。至此，可以说阿里巴巴已经为淘宝网收集、整合了大量用户行为数据，搭建了一个以数据为驱动的跨平台、跨领域、跨终端的营销体系，这就给淘宝网展开个性化营销提供了重要的依据。

被誉为“大数据时代的预言家”的维克托·迈尔 – 舍恩伯格在其著作中讲到，大数据价值链的三大构成为数据本身、运用大数据的技术以及利用大数据的创意，根据所提供价值的不同，分别会出现基于这三大构成的公司，也就是以海量数据为利润来源的大数据拥有公司，以技术提供商为主的技术类公司，基于创意的公司（对大数据挖掘和利用提供创意的公司）。比较幸运的是，阿里巴巴集团同时涉足了这三个方面，这就为淘宝的个性化营销提供了坚强的后盾。

（一）大数据掌控公司

阿里巴巴在 2008 年就把大数据作为一项公司基本战略，要知道那个时候甚至还没几个人开始谈论“大数据”，可以说相比于国内其他互联网公司，阿里巴巴在大数据方面是走在前面的。淘宝网每天产生的数据量是我们难以想象的，阿里巴巴集团旗下还有一淘网、天猫、1688、alibaba（国际站）等平台，其他平台所产生的数据同样也可以为淘宝网所用。由此我们可以看出，淘宝网是绝对的数据掌控者。

（二）大数据技术公司

阿里巴巴集团是第一家把数据分析职位部门化、职级化和规范化的互联网公司，并发现了很多数据分析方法论，特别是电商行业的方法论。另外，海量的数据就要求具有超强的存储和计算能力，阿里云就很好地解决了这些问题。2009 年，阿里云创立，作为中国的云计算平台，为全球 200 多个国家和地区提供服务。在 2015 年的世界排序比赛中，阿里云以 377 s 完成 100 TB 数据排序的速度刷新了 Apache Spark 1 406 s 的世界纪录。同年，阿里云发布了“为了无法计算的价值”这一全新的品牌口号，进一步阐释了阿里云的品牌价值。阿里云把计算的终极意义定位为发挥数据的力量，让数据去解决问题，进而创造价值，让数据不仅仅是数据，要赋予数据以人的喜怒哀乐。互联网的普及使数据以更低的成本被自然沉淀，数据成为生产资料，人类从 IT 时代进入 DT 时代，大量的文本信息、音频、视频、图像等数据经过深度的挖掘和计算生成新的价值。就像炼油工厂的技术水平直接决定了石油的质量和价值一样，数据价值的变现需要过硬的分析计算能力。计算经济将接棒“石油经济”，成为新经济时代引擎。云计算能力的不断进步让数据的充分利用不再遥不可及，小公司也可以与行业巨头站在同一个起跑点，拥有和巨头公司一样的数据利用能力，继而可以尽情地发挥它们的想象力去做创新。阿里云独立研发的飞天开放平台（Apsara）负责管理数据中心 Linux 集群的物理资源，控制分布式程序运行，隐藏下层故障恢复和数据冗余等细节，从而将数以千计甚至万计的服务器联成一台“超级计算机”，并且将这台超级计算机的存储资源和计算资源以公共服务的方式提供给互联网上的用户。

（三）大数据思维公司

在大数据被炒得沸沸扬扬的时候，我们都信奉“得数据者，得天下”这样的信条。数据十分重要，正如“巧妇难为无米之炊”，有了数据，我们才能大展拳脚。但是立身于大数据洪流中的我们，不仅要重视数据能够给我们带来的价值，还要重视转化和激发数据价值的能力以及如何处理规模更大的数据来激活各种集道、各种结构、各个平台，创造出更多的业务提升机会等。因此，电商企业要注意培养自己利用数据的意识，也就是大数据思维。大数据思维是一种信念、一种创新。阿里巴巴集团旗下的淘宝网依托大数据分析，对用户的购买偏好等信息了如指掌。

维克托·迈尔－舍恩伯格把用户在网上留下的数字轨迹称作“数据废气”，用来表示用户在线交易的副产品，包括用户浏览了哪些网页、浏览了多长时间、鼠标光标的轨迹、搜索了哪些关键词、购物车情况等。笔者认为，“废气”二字用得实在巧妙，电商平台无时无刻不在接收这些“废气”，我们习惯“物以稀为贵”，容易得到的一般就会容易忽略，有的电商企业确实也把信息当作垃圾来处理，丢弃或者搁置。但是有心的企业会观察、分析这些“废气”，让这些“废气”变废为宝，这样在不加大投入（存储这些信息的花费对于整个公司来说已经是微乎其微的了）的情况下，为企业提供了更多可行且更高效的营销策略，何乐而不为呢？不得不说，淘宝网确实是一个善于运用这些“废气”的电商平台，不然也不会这么有底气地对用户宣称“我比谁都懂你”！

第二节　百度大数据

在深度学习方面，百度已经在学术理论、工程实现、产品应用等多个领域取得了显著的进展，已经成为业界推动“大数据驱动的人工智能”的领导者之一。

在图像技术应用中，传统的从图像到语义的转换是极具挑战性的课题，业界称其为语义鸿沟。百度深度学习算法构造出一个多层非线性层叠式神经元网络，能够很好地模拟视觉信号从视网膜开始逐层处理传递直至大脑深处的整个过程。这样的学习模式能够以更高的精度和更快的速度跨越语义鸿沟，让机器快速地对图像中可能蕴含的成千上万种语义概念进行有效识别，进而确定图片的主题。在人脸识别方面，最困难的是识别照片中的人是谁或者通过照片寻找相似的人。百度在深度学习的基础上，借鉴认知学中的一些概念与方法，探索出了独特的相似度量学习方法来寻找图像的相似性和关联，能够做到举一反三。

在深度神经网络训练方面，伴随着计算广告、文本、图像、语音等训练数据的快速增长，传统的基于单 GPU 的训练平台已经无法满足需求。为此，百度搭建了 Paddle 多机并行 GPU 训练平台。数据分布到不同的机器，通过 Parameter Server 协调各机器进行训练，多机训练使大数据的模型训练成为可能。

在算法方面，单机多卡并行训练算法研发的难点在于通过并行提高计算速度一般会降低收敛速度。百度则研发了新算法，在不影响收敛速度的前提下计算速度图像提升至 2.4 倍，语音提升至 1.4 倍，这使新算法在单机上的收敛速度达到图像提升至 12 倍、语音提升至 7 倍的效果。相比于 Google 的 DistBelief 系统用 200 台机器加速约 7.3 倍而言，百度的算法优势更加明显。

第三节　腾讯大数据

面对机遇和挑战，腾讯打造了深度学习平台 Mariana，该平台包括三个框架：深度神经网络的 GPU 数据并行框架，深度卷积神经网络的 GPU 数据并行和模型并行框架，以及 DNN CPU 集群框架。基于上述三个框架，Mariana 具有多种特性。

（1）支持并行加速，针对多种应用场景，解决深度学习训练极慢的问题。

（2）通过模型并行，支持大模型。

（3）提供默认算法的并行实现以减少新算法开发量，简化实验过程。

（4）面向语音识别、图像识别、广告推荐等众多应用领域。

腾讯深度学习平台 Mariana 重点研究多 GPU 卡的并行化技术，完成 DNN 的数据并行框架，以及 CNN 的模型并行和数据并行框架。数据并行指将训练数据划分为多份，每份数据有一个模型实例进行训练，再将多个模型实例产生的梯度合并后更新模型。模型并行指将模型划分为多个分片，每个分片在一台服务器上，全部分片协同对一份训练数据进行训练。

DNN 的数据并行框架已经成功应用在微信语音识别中。微信中语音识别功能的入口是语音输入法、语音开放平台以及长按语音消息转文本等。通过 Mariana，微信语音识别准确率获得了极大的提升，目前识别能力已经达到业界一流水平。同时可以满足语音业务海量的训练样本需求，通过缩短模型更新周期，微信语音业务可以及时满足各种新业务需求。

同时，针对 ImageNet 图像分类问题，Mariana 的 CNN 模型并行和数据并行框架在单机 4 GPU 卡配置下，获得了相对于单卡 2.52 倍的加速，并支持更大模型，在 ImageNet 2012 数据集中获得了 87% 的 Top5 准确率。此外，Mariana 在广告推荐及个性化推荐等领域也正在积极探索和实验中。

第四节　Facebook 大数据

一、成为人们生活的操作系统

“世界信息基础架构”和“生活操作系统”都可能算是大数据背后的原型架构，相较而言，前者更侧重于从客体来把握数据的总体架构，而后者更侧重于从主体来把握数据的总体架构。对大数据来说，什么是生活操作系统呢？这是指用意义重构生活，数据不过是用来重构的意义的质料。用主体方面的意义聚焦，数据就有了好坏之分：数据最终趋向于意义的，成为智慧的；最后背离意义的，成为愚蠢的。所以说，智慧地球也好，智慧城市也好，并不是数据的大堆积，而因为面向生活而显得更有意义。

工业社会的架构没有把聚焦点放在意义之上，而是聚焦在价值上。价值与意义的关系是手段与目的的关系，但是有价值不一定有意义，如有钱是有价值，快乐是意义，但有钱不一定快乐。也就是说，掌握了实现快乐的手段，但达不到快乐这个目的。工业社会的人性的基础架构，跟价值有关的，都是充分社会化的，极为专业；但是跟意义有关的，都处于小生产状态，极为业余。这使工业社会不完美，容易成为一个为了高度发达的手段而体制性地忘记目的和宗旨的社会。

大数据的使命，不从技术这个手段看，而是从人的角度看，就是建立一个手段与目的之间的专业化、社会化的聚焦系统，从而体制性地让做事不要背离它的宗旨，从而让工业化条件下处于小农水平的人类意义系统成为高度发达的社会总体架构。

SNS 与生活操作系统将是什么关系呢？SNS 只不过是捕鱼用的渔网，建立一个聚焦于意义的生活操作系统，打到生活意义这网鱼，才是意图所在。而现在模仿 Facebook 的人都被渔网这个生活数据采集器吸引住了，建起一些一模一样的渔网，模仿着 Facebook 的抛网动作，却不知那个动作是在打鱼，结果一网不捞鱼，二网不捞鱼，最后只碰上一些小尾巴鱼。殊不知，捕鱼除了用渔网，还有叉鱼、钓鱼各种手段，像 SNS 这样的数据采集器还有许多，如 LBS、O2O、支付，甚至线下 POS 机。如果 Facebook 哪天不是 SNS 了，一定是发现了其他捕鱼方法，可以打到更多的鱼。打鱼，在这里比喻的就是意义或企业核心价值；捕鱼手段，在这里比喻的是禀赋，也就是通常说的你是干什么的，哪行的。企业要基业常青，就要在保持核心价值的同时，让禀赋跟随环境的变化而变化。

二、大数据生产力发动机内部的探索

大数据作为新时代的生产力发动机，研究它的生产力特性，对于理解未来的商业狂潮是一个基本功课。在大数据时代，对技术毫无感觉的人很可能成为被狂奔的生产力战车拖来拖去的尸体。

连对技术一窍不通的资本人也已经注意到 Facebook 大数据结构中“海量数据 + 复杂数据类型”、非结构化数据等典型问题。事实上，这还没有涉及 Hadoop、NoSQL、数据分析与挖掘、数据仓库、商业智能以及开源云计算架构等诸多基础性问题。

大数据大致的技术过程是先以 SNS、搜索引擎、POS 机等采集器将海量数据采集进数据仓库中，然后用分布式的技术框架（Hadoop）对非关系型数据进行异质性处理（NoSQL），通过数据分析与挖掘发展一对一的商业智能。由于大数据问题比较复杂，笔者现在有些个人想法，但考虑成熟之前，先不拿出来误导大家。

Facebook 在大数据这一行，也是显赫的主角之一，在低成本整合海量数据方面为大数据行内人士所称道。但在笔者看来，目前 Facebook 的大数据战略还没有完全定型，它主要集中发展的是内部数据管理。

参考文献

[1] 刘鹏 . 云计算 [M]. 北京：电子工业出版社，2010.
[2] 刘鹏 . 云计算（第 2 版）[M]. 北京：电子工业出版社，2011.
[3] 陆嘉恒 .Hadoop 实战 [M]. 北京：机械工业出版社，2011.
[4] 姚宏宇，田溯宁 . 云计算：大数据时代的系统工程 [M]. 北京：电子工业出版社，2013.
[5] 徐子沛 . 大数据 [M]. 桂林：广西师范大学出版社，2012.
[6] 鲍亮，陈荣 . 深入浅出云计算 [M]. 北京：清华大学出版社，2012.
[7] 王宏志 . 大数据算法 [M]. 北京：机械工业出版社，2015.
[8] 徐晋 . 大数据平台 [M]. 上海：上海交通大学出版社，2014.
[9] 赵守香，唐胡鑫，熊海涛 . 大数据分析与应用 [M]. 北京：航空工业出版社，2015.
[10] 张东霞,苗新,刘丽平,等.智能电网大数据技术发展研究[J].中国电机工程学报，2015，35（1）：2–12.
[11] 梁红波 . 大数据技术引领物流业智慧营销 [J]. 中国流通经济，2015，29（2）：85–89.
[12] 黄欣荣 . 大数据技术的伦理反思 [J]. 新疆师范大学学报（哲学社会科学版），2015，36（3）：46–53.
[13] 杜栋，刘乐，苏乐天 . 面向政府统计的大数据技术价值体系构建 [J]. 电子政务，2015（6）：99–103.
[14] 赵婧 . 基于大数据的课程资源建设：趋势、价值及路向 [J]. 课程・教材・教法，2015，35（4）：18–23.
[15] 陈仕伟 . 大数据技术异化的伦理治理 [J]. 自然辩证法研究，2016，32（1）：46–50.

[16] 吴伟光 . 大数据技术下个人数据信息私权保护论批判 [J]. 政治与法律, 2016(7): 116–132.
[17] 李天目 . 大数据云服务技术架构与实践 [M]. 北京：清华大学出版社，2016.
[18] 刘鹏 . 大数据 [M]. 北京：电子工业出版社，2017.
[19] 林子雨 . 大数据技术原理与应用（第 2 版）[M]. 北京：人民邮电出版社，2017.
[20] 周品 . 云时代的数据库 [M]. 北京：电子工业出版社，2013.